水文建模框架及应用
——以黄河流域为例

张传才　方　明　秦　奋等◎著

·北京·

图书在版编目（CIP）数据

水文建模框架及应用：以黄河流域为例 / 张传才等著. —北京：科学技术文献出版社，2020.12

ISBN 978-7-5189-7468-9

Ⅰ.①水… Ⅱ.①张… Ⅲ.①黄河流域—水文—建模系统 Ⅳ.① TV882.1

中国版本图书馆 CIP 数据核字（2020）第 250006 号

水文建模框架及应用——以黄河流域为例

策划编辑：郝迎聪　　责任编辑：赵　斌　　责任校对：王瑞瑞　　责任出版：张志平

出 版 者　科学技术文献出版社
地　　址　北京市复兴路15号　邮编 100038
编 务 部　(010) 58882938，58882087（传真）
发 行 部　(010) 58882868，58882870（传真）
邮 购 部　(010) 58882873
官方网址　www.stdp.com.cn
发 行 者　科学技术文献出版社发行　全国各地新华书店经销
印 刷 者　北京虎彩文化传播有限公司
版　　次　2020 年 12 月第 1 版　2020 年 12 月第 1 次印刷
开　　本　710 × 1000　1/16
字　　数　277千
印　　张　18　彩插16面
书　　号　ISBN 978-7-5189-7468-9
定　　价　78.00元

内容简介

本书以水文模型模块化为基础，从水文建模基础、流域水文过程、水文建模数据框架、水文建模计算框架、水文建模框架应用5个方面展开阐述，形成了一个水文建模框架完整的理论体系。

水文建模框架离不开GIS的支持，本书紧密结合GIS的时空分析，以流域水文过程模型CASC2D-SED模型为依托，深入开展水文过程建模框架研究，丰富国内在水文建模框架领域的研究。

本书内容涵盖水文过程、水文模型模块化、水文模型框架扩展到水文建模框架应用构建，是一本体系完整的水文建模著作。

本书适合水文专业及GIS专业水文方向的师生，以及水文建模科研人员、水文预报模拟与应用等水文部门工作人员阅读。

前　言

流域水文过程建模是水环境建模的重要组成部分，流域水文模型是水资源管理和水环境决策的重要辅助工具。目前，流域水文模型大部分仍未进行模块化或组件化，是“铁板一块”的整体模型。修改和维护整体模型十分困难，即便有些模型做了模块化，但模型的易用性仍然有待提高。因此，国际上对流域水文模型的模块化或组件化进行了大量研究，建立了多个著名的流域水文模型框架来解决模型复用问题。

流域水文模型框架为构建新模型和模型不确定性研究提供了强有力的技术支撑，是一项重要的“促成”技术。然而，现有的流域水文模型框架基本都属于中粒度框架，不能实现模型细粒度复用，构建新模型的灵活性不足，也限制了框架在模型结构不确定性研究中的深入应用。因此，本书在对流域水文模型的细粒度分解和细粒度组件封装的基础上，构建了一个流域水文过程的细粒度建模框架，以期提高框架在构建新模型方面的灵活性，并使框架可以用于研究细粒度层次上模型结构的不确定性问题。

本书构建了一个水文建模框架，该建模框架的细粒度封装特性使得框架在构建新模型时具有更强的灵活性。该框架采用了依赖注入设计模式和反射机制，使得该框架具有细粒度层次上的动态可扩展特性，从而更好地支持框架在模型结构不确定性研究方面的应用。该建模框架提供了一种坡度分形尺度变换与流域水文过程模拟的集成方法，在流域水文过程模拟中考虑了坡度的尺度效应。流域水文过程的细粒度建模框架丰富了流域水文过程的建模理论，降低了流域水文过程模型开发与修改的难度。

本书得到以下基金项目的资助：河南省重点研发与推广专项科技攻关项目（项目编号：212102310433）、河南省高等学校重点科研项目（项目编号：

20A170012）、河南省高校科技创新人才项目（项目编号：19HASTIT030）、国家自然科学青年基金项目（项目编号：32001250）、国家自然科学青年基金项目（项目编号：41501466）、河南省高等学校重点科研项目（项目编号：21A170016）、国家自然科学基金面上项目（项目编号：42071198）、河南省高等教育教学改革研究与实践项目（项目编号：2019SJGLX394）。本书还得到以下学科平台的资助：河南省环境遥感与古迹保护工程研究中心、旅游管理河南省特色骨干学科工程、河南省旅游公共服务大数据产业技术研究院、河南省智慧城市国际联合实验室。同时获得“黄河中下游数字地理技术教育部重点实验室”的资助。

笔者现供职于洛阳师范学院，2016 年获得河南大学 GIS 专业水文建模方向博士学位，在流域水文建模框架领域有很深入的研究。考虑到国内水文建模框架类著作有限，特别撰写本书为相关领域的学者和研究人员提供参考，旨在抛砖引玉。

特别感谢洛阳师范学院校长梁留科教授、洛阳师范学院国土与旅游学院苏小燕副院长的指导帮助，感谢杨康、刘亚静、边青全、范会珍、马艳艳等老师在数据处理、资料收集中付出的辛苦和努力。

本书合著完成，第 1 章由张传才、秦奋和方明完成，第 2 章由方明、张传才和苏小燕完成，第 3 至第 9 章由张传才完成，第 10 章由张传才、秦奋和苏小燕完成。在本书的写作过程中，尽管著者尽了最大努力避免错误，但总有不尽如人意的地方，不当之处敬请指正。

张传才

2020 年 11 月 25 日

目　录

图表目录

第1章

绪　论

水文建模是流域水资源管理工作的重要组成部分，水文建模十分昂贵，费时费力，而水文建模框架可以提高水文建模效率，降低建模成本。同时，可以用于研究水文模型的结构不确定性等问题。本章从水文模型、水文建模框架驱动力、水文建模框架研究现状、水文建模框架组件粒度、水文建模框架特性等几个方面详细阐述了水文建模框架的发展，同时阐述了建模框架的研究目标、作用及意义等。通过本章的阅读，可以对水文建模框架有个初步的理解。

1.1　水文建模框架发展

1.1.1　水文模型简介

水文现象是由众多因素相互作用的复杂过程，它与大气圈、地壳圈、生物圈都有着十分密切的关系，属于综合性的自然现象。迄今为止，人们还不可能用严格的物理定律来描述水文现象各要素间的因果关系。常见的研究方法是将复杂水文现象加以概化，忽略次要与随机的因素，保留主要因素和具有基本规律的部分，建立具有一定物理意义的数学物理模型，并在计算机上实现。流域水文模型是为模拟流域水文过程所建立的数学结构，被模拟的水文现象称为原型，模型则是对原型的物理和逻辑过程的概化。

流域水文模型是以流域为研究对象，对流域内发生的降雨、下渗、径流这一特定的水文过程进行数学模拟，是进行流域水资源分析研究的基础。水文模型在进行水文规律研究和解决生产实际问题中起着重要的作用，随着现代科学技术的飞速发展，以计算机和通信为核心的信息技术在水文水资源及水利工程科学领域的广泛应用，使水文模型的研究得到迅速发展，并广泛应用于水文基本规律研究、水旱灾害防治、水资源评价与开发利用、水环境和生态系统保护、气候变化及人类活动对水资源和水环境影响分析等领域。因此，水文模型的开发研究具有重要的科学意义和应用价值。

1.1.2 水文模型分类

水文模型指用模拟方法将复杂的水文现象和水文过程经过简化所给出的近似科学模型。按模拟方式分为水文物理模型（实体模型、比尺模型）和水文数学模型两种基本类型。水文物理模型是具有原型（即研究对象）主要物理性质的模型，如在实验室中将一个流域按相似原理缩小，或将原土样搬到实验室所做的实验等；水文数学模型则是遵循数学表达式相似的原理来描述水文现象物理过程的模型，却不考虑原型的物理本质，如汇流，既不把河段搬到实验室，也不仿造一个人工河段进行实验，而是用一个物理本质与其不同却具有相同数学表达式的方程式表示汇流，从而描述出实际汇流的物理过程。这两种模型之间存在着密切的联系，因为物理模型的研究是数学模型的基础，而数学模型则是物理模型的有力表达方式。水文模型在水文理论研究和实践中具有重要意义。

国内外开发研制的水文模型众多、结构各异，按照模型构建的基础，水文模型可分为物理模型、概念性模型和系统理论模型 3 类。概念性水文模型是以水文现象的物理概念和一些经验公式为基础构造的水文模型，它将流域的物理基础（如下垫面等）进行概化（如线性水库、土层划分、蓄水容量曲线等），再结合水文经验公式（如下渗曲线、汇流单位线、蒸散公式等）来近似地模拟流域水文过程。按对模拟流域的处理方法，概念性水文模型又可分为集总式和分散式。集总式概念性模型把全流域当作一个整体来建立模型，即对流域参数（变量）进行均化处理；分散式概念性模型则按流域下垫面不同特征和降水的不均匀性把流域分为若干个单元，对每一单元采用不同特征参数进行模拟计算，然后依据各单元的水力联系和水量平衡原理，通过汇流演算得到全流域的输出结果。

世界上知名的概念性模型已不下 20 种，主要的计算步骤大同小异。在我国，最著名的概念性水文模型是新安江流域水文模型（简称“新安江模型”）。新安江模型是河海大学赵人俊教授等在长期研究与实践的基础上，于 1973 年对新安江水库作入库流量预报工作时提出的降雨径流模型。新安江模型主要由 4 个部分组成：蒸散计算、蓄满产流计算、水源划分和汇流计算。模型主要特点是：①在产流计算中应用蓄满产流概念；②将水源分为地面、壤中与地下 3 种；③在河道洪水演算中应用马斯京根法。新安江模型的核心是提出蓄水容量曲线表达包气带蓄水能力（容量）的空间不均匀性。新安江模型是分散性模型，它把全流域分成若干单元面积，对每块单元面积分别作产汇流计算，得出各单元面积的出口流量过程，再分别将各单元出口流量过程经河道洪水演算至流域出口断面，把同时刻的流量相加即求得流域出口的流量过程。

水文现象和水文规律十分复杂，利用实体场景研究水文过程变化规律，以及某些要素物理性质的模型称为水文物理模型。水文实验是水文物理模型的核心环节，它是为探求和研究水文现象和过程并对其做出成因分析的科学实验。水文现象受许多自然因素制约和人类活动影响，一般的水文观测和分析难以清楚地揭示其物理过程和相互关系，需要在野外或实验室内用特定的程序、装置和设备进行系统的、有控制的观测和试验。水文实验研究的主要目的在于揭示天然条件下和人类活动影响下水文现象的物理机制，以及各种水文要素之间的相互联系，研究现有水文学理论和应用中有待认识和解决的问题，检验已有的规律与理论。

水文系统理论模型。水文系统是指研究对象中，由相互作用和相互依赖的水文要素组成的具有水文循环功能的整体。水文系统至少包含 3 个部分，即系统的输入、输出和功能。对于河流而言，上断面的水位或流量为输入，下断面的水位或流量是输出；对于流域产汇流而言，降雨与蒸发是输入，流域出口的流量过程为输出。水文系统的功能是与系统所处的地理位置、流域或河系的地貌、植被与下垫面特性，以及人类活动影响等因素相联系。当系统输入与输出之间的转化满足线性叠加原理时称为线性系统，反之，称为非线性系统。当系统输入与输出转化关系中的参数随时间变化时，称为时变系统，反之，定常参数的系统称为时不变系统。当系统输入、输出或参数不存在空间变化时称为集总系统，反之称为分散系统。从系统的观点看，真实的流域系统在复杂环境因素的共同作用下，多半是非线性、时变和分散的。

系统理论模型又称系统响应模型，这类模型将研究对象视为一种动力系统，一般采用回归分析方法，利用已有降雨径流资料建立某种数学关系，然后由此用新的输入推求输出。系统理论模型只关心模拟结果的精度，而不考虑输入输出之间的物理因果关系，因此又被称为黑箱子模型。

1.1.3 水文建模驱动力

水文与土壤侵蚀模型是流域水资源管理和水环境决策的重要工具。最近几十年国际上开发了大量的优秀水文模型，如 SWAT（Arnold，1998）、VIC（Liang，1994）、WEPP（Builygina et al.，2007）、SHE（Jaber et al.，2012）和 TOPMODEL（Obled et al.，2004；Metcalfe et al.，2015）等。水文与土壤侵蚀模型的开发是非常昂贵与费时的，如美国农业部农业研究院开发的大量自然资源模型，像 SWAT（Soil and Water Assessment Tool）、WEPP（Water Erosion Prediction Project）和 RZWQM（Root Zone Water Quality Model），每一个模型都花费 1500 万～2000 万美元完成模型的设计、开发、评估和发布（David et al.，2013）。

考虑到水文、土壤侵蚀和流域泥沙领域问题的多样性与复杂性，相关研究学者一致认为通用模型是不存在的（Kneis，2015），模型修改是不可避免的工作。由于自然系统的特殊性，新的案例研究经常需要修改现有模型，对现有模型进行扩展，如由于缺乏数据、缺乏完整的知识和应用的时空尺度限制，必须修改或简化现有模型。因此，受特定的研究目标和研究区域限制，新的水文和土壤侵蚀应用项目需要对已有模型进行修改。

综上所述，尽管开发了多个水文模型，但针对新的特定研究区，必须开发新的水文模型，而开发新的水文模型费用十分高昂，因此，必须寻找一定的方法提高开发效率，节省开发成本，这就是水文建模框架的驱动力。

1.1.4 水文建模框架应用方向

水文建模框架适用于新水文模型的构建和水文建模理论方法的研究等。特别要指出的是，建模框架十分适合研究模型结构的不确定性问题。现有水文过程模型对地表环境的时空异质性考虑不足，对不同区位和不同类型区的水蚀输沙模拟未能独立建模，没有构建适用各种特定区域同时精准模拟的聚合模型。现有分布式水文模型考虑了研究区的空间异质性，但作为水文过程模拟中必备参数的地表环境的时间异质性与多时相性考虑得仍然较少，这与监测条件、监测技术及计算能力的不足有较大的关系。目前对研究区的时空大数据监测仍然较少，但大数据驱动的水文过程监测是发展趋势。对于选定的研究区，现有研究基本采用一种单一水蚀输沙机制模型对研究区进行模拟，没有考虑到研究区不同区位的水蚀输沙机制的异质性，因此，这种单一模型的适用性值得探索，顾及不同区位不同类型区水蚀输沙机制异质性的流域水文过程动态聚合建模技术是目前亟待攻克的技术难题。建模框架为水文过程动态建模提供了技术支撑。

1.1.5 水文建模框架粒度

环境建模框架中的模块或组件封装了多个流域水文过程，可认为是一种中粒度组件。只封装了一种数学方程来描述一种流域水文过程的组件定义为流域水文模拟的细粒度组件。只封装了一种数据的组件称为细粒度数据组件，如土壤特性中的饱和水力传导率对应一个细粒度数据组件。因为中粒度组件仍然封装了多个流域水文过程，所以中粒度组件对深入研究模型的不确定性及其发生机制的适用性仍不是很好。为了更好地研究流域水文过程模型的不确定性（包括输入不确定性、参数不确定性和模型结构不确定性），同时，为了快速构建适合各种特定应用的流域水文过程模型，以及创建集成了流域水文影响因子尺度变换方法的新模型等，构建一个流域水文过程的细粒度建模框架是必要的。该框架重点聚焦于流域水文模型的不确定性及发生机制等理论问题。此外，该框架对于构建集成了各种新方法的流域水文过程模型具有很好的适用性。

在理论上，流域水文过程的细粒度建模框架丰富了环境建模理论和模型结构不确定性研究理论，扩展了其研究方法。在实践上，流域水文过程的细粒度建模框架可直接辅助于水文过程建模，是水文过程建模的重要工具，并且具有很高的灵活性。此外，该细粒度建模框架为水文过程建模中涉及的新方法测试与应用提供了一个快捷有效的工具。

特别要指出的是，建模框架十分适合研究模型结构的不确定性问题（Kneis，2015）。从组件复用的角度，组件粒度越大，构建模型的效率越高。但是，从模型的不确定性研究角度，组件的粒度过大将大量的模型细节封装在组件内部，阻碍了模型不确定性研究。组件粒度可以定义为组件功能的概念尺寸，组件粒度分为粗粒度、中粒度和细粒度（Washizaki et al.，2003）。封装了商业逻辑的组件属于粗粒度组件。具有最小逻辑的基本组件称为细粒度组件，这些细粒度组件主要通过组件库提供，用于快速软件开发。包含了多个细粒度组件和特定逻辑的应用组件称为中粒度组件。上面提到的环境建模框架中的模块或组件封装了多个水文或土壤侵蚀过程，可认为是一种中粒度组件。只封装了一种数学方程来描述一种水文和土壤侵蚀过程的组件称为水文与土壤侵蚀的细粒度组件。只封装了一种数据的组件称为细粒度数据组件，如土壤特性中的饱和水力传导率对应一个细粒度数据组件。因为中粒度组件仍然封装了多个水文与土壤侵蚀过程，所以中粒度组件对深入研究模型的不确定性及其发生机制的适用性仍不是很好。为了更好地研究土壤侵蚀过程模型的不确定性（包括输入不确定性、参数不确定性和模型结构不确定性），快速构建适合各种特定应用的土壤侵蚀过程模型，以及创建集成了土壤侵蚀影响因子尺度变换方法的新模型等，构建一种土壤侵蚀过程的细粒度建模框架是必要的。该框架重点聚焦于土壤侵蚀模型的不确定性及发生机制等理论问题。此外，对于构建集成了各种与土壤侵蚀模拟相关的新方法的土壤侵蚀过程新模型具有很好的适用性。

1.1.6 水文建模框架研究概况

近几十年来国际上开发了大量的环境建模框架。MMS（Modular Modeling System）（Leavesley，1996）、DIAS、SME、ICMS 和 Tarsier（Rahman et al.，2004）是环境建模和水文应用的先驱。MMS 源于降雨径流模拟系统 PRMS。MMS 采用了模块化方法，它提供了一种研究和操作框架，该框架可用于支持模型开发、测试和物理过程算法的评估，同时该框架有利于集成用户自选的过程模拟算法。ICMS 和 Tarsier 框架现在已经集成到 TIME 框架中。TIME 框架最初由澳大利亚流域水文合作研究中心的研究者们开发（Rahman et al.，2014）。TIME 是一个软件开发框架，用于创建、测试、发表水文和环境模拟模型。这些框架的差异在于开发新模型的规范不同和处理组件间通信的规范不同（Branger et al.，2010）。

当前应用于水环境的主要框架大都来源于以上这些框架的进一步开发，主要包括：E2（Argent et al.，2005；Perraud et al.，2005）、WaterCAST（Cook et al., 2009）和 OMS（Kralisch et al., 2005; Gregersen et al., 2005; David et al., 2013）。E2 和 WaterCAST 都是基于 TIME 框架开发。E2 依赖抽象的软件接口，使用插件式方法实现对象的灵活组合，此外 E2 采用了面向对象的设计模式。WaterCAST 的基本原则是将空间离散为子流域、水文响应单元和河网。OMS（Object Modeling System）是一个用于环境模型开发的框架，该框架提供了一种用于创建模拟组件、开发模型、确定模型参数、评估环境模型、修改和调整模型，以及对环境模型再利用的有效方式。OMS 项目于 1996 年由耶拿大学发起，2000 年 OMS 发展成跨部门（USDA-ARS、USGS 和 USDA-NRCS）项目。OMS 目前已经具有 3 个版本 OMS1、OMS2 和 OMS3。基于 MMS 的核心技术对 PRMS 的 FORTRAN 模块使用 Java 类进行重新封装形成了 OMS1。2004 年发布的 OMS2 利用了 NetBeansTM 的胖客户端平台来传递集成的建模开发环境。随着 OMS2 的进一步开发，OMS2 和 NetBeansTM 改进的同时也使其变得越来越庞大和复杂。

为了适应网络发布的需要和支持在其他集成环境中创建模型，OMS2 开始重新设计，形成了更灵活的轻量级建模框架 OMS3。OMS3 提供了一个新的 API，它提供了基于组件的建模理念。新的 OMS3 结构由以下需求驱动：①精炼和简易的组件设计；②隐式的支持组件多线程执行的性能和可扩展性；③本地代码的快速修改；④灵活的工具扩展与隐式地集成模型验证、敏感性和不确定分析方法。除了以上主要环境建模框架之外，国际上还开发了很多环境建模框架，如 JAMS（Kralisch et al., 2006）、LIQUID（Branger et al., 2010）、ECHSE（Kneis, 2015）和一些面向对象的环境建模框架（Band et al., 2000; Tucker et al., 2001; Tague et al., 2004; Kralisch, 2005; Wang et al., 2005; Ling, 2007; Lee, 2011; Rim et al., 2012; Kneis, 2015）。以上这些环境建模框架重点聚焦于新模型的构建和已有模型修改的便捷性上。

1.1.7 水文建模框架特性

即便一些水文与土壤侵蚀模型采用了模块化的开发方法，如果没有很好的面向对象的设计模式，该模型的可复用性、可维护性与可扩展性也将大打折扣。许多框架遵循依赖倒置设计模式，在这种模式中框架指导程序流，应用类扩展了框架的特定数据类型，该数据类型在软件运行时被框架动态调用。相反，使用软件类库的开发必须通过应用程序代码来实例化类库中的数据类型和调用类库中的函数。在这种情况下，开发者必须对框架特有的类、数据类型和方法十分熟悉，以便于利用软件类库所提供的函数（David et al., 2013）。环境建模框架遵循面向对象的设计原则有利于环境建模框架的可复用性、可扩展性与可维护性。本书阐述的土壤侵蚀过程的建模框架在设计中遵循了多个面向对象设计原则，如开闭原则、依赖倒置原则、里氏替换原则、迪米特法则、组合优先原则和变化封装原则等。

1.2 水文建模框架发展目标

1.2.1 水文建模框架基本目标

水文建模框架的基本目标是提供水文模型的基础模块库，且具有一套标准的模块交互规范，为水文建模提供基础框架。为了达到水文建模框架的基本目标，一方面，必须实现水文模型的模块化；另一方面，实现模块的接口标准。

1.2.2 细粒度建模框架目标

本书研究并阐述的总目标是建立一个流域水文过程的细粒度建模框架。目的是为新模型的构建提供一种灵活快捷的工具，同时辅助于模型不确定性研究，以及提供一种细粒度组件封装方案，以便于新方法的测试与应用。本书的具体研究目标包括以下 6 个主要方面。

① 对流域水文过程模型进行细粒度组件拆分，更好地服务于模型结构不确定性研究，此外，可将各种用于提高数据质量和精度的方法快捷地集成到流域水文过程模型中，以测试其适用性和提高流域水文模拟的精度。

② 设计与开发一套流域水文过程模拟细粒度组件库，同时制定组件间的交互规范。

③ 使用面向对象的设计模式建立流域水文模型框架，提高框架的可扩展性。

④ 进一步发挥 GIS 在流域水文模拟中的作用，探索流域水文模拟过程的时空可视化，建立 GIS 作为宿主系统的流域水文过程模拟插件，为流域水文过程模拟提供技术工具及可视化操作环境。

⑤ 提出一种坡度分形降尺度变换与流域水文模拟的集成方法。根据细粒度组件的集成规范设计相应的组件，使用框架的动态可扩展性实现流域水文模型在模型参数变换方面的扩展。

⑥ 通过框架扩展和案例应用检验框架的可用性和有效性。通过建模框架可以为以下研究提供基础支持：提出一种不同水蚀输沙机制子模型的参数标准化和参数转换方法；不同的水蚀输沙机制模型需要的模型参数不同，且模型参数物理意义具有较大区别；研究各种水蚀输沙机制模型所需模型参数，构建完整的模型参数库，并研究参数转换和标准化方法，使得不同水蚀输沙机制的子模型间可以直接通讯和传递必须参数，以达到能够聚合不同机制子模型的目标；提出一种基于模型参数标准化和建模框架的动态聚合建模方法；基于标准化的完整模型参数库，通过子模型间的依赖剥离和模型框架的依赖注入方法，使流域水文过程聚合模型可以在运行时根据不同的水蚀输沙机制动态自动更新选择适用的子模型，以实现动态聚合建模。

1.3 水文建模框架意义及作用

1.3.1 水文建模框架意义

流域水文过程模型是水资源管理、水文模拟预报、环境治理、生态文明建设的重要科学依据。模型开发十分昂贵和耗时，模型修改又不可避免，因此，建模框架是构建新模型的重要工具，具有重要的理论与实践意义。

由于自然系统的特殊性，新的案例研究经常需要修改现有模型，对现有模型进行扩展，如由于缺乏数据、缺乏完整的知识和应用的时空尺度限制，必须简化已有模型。因此，受特定的研究目标和研究区域限制，新的水文和土壤侵蚀应用项目需要对已有模型进行修改。然而，现有的大部分水文和土壤侵蚀模型（如 WEPP、SWAT 和 TOPMODEL 等）是“铁板一块”的整体模型，即多箱体模型。多箱体模型是指多个箱体（如土壤过程、地表水过程等，一个过程相当于一个箱体）和相关的水文过程完全集成在一个软件中的模型。著名的 SWAT、SHE（System Hydrology European）和 PIHM（Penn State Integrated Hydrological Model）及它们的衍生模型都属于多箱体模型。多箱体模型集成了所有水文过程，因此模型具有广泛的适应性。但这种多箱体模型的缺点是模型过于复杂，对数据和计算时间要求过高。多箱体模型不是模块化的模型，模型的修改需要花费大量的人力、物力、财力和时间。

1.3.2 水文建模框架作用

水文建模框架是包含水文模型基础模块和模块交互接口规范的一个有机结合的水文模型整体框架。建模框架提供了快速修改模型和创建新模型的方法，可以节省模型开发的费用和时间，提高模型开发效率及保证模型的可靠性等。水文建模框架是环境建模框架的一种，环境建模框架是一种支持环境领域建模的软件框架。软件框架为组件间的交互及软件功能提供了一种公共结构，开发者依赖公共结构可以实现特定的应用开发。有效的软件框架不仅提高了开发效率，而且提高了软件的质量和可靠性。基于已有软件框架开发使得开发者可以专注于特定的应用需求，而不需要再去开发已有的软件基础结构。

水文建模框架是流域水文建模的重要方法，即拿即用的流域水文建模框架为构建耦合多种水蚀输沙机制的动态聚合模型提供方法和技术支撑。近年来，国际上开展了大量水文建模框架的研究，如美国农业部、地质调查局等联合开发了对象建模系统（Object Modeling System，OMS）；德国地球环境科学研究所与德国波茨坦大学联合开发了一个生态水文建模框架（ECHSE）；意大利的 G. Formetta 开发了基于 GIS 的开源水文建模框架；匈牙利卡波什堡大学的 M. Varga 设计开发了一个可扩展的基础环境过程模拟框架及澳大利亚的 TIME 系列水文建模框架。综上所述，国际水文建模框架大大丰富了流域水文过程建模理论，提供了高效建模方法。现有水文建模框架基本不具备即拿即用特性，即仍然不能有效支持耦合不同水蚀输沙机制的动态聚合模型的构建。因此，攻克基于即拿即用流域水文过程建模框架的耦合不同水蚀输沙机制的动态聚合建模技术首当其冲。

1.4 小　结

本章从水文模型基本介绍、水文模型分类、水文建模框架驱动力、水文建模框架应用方向、水文建模框架粒度、建模框架发展历程、建模框架目标、建模框架作用及意义几个方面进行阐述，通过本章，读者可以建立对水文建模框架的基本认知。

参考文献

[1]ARNOLD J G, SRINIVASAN R, MUTTIAH R S, et al. Large area hydrologic modeling and assessment part I: model development 1[J]. Jawra Journal of the American Water Resources Association, 1998, 34(34): 73-89.

[2]ARGENT RM, GRAYSON R B, PODGER G M, et al. E2-A flexible framework for catchment modelling[C]//MODSIM 05 International Congress on Modelling and Simulation, Melbourne, 2005, 10(3): 594-600.

[3]BAND L E, TAGUE C L, BRUN S E, et al. Modelling watersheds as spatial object hierarchies: structure and dynamics[J]. Transactions in GIS, 2000, 4(3): 181-196.

[4]BRANGER F, BRAUD I, DEBIONNE S, et al. Towards multi-scale integrated hydrological models using the LIQUID® framework. overview of the concepts and first application examples[J]. Environmental modelling & software, 2010, 25(12): 1672-1681.

[5]BUILYGINA N S, NEARING M A, STONE J J, et al. DWEPP: a dynamic soil erosion model based on WEPP source terms [J]. Earth surface processes & landforms, 2007, 32 (7): 998-1012.

[6]COOK F J, JORDAN P W, WATERS D K, et al. WaterCAST-whole of catchment hydrology model an overview[C]//18th World IMACS Congress and MODSIM09 International Congress on Modelling and Simulation, Cairns, 2009: 3492-3499.

[7]DAVID O, II J C A, LLOYD W, et al. A software engineering perspective on environmental modeling framework design: the object modeling system[J]. Environmental modelling & software, 2013, 39(1): 201-213.

[8]FORMETTA G, ANTONELLO A, FRANCESCHI S, et al. Hydrological modelling with components: a GIS-based open-source framework[J]. Environmental modelling & software, 2014, 55: 190-200.

[9]FRITZSON P. Principles of object-oriented modeling and simulation with modelica 2.1[M]. Piscataway: Wiley-IEEE Computer Society Press, 2003.

[10]GREGERSEN J B, GIJSBERS P J A, WESTEN S J P. Developing natural resource models using the object modeling system: feasibility and challenges[J]. Advances in geosciences, 2005, 4(4): 29-36.

[11]KNEIS D. A lightweight framework for rapid development of object-based hydrological model engines[J]. Environmental modelling & software, 2015, 68: 110-121.

[12]JABER F H, SHUKLA S. MIKE SHE: model use, calibration, and validation[J]. Transac-

tions of the ASABE, 2012, 55(4): 1479-1489.

[13]KANG K M, RIM C S, YOON S E, et al. Object-oriented prototype framework for tightly coupled GIS-based hydrologic modeling[J]. Journal of Korea Water Resources Association, 2012, 45(6): 597-606.

[14]KNEIS D. A lightweight framework for rapid development of object-based hydrological model engines[J]. Environmental modelling & software, 2015, 68(C): 110-121.

[15]KRALISCH S, KRAUSE P. JAMS-a framework for natural resource model development and application[C]//IEMSS Third Biannual Meeting, Burlington, 2006.

[16]KRALTSCHA S, KRAUSEA P, DAVIDB O. Using the object modeling system for hydrological model development and application[J]. Advances in geosciences, 2005(8): 75-81.

[17]LEAVESLEY G H, RESTREPO P J. The modular modeling system (MMS), user's manual [R]. U. S. geological survey, open-file report, 1996: 96-151.

[18]LEAVESLEY G, MARKSTROM S, FREVERT D, et al. The watershed and river systems management program[C]//A Decision Support for Water and Environmental-Resource Management: Agu Fall Meeting, 2004.

[19]LEE G, KIM S, JUNG K, et al. Development of a large basin rainfall-runoff modeling system using the object-oriented hydrologic modeling system (OHyMoS)[J]. KSCE journal of civil engineering, 2011, 15(3): 595-606.

[20] LIANG X, LETTENMAIER D P, WOOD E F, et al. A simple hydrologically based model of land surface water and energy fluxes for general circulation models[J]. Journal of geophysical research atmospheres, 1994, 99(D7): 14415-14428.

[21]LING B. Object-oriented representation of environmental phenomena: is everything best represented as an object? [J]. Annals of the Association of American Geographers, 2007, 97 (2)): 267-281.

[22]MARKSTROM S L, FREVERT D, LEAVESLEY G H. The watershed and river systems management program[C]//Proceedings of the 2005 Watershed Management Conference, Williamsburg, 2005.

[23]METCALFE P, BEVEN K, FREER J. Dynamic TOPMODEL: a new implementation in R and its sensitivity to time and space steps[J]. Environmental modelling & software, 2015, 72: 155-172.

[24]NEITSCH S L, AMOLD J G , KINIRY J R, et al. SWAT 2009 理论基础[M]. 郑州：黄河水利出版社, 2011.

[25]OBLED C, ZIN I. TOPMODEL: basic principles and a test case[J]. La houille blanche-revue internationale de l'eau, 2004(1): 65-77.

[26]PERRAUD J M, SEATON S P, RAHMAN J M, et al. The architecture of the E2 catchment modelling framework[C]//MODSIM 05 International Congress on Modelling and Simulation, Melbourne, 2005: 690-696.

[27]RAHMAN J M, CUDDY S M, WATSON F G R. Tarsier and ICMS: two approaches to framework development[J]. Mathematics and computers in simulation, 2004, 64(3-4): 339-350.

[28]RAHMAN J M, SEATON S P, PERRAUD J M, et al. It's TIME for a new environmental modelling framework[J]. Pediatrics, 2014, 7(12): 152-155.

[29]TAGUE C L, BAND L E. RHESSys: regional hydro-ecologic simulation system - an object-oriented approach to spatially distributed modeling of carbon, water, and nutrient cycling[J]. Earth interactions, 2004, 8(19): 145-147.

[30]TUCKER G E, LANCASTER S T, GASPARINI N M, et al. An object-oriented framework for distributed hydrologic and geomorphic modeling using triangulated irregular networks[J]. Computers & geosciences, 2001, 27(8): 959-973.

[31] VARGA M, BALOGH S, CSUKAS B. An extensible, generic environmental process modelling framework with an example for a watershed of a shallow lake[J]. Environmental modelling & software, 2016, 75: 243-262.

[32]WAGENER T, BOYLE D P, LEES M J, et al. Using the object modeling system for hydrological model development and application[J]. Advances in geosciences, 2005, 4(3): 75-81.

[33]WAGENER T, BOYLE D P, LEES M J, et al. Using the object modeling system for hydrological model development and application[J]. Advances in geosciences, 2005, 4(3): 75-81.

[34]WANG J, HASSETT J M, ENDRENY T A. An object oriented approach to the description and simulation of watershed scale hydrologic processes[J]. Computers & geosciences, 2005, 31(4): 425-435.

[35]WASHIZAKI H, YAMAMOTO H, FUKAZAWA Y. A metrics suite for measuring reusability of software components[C]//Proceedings of the 9th International Software Metrics Symposium (METRICS' 03) IEEE, Washington, 2003: 211-223.

[36]包为民, 陈耀庭. 中大流域水沙耦合模拟物理概念模型[J]. 水科学进展, 1994, 5(4): 287-292.

[37]包为民. 小流域水沙耦合模拟概念模型[J]. 地理研究, 1995(2): 27-34.

[38]蔡强国, 刘纪根. 关于我国土壤侵蚀模型研究进展[J]. 地理科学进展, 2003, 22(3): 242-250.

[39]蔡强国, 陆兆熊, 王贵平. 黄土丘陵沟壑区典型小流域侵蚀产沙过程模型[J]. 地理学报, 1996(2): 108-117.

[40]蔡强国, 袁再健, 程琴娟, 等. 分布式侵蚀产沙模型研究进展[J]. 地理科学进展,

2006, 25(3): 48-54.
[41]符素华, 张卫国, 刘宝元, 等. 北京山区小流域土壤侵蚀模型[J]. 水土保持研究, 2018, 8(4): 114-120.
[42]贾媛媛, 郑粉莉. LISEM模型及其应用[J]. 水土保持研究, 2004(4): 91-93.
[43]姜弘道. 水利概论[M]. 北京: 中国水利水电出版社, 2010.
[44]焦学军. 基于高分辨率DEM的小流域分布式水文模拟[D]. 开封: 河南大学, 2008.
[45]金鑫, 郝振纯, 张金良, 等. 考虑重力侵蚀影响的分布式土壤侵蚀模型[J]. 水科学进展, 2008, 19(2): 257-263.
[46]雷廷武, 张晴雯, 赵军. 细沟水蚀动态过程的稳定性稀土元素示踪研究[J]. 水利学报, 2004(12): 84-91.
[47]李辉. 基于DEM的小流域次降雨土壤侵蚀模型研究与应用[D]. 武汉: 武汉大学, 2007.
[48]李文杰, 王兴奎, 李丹勋, 等. 基于物理过程的分布式流域水沙预报模型[J]. 水利学报, 2012(3): 264-274.
[49]李占斌, 朱冰冰, 李鹏. 土壤侵蚀与水土保持研究进展[J]. 土壤学报, 2008, 45(5): 802-809.
[50]廖义善, 卓慕宁, 李定强, 等. 基于GIS黄土丘陵沟壑区分布式侵蚀产沙模型的构建——以蛇家沟小流域为例[J]. 泥沙研究, 2012(1): 7-13.
[51]林波. 三江平原挠力河流域湿地生态系统水文过程模拟研究[D]. 北京: 北京林业大学, 2013.
[52]刘宝元, 史培军. WEPP水蚀预报流域模型[J]. 水土保持通报, 1998, 18(5): 6-12.
[53]刘博, 徐宗学. 基于SWAT模型的北京沙河水库流域非点源污染模拟[J]. 农业工程学报, 2011(5): 52-61.
[54]刘前进, 蔡强国, 方海燕. 基于GIS的次降雨分布式土壤侵蚀模型构建——以晋西王家沟流域为例[J]. 中国水土保持科学, 2008, 6(5): 21-26.
[55]刘瑞娟, 张万昌. 基于动态产流机制的分布式土壤侵蚀模型研究[J]. 水土保持通报, 2010, 30(6): 139-144.
[56]鲁克新. 黄土高原流域生态环境修复中的水沙响应模拟研究[D]. 西安: 西安理工大学, 2006.
[57]罗万勤. 黄土丘陵区土壤侵蚀评价模型研究[D]. 西安: 西安理工大学, 2004.
[58]牛志明, 解明曙. 三峡库区水库消落区水土资源开发利用的前期思考[J]. 科技导报, 1998(4): 61-62.
[59]祁伟, 曹文洪, 郭庆超, 等. 小流域侵蚀产沙分布式数学模型的研究[J]. 中国水土保持科学, 2004, 2(1): 16-22.

[60]汤立群，陈国祥，蔡名扬．黄土丘陵区小流域产沙数学模型[J]．河海大学学报，1990，18(6)：10-16.

[61]汤立群，陈国祥．小流域产流产沙动力学模型[J]．水动力学研究与进展(A辑)，1997(2)：164-174.

[62]唐政洪，蔡强国．侵蚀产沙模型研究进展和GIS应用[J]．泥沙研究，2002(5)：59-66.

[63]王中根，刘昌明，黄友波．SWAT模型的原理、结构及应用研究[J]．地理科学进展，2003，22(1)：79-86.

[64]王中根，郑红星，刘昌明．基于模块的分布式水文模拟系统及其应用[J]．地理科学进展，2005(6)：109-115.

[65]温熙胜．三峡库区坡耕地土壤侵蚀研究[D]．北京：北京林业大学，2007.

[66]吴长文，王礼先．陡坡坡面流的基本方程及其近似解析解[J]．南昌工程学院学报，1994(S1)：142-149.

[67]杨明义，田均良．坡面侵蚀过程定量研究进展[J]．地球科学进展，2000，15(6)：649-653.

[68]杨勤科，李锐．LISEM：一个基于GIS的流域土壤流失预报模型[J]．水土保持通报，1998(3)：83-90.

[69]杨涛．基于GIS的黄土沟壑区两种尺度产流产沙数学模型研究与应用[D]．南京：南京师范大学，2006.

[70]张喜旺，周月敏，李晓松，等．土壤侵蚀评价遥感研究进展[J]．土壤通报，2010，41(4)：1010-1017.

[71]郑粉莉，杨勤科，王占礼．水蚀预报模型研究[J]．水土保持研究，2004，11(4)：13-24.

[72]周江红，雷廷武．流域土壤侵蚀研究方法与预报模型的发展[J]．东北农业大学学报，2006，37(1)：125-129.

[73]周璟．武陵山区低山丘陵小流域土壤侵蚀特征及产流产沙模拟预测[D]．北京：中国林业科学研究院，2009.

[74]周正朝，上官周平．土壤侵蚀模型研究综述[J]．中国水土保持科学，2004，2(1)：52-56.

第2章

水文建模基础

对流域水文过程各个环节的深入认知是水文建模的基础。本章从流域水循环、水系、流域降水过程、地表截留与入渗、流域蒸散、流域地下水、流域产汇流和流域水文模型评估 8 个方面对流域的水文过程进行了详细阐述，通过阅读本章，可以建立流域水文建模基础的整体认知。

2.1 流域与流域水循环

2.1.1 流域与水系

自然水资源包括水体及与之配套的流域，为人类提供了赖以生存的物质基础。是人类繁衍生息和社会经济发展昌盛的前提。目前许多流域和水体生态健康受到许多因素的威胁，包括营养物质和沉积物的高水平、生境的改变、入侵物种的引入、有毒污染物和土地利用的变化等。要保护水系统，需要详细了解人类活动如何影响这些系统，以及水生生态系统的结构和功能如何随着这些影响而变化。

流域指由分水线包围的河流集水区，分地面集水区和地下集水区两类。如果地面集水区和地下集水区相重合，称为闭合流域；如果不重合，则称为非闭合流域。平时所称的流域，一般都指地面集水区。

每条河流都有自己的流域，一个大流域可以按照水系等级分成数个小流域，小流域又可以分成更小的流域等。另外，也可以截取河道的一段，单独划分为一个流域。流域之间的分水地带称为分水岭，分水岭上最高点的连线为分水线，即集水区的边界线。处于分水岭最高处的大气降水，以分水线为界分别流向相邻的河系或水系。例如，中国秦岭以南的地面水流向长江水系，秦岭以北的地面水流向黄河水系。分水岭有的是山岭，有的是高原，也可能是平原或湖泊。山区或丘陵地区的分水岭明显，在地形图上容易勾绘出分水线。平原地区分水岭不明显，仅利用地形图勾绘分水线有困难，有时需要进行实地调查确定。

在水文地理研究中，流域面积是一个极为重要的数据。自然条件相似的两个或多个地区，一般是流域面积越大的地区，该地区河流的水量也越丰富。

流域内所有河流、湖泊等各种水体组成的水网系统，称作水系。其中，水流最终流入海洋的称作外流水系，如太平洋水系、北冰洋水系；水流最终流入内陆湖泊或消失于荒漠之中的，称作内流水系。流域面积的确定，可根据地形图勾绘出流域分水线，然后求出分水线所包围的面积。河流的流域面积可以计算到河流的任一河段，如水文站控制断面、水库坝址或任一支流的汇合口处。

水系的特征可以用以下各种计算参数表示。

① 河网密度。水系总长与水系分布面积之比，表示每平方千米面积上河流的长度。其大小与地区的气候、岩性、土壤、植被覆盖等自然环境，以及人类改造自然的各种措施有关。在相似的自然条件下，河网密度越大，河水径流量也越大。

② 河系发育系数。各级支流总长度与干流长度之比。一级支流总长度与干流长度之比称为一级河网发育系数，二级支流总长度与干流长度之比称为二级河网发育系数等。河流的发育系数越大，表明支流长度超过干流长度越多，对径流的调节作用越有利。

③ 河系不均匀系数。干流左岸支流总长度和右岸支流总长度之比，表示河系不对称程度。不均匀系数越大，表明两岸汇入干流的水量越不平衡。

④ 湖泊率和沼泽率。水系内湖泊面积或沼泽面积与水系分布面积（流域面积）之比。由于湖泊或沼泽能调节河水流量，促使河流水量随时间的变化趋于均匀，减少洪水灾害和保证枯水季节用水。因此，湖泊率和沼泽率越大，对径流的调节作用越显著。

2.1.2 流域水循环

流域水循环又称水分循环和水文循环。分布在地球不同圈层中的水分，彼此密切联系，在太阳辐射能和地心引力的作用下，水从一种形态（固态、液态、气态）转化为另一种形态，从一个地方转移到另一个地方，这种不断往复的水的迁移和转化过程称为水循环。按水循环的过程、规模，可分为大循环与小循环。大循环发生在海陆之间，从海洋蒸发的水汽，被气流带到大陆上空，在适当的条件下凝结，又以降水的形式降至地面，到达地面的水，一部分又重新蒸发返回大气，其余部分经地面和地下途径汇入海洋，这种海陆间的水分交换过程称大循环或外循环。水在大循环运动中，一方面在地面和天空之间通过降水和蒸发进行纵向水分的交换；另一方面又在海洋和陆地之间通过水汽输送和径流进行水分的横向交换。水的这种不断蒸发、输送、凝结、降落、产流、汇流的往复循环过程，不仅使大气圈、水圈、岩石圈和生物圈中的水分彼此密切联系，相互转化，使水圈成为一个动态系统，而且在各圈层之间进行巨大的物质和能量交换。小循环是指陆地上的水经蒸发、凝结作用又降落到陆地上，或从海洋蒸发的水汽在空中凝结后，又以降水形式降落到海洋中，这种局部的水循环称为小循环或内循环。前者又可称内陆小循环，后者称海洋小循环。海洋中蒸发的水汽输送到内陆，除了直接通过气流输送到内陆以外，还需要通过内陆小循环，像接力赛一样，使水汽不断地向距离海洋很远的内陆输送，这是内陆地区的主要水汽来源。由此可见，水分大循环过程中，包括了许多复杂的内陆小循环，这种水循环过程称为内陆水循环。内陆水循环与内陆小循环是两个不同的概念。一个地区地面水和地下水储水比较丰富，蒸发水汽量又多，内陆小循环比较活跃，对于促进内陆水循环的凝结降水有一定作用。

由于自然界中的水循环，使水资源和水力资源可以恢复再生，长期利用。这是因为各种水体除了它本身的静储量以外，还包括它参与水循环过程中的动态量。例如，大气圈中所含水量为1.29万km^3，这是它的静储量，而全球年降水量却有57.7万km^3，后者动态量为静储量的44.8倍，平均约8天更新一次。全球河槽蓄水量为0.212万km^3（静储量），而年径流量为4.7万km^3，动态量为静储量的22.2倍，平均16天河水更新一次。

流域水循环是指包括降水、蒸发、径流和流域储水量变化的整个过程。

这4个变量都随时间、空间变化，它们之间相互影响、制约，从而形成了自然界变幻莫测、多种多样的水文现象。当然，这4个变量中降水起主导作用，是流域水循环中最大的输入项，而蒸发往往是最大的输出项或损失项。径流和流域储水量的变化受降水和蒸发共同影响。但是，如果考虑人为影响，这种排序也许并不准确。

值得指出的是，水量平衡中各水文要素之间的相对重要性还会随时间而变化。例如，对于干旱年份或夏季月份，蒸发就可能超过降水量；而在极端湿润年份，径流量就有可能超过蒸发而成为流域水分的主要输出项。干旱地区的河川径流对降水变化要比温度变化敏感。这种关系对湿润地区可能正好相反。

从海洋和陆地蒸发的水分，一部分凝结降雨，经过地表下渗、滞留土壤、形成地表径流汇入江河与海洋，形成大循环，而在陆地和海洋范围内进行的局部循环称为小循环，流域水循环即为小循环。

流域水循环是全球水循环的重要组成部分，全球水循环系统是一个闭合系统，而流域水循环系统是一个开放系统。流域水循环可以理解为流域范围内降雨、蒸发、下渗、产汇流的形成过程。降落到流域内的雨雪，经过植被截留、土壤初损、土壤下渗、填挖的要求后，形成地表径流，汇入河道，流至流域出口，形成流域水循环。

2.1.3 流域特征

流域特征主要包括自然地理特征、结构特征、几何特征、社会特征等。流域的自然地理特征主要从流域区位、气候气象、下垫面条件、地形地貌等方面来阐述。流域区位通过流域中心和流域边界所处的经纬度来描述；流域的气候气象因素包括流域内降水、蒸发、径流、气温、气压、湿度、风速、风向等；流域下垫面条件主要涉及流域内植被覆盖、植被生长量、土壤类型、岩石性质、地质构造等；流域内的地形地貌是指流域内地形起伏状况，流域内属于平原、丘陵、高山或高原，还是兼而有之。流域的几何特征主要包括流域长度、流域面积、流域形状、流域高程曲线、流域宽度等。流域面积可通过积水面积表示，流域长度通过流域轴长表示，流域形状通过流域形状系数表示，即流域面积与流域长度平方的比值。流域结构特征是指子流域的空间结构关系，一般用树状结构图来表示。流域树状图包括节点集、界线集和汇流区集构成，节点集包括沟谷节点、汇流原点和分水线原点。界线集包括内部沟谷段、外部沟谷段和分水线段。汇流区集包括内部汇流区和外部汇流区。流域的社会特征指流域系统受人类干扰而产生的变化，其中，流域的环境承载力是流域社会特征的重要指标，是指流域内的植被、水环境、土壤、生态系统的自然净化能力。

2.1.4 流域数字高程模型

数字高程模型（Digital Elevation Model，DEM），是通过有限的地形高程数据实现对地面地形的数字化模拟（即地形表面形态的数字化表达），狭义的DEM是用一组有序象元阵列形式表示地面高程的一种地表模型，是数字地形模型（Digital Terrain Model，DTM）的一个分支，其他各种地形特征值均可由此派生。流域数字高程模型是指用DEM表达的流域地形，是流域数字化的最基本内容。

一般认为，DTM是描述包括高程在内的各种地貌因子，如坡度、坡向、坡度变化率等因子在内的线性和非线性组合的空间分布，其中DEM是零阶单纯的单项数字地貌模型，其他如坡度、坡向及坡度变化率等地貌特性可在DEM的基础上派生。

DTM的另外两个分支是各种非地貌特性的以矩阵形式表示的数字模型，包括自然地理要素及与地面有关的社会经济和人文要素，如土壤类型、土地利用类型、岩层深度、地价、商业优势区等。实际上DTM是栅格数据模型的一种，它与图像的栅格表示形式的区别主要为图像是用一个点代表整个象元的属性，而在DTM中，格网的点只表示点的属性，点与点之间的属性可以通过内插计算获得。

建立DEM的方法有多种，从数据源及采集方式上讲有以下几种：①直接从地面测量，所涉及的仪器有水平导轨、测针、测针架和相对高程测量板等，也可以用GPS、全站仪、野外测量等高端仪器。②根据航空或航天影像，通过摄影测量途径获取，如立体坐标仪观测及空三加密法、解析测图、数字摄影测量等。③从现有地形图上采集，如格网读点法、数字化仪手扶跟踪及扫描仪半自动采集，然后通过内插生成DEM等方法。

DEM内插方法很多，主要有整体内插、分块内插和逐点内插3种。整体内插的拟合模型是由研究区内所有采样点的观测值建立的；分块内插是把参考空间分成若干大小相同的块，对各分块使用不同的函数；逐点内插是以待插点为中心，定义一个局部函数去拟合周围的数据点，数据点的范围随待插位置的变化而变化，因此又称移动拟合法，分为有规则网络结构和不规则三角网（Triangular Irregular Network，TIN）两种算法。

目前常用的算法是 TIN，然后在 TIN 基础上通过线性和双线性内插建 DEM。用规则方格网高程数据记录地表起伏的优点是（X，Y）位置信息可隐含，无须全部作为原始数据存储，由于是规则网高程数据，以后在数据处理方面比较容易。缺点是数据采集较麻烦，因为网格点不是特征点，一些微地形可能没有记录。TIN 结构数据的优点是能以不同层次的分辨率来描述地表形态。与格网数据模型相比，TIN 模型在某一特定分辨率下能用更少的空间和时间更精确地表示更加复杂的表面。特别当地形包含大量特征，如断裂线、构造线时，TIN 模型能更好地顾及这些特征。

DEM 分辨率是 DEM 刻画地形精确程度的一个重要指标，同时也是决定其使用范围的一个重要影响因素。DEM 的分辨率是指 DEM 最小的单元格长度。因为 DEM 是离散的数据，所以（X，Y）坐标其实都是一个一个的小方格，每个小方格上标识出其高程。这个小方格的长度就是 DEM 的分辨率。分辨率数值越小，分辨率就越高，刻画的地形程度就越精确，同时数据量也呈几何级数增长。所以 DEM 制作和选取时应依据需要，在精确度和数据量之间做出平衡选择。目前我国已经完成了 1∶50 000 地形图的制作 DEM 数据库的建设。

由于 DEM 描述的是地面高程信息，它在测绘、水文、气象、地貌、地质、土壤、工程建设、通信、军事等国民经济和国防建设及人文和自然科学领域有着广泛的应用。如在工程建设上，可用于土方量计算、通视分析等；在防洪减灾方面，DEM 是进行水文分析（如汇水区分析、水系网络分析、降雨分析、蓄洪计算、淹没分析等）的基础；在无线通信上，可用于蜂窝电话的基站分析等。

2.2 流域降水过程

从天空的云中降落到地面上的液态水或固态水，如雨、雪、雹等，总称降水。降水的条件是在一定温度下，当空气不能再容纳更多的水汽时，就成了饱和空气。空气饱和时如果气温降低，空气中容纳不下的水汽就会附着在空气中以尘埃为主的凝结核上，形成微小水滴——云、雾。云中的小水滴互相碰撞合并，体积就会逐渐变大，成为雨、雪、冰雹等降落到地面。从云中降落到地面上的液态水或固态水，统称为大气降水，包括雨、雪、霰、冰雹等。流域降水过程是发生在流域范围内的从水分蒸发，空中凝结成液态或固态水，进而降落到地面的降水过程。

2.2.1 降水类型

依据造成空气上升运动的成因，可把降水分成对流雨、地形雨、锋面雨和台风雨4种类型。形成的原因分别是：对流雨是由于高空和地面的空气对流强烈，地面热空气对流上升冷却过程中形成降雨，一般在热带地区的午后比较常见；地形雨是由于湿润的气团遇到高大山地阻挡，在爬升过程中冷却形成降雨，一般多发于盛行风的迎风坡。相应的，盛行风的背风坡则形成了雨影区，降水稀少，气候干燥；锋面雨是由于冷暖锋交会，暖锋主动抬升或被动爬升，在上升降温过程中冷凝致雨，我国北方大部分地区夏季的暴雨都是锋面雨；台风雨，顾名思义是由台风引起的降雨，一般雨势很大并伴随着大风，常常出现狂风骤雨。台风雨持续的时间不一，有时很短，只有几秒甚至几分钟，有时很长，可以持续几天，这全看降雨的地方是处于台风近中心还是台风边缘。在我国东南沿海，经常受台风雨的影响。不同的降水类型具有明显的特点，对流雨的特点是强度大、历时短、范围小，常伴有暴风、雷雨，主要分布于赤道地区，我国夏季午后较为常见。地形雨的特点是山地迎着暖湿空气的一侧降水，背风坡为雨影区，主要分布于一些山区，如世界和我国的雨极。锋面雨的特点是强度小、历时长、范围大，主要分布于温带地区，如我国夏秋季节的降水。台风雨的特点是强度很大，多为暴雨且伴有狂风、雷电，主要分布于我国东南沿海地区，以夏秋季为主。

2.2.2 降水要素

（1）降水量

对某一监测点而言，指一定面积上的降水深度，亦指某一面积上的一次降水总量，单位以 m^3、亿 m^3计或以降水深度（mm）表示。在研究降雨量时，很少以一场雨为对象，一般以单位时间表示，年平均降雨量指多年观测所得的各年降雨量的平均值；月平均降雨量指多年观测所得的各月降雨量的平均值；年最大降雨量指多年观测所得的一年中降雨量最大一日的绝对量。

(2) 降水历时与降水时间

前者是指一场降水自始至终所经历的时间；后者指对应于某一场降水量而言，其时间长短通常是人为划定的（如 1 h、3 h、24 h 或 1 d、3 d、7 d 等），在此时段内并非意味着连续的降水。用 t 表示，以 h 或 min 计。

(3) 降水强度

降水强度简称雨强，指单位时间单位面积上的降雨量，用 i 表示，以 mm/min、mm/h 或 mm/d 计。在工程上，暴雨强度常用单位时间内单位面积上的降雨体积 q 表示，以 $L/(s \cdot m^2 \cdot 10^4)$ 计，q 与 i 之间的换算关系是将每分钟的降雨深度换算成每公顷面积上每秒钟的降雨体积。降水量、降水历时和降水强度一般被称为降水三要素。

(4) 降水面积和汇水面积

降水面积即指降水所笼罩的面积，汇水面积是指雨水管渠汇集雨水的面积，用 F 表示，以公顷（hm^2）或平方千米（km^2）计。

2.2.3 降水特征的表示方法

流域降水特征可以通过降水累积曲线、降水过程线、等降雨量线和降雨特征综合曲线表示。降水累积曲线表示自降水开始到各个时刻的降水量累积值。降水过程线是指以一定时段（时、日、月、年）为单位所表示的降水量在时间上的变化过程，可用曲线或直方图表示，它是分析流域、产流、汇流与洪水的基本资料，但此曲线图只包含降水强度、降水时间，而不包含降水面积的因素。此外，如果用较长的时间为单位，由于时段内降水可能时断时续，过程线往往不能反映降水的真实过程。一般是指在地图上由等降水量线组成的地图，就是等降水量线图。它是研究一个地区同一时段不同地方的降水分布规律和特点的重要工具。等降水量线根据反应的时段不同，大致可以分为 3 类，分别反应微观、中观、宏观的降水状况。降雨特征综合曲线分为强度—历时曲线、雨深—面积—历时曲线和平均深度—面积曲线。

2.2.4 流域降水时空分布特征

流域降水存在时空分布特征，小流域降水空间分布一般差异较小，可以认为是平均降雨。大范围的流域降水空间异质性较大，在计算时需要考虑到该异质性，雨量站采用离散布设，因此采用空间插值方法获取全流域的降水分布数据。

2.2.5 平均降雨量计算方法

雨量站观测到的降雨量，只代表该站附近小范围内的降水情况。在水文分析工作中，常需知道一个流域或地区特定时段内的平均降水量。实用的计算方法主要有算术平均法、泰森多边形法和等雨量线图法。

（1）算术平均法

$$Pavg=\mathrm{sum}(P_i)/n。\tag{2-1}$$

式中，$Pavg$ 为区域或流域平均降水量；P_i为第 i 站同时期内的降水量；n 为测站数。

（2）泰森多边形法

$$Pavg=\mathrm{sum}(P_i\cdot f_i)/F。\tag{2-2}$$

式中，f_i表示第 i 站所占面积；F 为流域总面积。

（3）等雨量线图法

$$Pavg=\mathrm{sum}(P_i\cdot f_i)/F。\tag{2-3}$$

式中，f_i表示两条等雨量线间的部分所占面积；P_i为 f_i上的平均降水量；F 仍为流域总面积。

上述每一种计算方法都有它的优缺点：

① 算术平均法简单，没有考虑各雨量站的权重或看作等权重，只能粗略估计流域或地区特定时段内的平均降水量。

② 泰森多边形法虽然考虑了权重，但权重是根据雨量站的控制几何面积确定的。泰森多边形法的权重只考虑各站点的地理位置，根据几何特征，选择距离控制站点最近的面积占整个流域面积的比例作为权重，没有考虑站点雨量在空间上的分布，无论什么样的雨型各站点的权重是不变的，即假定在该站控制范围内雨量是均匀分布。

③ 等雨量线图法能考虑降水量在空间上的分布情况，精度较高，当雨量站比较多而且密集时，可以作为平均降雨量的期望值。但要求站点较多，且每次都要重绘等雨量线图，工作量大、烦琐。如果结合 GIS 将会很大程度减轻工作量并提高工作效率。

因此有学者提出采用“加权平均的权重优选算法”对各雨量站权重进行

优选，以泰森多边形法的权重为初始值，以多个样本的等雨量线图法计算的平均降水量为期望输出值，通过优选得到的权重模型误差更小，比等雨量线图法简便。

2.2.6 降雨分布空间插值

流域雨量站都是离散分布的，流域范围内任一点的降雨量一般需要通过空间插值的方法获得。空间插值常用于将离散点的测量数据转换为连续的数据曲面，以便与其他空间现象的分布模式进行比较，它包括了空间内插和外推两种算法。空间内插算法：通过已知点的数据推求同一区域未知点数据。空间外推算法：通过已知区域的数据，推求其他区域数据。空间插值方法分为两类：一类是确定性方法；另一类是地质统计学方法。确定性插值方法是基于信息点之间的相似程度，或者整个曲面的光滑性来创建一个拟合曲面，如反距离加权平均插值法（IDW）、趋势面法、样条函数法等；地质统计学插值方法是利用样本点的统计规律，使样本点之间的空间自相关性定量化，从而在待预测的点周围构建样本点的空间结构模型，如克里格（Kriging）插值法。确定性插值方法的特点是在样本点处的插值结果和原样本点实际值基本一致，若是利用非确定性插值方法的话，在样本处的插值结果与样本实测值就可能不一致，有的相差甚远。

2.2.7 降雪与融雪过程

从混合云中降落到地面的雪花形态的固体水，由大量白色不透明的冰晶（雪晶）和其聚合物（雪团）组成。雪是水在空中凝结再落下的自然现象或指落下的雪，雪是水在固态的一种形式。

积雪消融的热源主要来自太阳辐射，以及雪层表面与大气之间的湍流热交换（包括感热和潜热），其次来自雪层与土壤之间的热交换等。雪层是半透明介质，一部分太阳辐射可以透过一定厚度的雪层，导致雪层内部增温或消融，称为内部消融。这在气温和雪面温度为负温的情况下仍可发生。当气温在0 ℃以上，雪面辐射平衡值为正值时，雪层表面开始融化。每年初春，白天雪层表面的辐射平衡略为正值，湍流热通量亦很小，雪层表面的消融微弱。在干冷状态下，雪层达到最小饱和含水量后，层内的融水便以指状流或背景流的形式渗到雪层界面冻结，形成雪层中的冰片，凝结时释热又改变了雪层的温度状况。如果雪面继续消融，下渗水量不断增加，则融化了冰层，融雪锋面逐渐下降，使整个雪层处于融化状态，融水聚集形成饱和含水带（层）。从饱和含水带渗出的融水，部分渗入土层，部分填洼，少量被蒸发，其余沿地面汇入江河，成为融雪径流。

2.3　地表截留与入渗过程

2.3.1　植被截留及计算方法

地表截留包括林冠截留和林下截留。林冠截留是植物学用语，指在降水（包括降雨、雪、霜、雾等）过程中，部分水分被地表植被（包括森林、灌木、野草等各种地表覆盖物）接收并直接蒸发，水分没有进入土壤的整个过程。与林冠截留相关的概念还有截留量、截留率等。截留量是指由于林冠截留作用而未进入土壤的那部分降水量。截留率则指截留量占同期降水量的百分比。冠层穿透水向林地滴落的过程中，在遇到林下植被时，也会发生截留现象。

在地面上有两层以上的植被，如大树之下有矮树或草类，除大树的主要截留外，还有矮树及草类的截留。下层植被很难从上层植被截留剩余的水分中进行截留，只有在雨期较长、雨量较多的情况下，上层植物截留饱和后，下层才能截获雨水。所以各植被层截留总量常小于个别单层单独截留量之和。

2.3.2　降雨填洼过程

填洼是降雨或融水产生的充填、滞蓄于地面坑洼的现象，为径流形成过程中重要的损失项。充填坑洼的水量称填洼量，最终耗于下渗、蒸发和地下水的补给。流域上存在很多自然或人工的、大小不等、深浅不一的坑洼，有的独立封闭，有的大小重叠贯通。在径流形成过程中，超渗雨（包括融水）和壤中流沿坡面注入凹坑，从而产生填洼现象。当坑洼蓄满或坑洼水外溢时填洼结束，随之出现坡面漫流现象。不能注入河槽的填洼水耗称死填洼，注入河槽部分的称流动填洼。影响填洼的因素有流域的坑洼体积及地貌条件、土壤入渗状况、降水量、降水强度和降水历时等降水特性。

2.3.3 下渗过程

雨水降落在土壤表面，在分子力、毛管力和重力作用下，进入土壤孔隙，被土壤吸收，补充土层缺乏的水分，这种过程叫下渗。下渗的水，首先满足土壤最大持水量，多余的水，在重力作用下沿着土壤孔隙向下运动，最后到达潜水面，补给地下水，这种现象叫下渗或渗透。单位时间内单位面积上渗入土壤中的水量，称为下渗率或下渗强度。分子力和毛管力随着土壤水分增大而减小，当水分充满毛管孔隙而达到饱和时，下渗主要是在重力作用下进行。影响下渗的因素有降雨强度、地面植被度和植被种类、土壤物理特性、温度和水质等。

2.3.4 土壤下渗测量

下渗率在初始下渗时为最大（f_0），随时间而递减，最终趋于稳定。稳定值称稳定下渗率（f_c），这种情况下的下渗曲线又称下渗容量曲线。直接测定下渗容量曲线的方法有同心环法和单管法。测验过程中为保持环内或管内固定水深而在单位时间内注入的水量就是下渗率。这两种方法得到的是一定条件下的单点下渗水量。在径流实验场或径流试验小区，根据实测降雨量（人工降雨或天然降雨）和径流量，用水文分析法可求得一定面积上的平均下渗率。

2.4 流域蒸散过程

2.4.1 流域蒸散

蒸散是植被及地面整体向大气输送的水汽总通量，主要包括植被蒸腾、土壤水分蒸发及截留降水或露水的蒸发，作为能量平衡及水循环的重要组成部分，蒸散不仅影响植物的生长发育与产量，还影响大气环流，起到调节气候的作用。

2.4.2 流域蒸散影响因素

蒸散（Evapotranspiration）土壤蒸发和植物蒸腾的总称。蒸散量的大小取决于三方面要素：①大气干燥度、辐射条件、温度和风力的大气蒸发能力；②土壤含水量、导水能力和土壤供水状况；③植被覆盖率、植物导水能力、叶面气孔数量和开度。

2.4.3 流域蒸散量的估算

蒸散量可用蒸渗计测定，也可用数学方法计算。计算蒸散量的模式有很多，有质量输送模式、阻力模式、空气动力学模式、能量平衡模式、综合模式和太阳辐射模式等。其中普遍使用的是彭曼模式。它是半经验半理论的计算自然条件下开阔水面和供水充足短草地的自然蒸发量公式。其形式为

$$E_0 = \frac{\frac{\Delta H}{L} + \lambda E_a}{\Delta + \lambda}。 \tag{2-4}$$

式中，E_0为可能蒸散量；H为地面吸收的净太阳辐射能；Δ为温度为平均气温T_a时的饱和水汽压曲线斜率；λ为干湿表常数；L为蒸发潜热：E_a为干燥力。

2.5 流域地下水过程

2.5.1 地下水运动

地下水是贮存于包气带以下地层空隙，包括岩石孔隙、裂隙和溶洞之中的水。地下水是水资源的重要组成部分，由于水量稳定，水质好，是农业灌溉、工矿和城市的重要水源之一。但在一定条件下，地下水的变化也会引起沼泽化、盐渍化、滑坡、地面沉降等不利自然现象。

2.5.2 含水层概述

在地质学上含水层常指土壤通气层以下的饱和层，其介质孔隙完全充满水分。含水层有许多种，其中如含水层上下为不透水地层直接覆盖，地下水充满两层不透水层简称为受拘限含水层。若地下水面之上无不透水层，则水面即为地下水位，称为非拘限含水层。

含水层不但具有对水的容纳能力，而且具有允许相当数量的水透过的性能。可容纳一定的水，但不允许水自由透过的岩土称为隔水层，如黏土层。划分含水层与隔水层的标志不在于岩层是否含水，而是所含水的性质。空隙

细小的黏土层几乎含的是结合水，结合水在自然条件下移动非常困难，所以是隔水层。空隙较大的沙砾石层，主要含有重力水，在重力作用下能透过或排出水，就是含水层。

一般情况下，渗透系数大于 1 m/昼夜的岩层均可认为透水，呈层状称透水层，呈带状称透水带；而渗透系数小于 0. 001 m/昼夜的岩石则称为不透水的，同样按其形状称为隔水层、隔水带等。渗透系数介于 0. 001 ~ 1 m/昼夜者为半透或弱透水层。只有透水层才有可能是含水层。但是，透水层又不等于含水层，透水层要成为含水层还必须具备一定条件，那就是其下部有不透水层或弱透水层存在，才能保证流入透水层中的水聚集和储存起来。此外，应具有水量的补给来源，这不仅是形成含水层的一个必备条件，而且关系到含水层水量的大小。

2. 5. 3　含水层分类

可按空隙类型、水力学条件、渗透性空间变化和富水性划分。

① 含水层根据含水岩（土）层空隙类型可分为孔隙含水层、裂隙含水层和喀斯特含水层 3 类。孔隙含水层指以含孔隙水为主的含水层，主要是松散沉积物（砂砾石含水层、砂含水层）。其富水性取决于含水层的成因类型、岩性结构和颗粒成分。裂隙含水层指以含裂隙水为主的含水层，主要由各种坚硬岩石所构成。在岩层露头或基岩埋藏浅的地区，大多分布有风化裂隙含水层。中国各煤矿区的风化裂隙带深度一般为 30 ~ 60 m，随着埋藏深度的增大，裂隙发育变弱。深部岩层间的裂隙含水层，其富水性受岩性结构、构造裂隙和成岩裂隙控制，不同构造部位，富水性有明显变化。喀斯特含水层指以含喀斯特水为主的含水层，由可溶岩层溶隙发育而构成。在中国各煤矿区，由石灰岩和白云岩构成的喀斯特含水层分布较广。中国排水量最大、突水事故严重的煤矿井往往具有这类含水层。喀斯特发育和分布基本格局受岩性和构造控制，这类含水层的富水地段总是沿着岩性变化带、构造断裂带、节理裂隙发育带及褶皱剧烈变化带分布。这类含水层的水文地质特征独特，表现在其富水性极不均一，在水平与垂直方向变化显著，水力联系各向异性和动态变化显著，中国各煤矿区喀斯特含水层的贮水空间大致呈区域性，北方以溶隙为主，南方是溶洞与溶隙互相联系，西南以暗河管道为主。

② 含水层根据埋藏条件及水力学状态可分为承压含水层与潜水（无压）

含水层。承压含水层指两个不透水层或弱透水层之间所夹的完全饱水的含水层。此类含水层中任一点的压强都大于 1 atm。潜水含水层指具有自由水面的含水层。此类含水层水表面的压力等于 1 atm，自由水面以上可以是透水层，也可以是弱透水层或隔水层。

③ 含水层根据其渗透性空间变化可分为均质含水层和非均质含水层。均质含水层的透水性能是一个常量，与空间坐标无关，多见于河流冲积相厚层砂。均质含水层还可进一步分为均质各向同性含水层和均质各向异性含水层。后者是指同一点的渗透系数随水流渗透方向不同而变化的均质含水层，多见于层状结构和带状结构的岩层。非均质含水层的透水性在空间是变化的，或沿水平方向，或沿垂直方向变化，或渐变，或突变。在自然界中，非均质含水层居多。

④ 含水段。对于厚度很大的含水层（如中国某些地区的奥陶纪石灰岩），由于其在剖面上裂隙或喀斯特发育不均匀，可按富水性把它划分为不同的含水段。

2.5.4　地下水运动模拟

利用地下水现象与某些物理现象之间的相似性，用人工制作的模型研究地下水实际运动（原型）的技术。虽然，在原型和模型中出现的可能是两种不同的物理现象，如水流和电流，但它们的运动规律有相似之处，可以用同一型式的数学方程式（变量含义不同的）来描述。只要建立了这两种现象各物理量之间的一一对应关系，如水头与电位，渗流量与电流密度等，按照原型的形状和边界条件来制作模型，就可根据给定的条件在模型中研究地下水的运动。地下水模拟主要应用于地下水资源评价，矿山疏干和含水层水文地质参数的确定，水工建筑物中的渗流计算，农田灌溉及排水中的地下水计算，井的水力学和河渠影响下地下水动态计算等。

2.5.5　地下水运动模拟解法

地下水模拟的方法很多，主要有电模拟、黏滞流模拟和薄膜模拟等。

电模拟由导电元件（或导电材料）组成模型，用电场中的电流运动比拟渗流场中的水流运动，称为地下水的电模拟。1918 年由苏联科学院院士帕夫洛夫斯基提出。电模拟又根据连续介质模拟用导电液或导电纸为导电介质分成两种：用水或硫酸铜溶液水为导电介质的称为导电液模拟，用导电纸作为导电介质的称导电纸模拟。

黏滞流模拟基于泊肃叶定律，黏性流体的流速与水力坡度成正比。使用不同的黏滞系数的流体或改变狭缝的宽度，就可以比拟不同透水特性的地下水流情况。广泛应用的狭缝槽模拟模型就属于黏滞流模拟。黏滞流模拟模型可使用两块透明的平板组装而成，在模拟的渗流区域应严格控制狭缝的间距。另外一种黏滞流模拟是使用玻璃球-甘油模型，此模型为充填物，甘油则在玻璃球的空隙中流动。黏滞流模拟也可用集中元件来对平面流场进行离散，用特制的阻力器代替电阻器的元件，当模拟非稳定流时，在每个节点上需要加接容器。

薄膜模拟使用一块均匀拉伸并固定在平面上的橡皮薄膜，在没有外力的作用下，橡皮薄膜的各点上存在一个均匀的张力。如果在垂直方向附加一些支撑物，橡皮薄膜的平面状态将根据所加支撑物的位置、支撑方向及高度而异。橡皮薄膜的扰度不是急剧变化的，橡皮薄膜的张力仍被认为是常数，这使橡皮薄膜的位置可以近似地用拉普拉斯方程描述。

2.6 流域产汇流过程概述

2.6.1 流域产流过程

产流由霍顿在1933年提出，当降雨强度超过土壤的下渗强度时，超过部分形成地面径流。当土壤湿度已达到田间持水量，土中自由水将稳定进入地下水库，形成地下径流。在降雨过程中，流域上产生径流的区域称为产流区，其面积称产流面积。流域产流面积随降雨过程而变化，这是流域产流的一个重要特点。流域产流量能够通过所布设的水文气象站网定量观测，我国水文学者正是从这一实际出发，早在20世纪60年代就提出蓄满产流和超渗产流两种流域产流方式。

我国湿润地区，如江淮流域及其以南的许多地区，年降雨量在800 mm以上，植被良好。包气带常年潮湿，缺水量小，一般容易在一次降雨过程中得到满足，以超蓄产流方式为主。

我国干旱地区，如陕北黄土高原的一些地区，年降雨量不足200 mm，植被覆盖率小，蒸发量是降水量的几倍甚至十几倍，包气带缺水量很大，几乎没有可能在一次降雨过程中得到满足，反而常出现超过地面下渗率的局部性高强度，短历时暴雨，故一般以超渗产流为主。对于年降雨量介于 200～400 mm 的半干旱地区则具体问题具体分析。

在降雨过程中，流域上产生径流的区域称为产流区，其面积称产流面积。流域产流面积随降雨过程而变化，这是流域产流的一个重要特点。流域产流面积的变化与降雨特性和流域下垫面特性有关。

产流的方式包括蓄满产流和超渗产流。蓄满产流（Runoff Yield at Natural Storage）降水补足土壤包气带缺水后所形成的径流。在南方湿润地区或北方多雨季节，流域蓄水量较大，地下水位较高，一次降雨后，流域蓄水很容易达到饱和，它不仅产生地表径流，而且下渗水量中不全是损失，其中一部分成为地下径流，所以产流包括地面径流和地下径流两部分。超渗产流（Runoff Yield in Excess of Infiltration）当降雨强度或融雪强度超过地面的土壤下渗能力后所形成的径流。在北方干旱地区或南方少雨季节，流域蓄水较少，地下水埋藏较深，一次降雨后流域蓄水达不到饱和，下渗水量全部属于损失，不形成地下径流，只有当降雨强度大于下渗强度时才产生超渗雨，形成地面径流。

2.6.2 流域汇流过程概述

流域汇流是流域上各处的净雨向流域出口汇集形成出口的流量过程，是流域洪水波运动过程。降水扣除各项损失后称净雨，经过坡面汇流阶段的调蓄进入河网，再经过河网调蓄形成出口断面的流量过程。流域汇流，通常可以把流域分成坡地和河网两个基本部分，因此流域汇流也可以分为坡地汇流与河网汇流两部分。一般说，河网长度远大于坡面长度，河网中的汇流速度也远大于坡面汇流速度，因而河网汇流更为重要。坡地汇流又有地表汇流和地下汇流两个途径。流域出口断面的水文过程线，通常是由槽面降水、坡地表面径流、坡地地下径流（包括壤中流和地下径流）等水源汇集到流域出口断面形成的。

2.6.3 流域产流过程类型

（1）蓄满产流

蓄满产流又称超蓄产流。因降水使土壤包气带和饱水带基本饱和而产生径流的方式，是降雨径流的产流方式之一。在降雨量较充沛的湿润、半湿润地区，地下潜水位较高，土壤前期含水量大，由于一次降雨量大，历时长，降水满足植物截留、入渗、填洼损失后，损失不再随降雨延续而显著增加，土壤基本饱和，从而广泛产生地表径流。蓄满产流又称超蓄产流，是我国湿润地区容易发生的产流模式，蓄满是指包气带的土壤含水量达到田间持水量。蓄满产流是指降水在满足田间持水量之前不产流，所有的降水都被土壤吸收。降水在满足田间持水量之后，所有的降水（扣除同期蒸发量）都产流。

（2）超渗产流

超渗产流，发生在包气带上界面（地面）的产流机制。地面径流的形成过程是在降雨、植物截留、填洼、雨期蒸发及下渗等几个过程组合下的发展过程。在干旱和半干旱地区，降雨量小，地下水埋藏很深，包气带可达几十米甚至上百米，降雨过程中下渗的雨量不易使整个包气带达到田间持水量，只有当降雨强度大于下渗强度时才产生地面径流，这种产流方式称为超渗产流。

2.6.4 流域汇流过程

描述水道和其他具有自由表面的浅水体中非恒定渐变水流运动规律的偏微分方程组。由反映质量守恒律的连续方程和反映动量守恒律的运动方程组成。1871 年由法国科学家圣维南提出而得名。

100 多年来，虽然为了考虑更多的因素和实际应用方便对它的基本假定作了某些简化或改进，产生出多种不同的表达形式，但其实质没有变化。主要进展表现在求解方法的改进和创新。1877 年法国工程师克莱茨提出了瞬态法。1938 年苏联赫里斯季安诺维奇提出另一类解法——特征线法，但均因计算量较大，不得不进行各种简化处理，使实际应用受到限制。自 20 世纪 50 年代以来，随着电子计算机的普及，研究和提出了一整套解法，并研究出若干个通用性较强的应用软件（即程序系统），促进了圣维南方程组在水文和其他工程领域中的应用。

（1）流域坡面汇流

坡面流，地表坡面水流汇集运动的过程，是径流形成的一个阶段。降雨落到地面后会经过植物截留、下渗、填洼和蒸发。当包气带土壤含水量达到饱和或降雨强度超过土壤表面的下渗能力时，剩余的水分就形成地面漫流。

坡面漫流由许多时合时分的细小、分散水流组成，平整坡面或大暴雨可绵延成片状流或沟状流。

（2）流域沟道汇流

没有坦化现象的洪水波。陡峻山区河流，洪水波接近于运动波。当河底坡度十分陡峻时，圣维南方程组的运动方程中，惯性项和压力项可以忽略，只考虑摩阻和底坡影响，简化后方程组所描述的就是这种洪水波运动。河流运动波是指由高密度带（浓度）和低密度带组成的通过某种介质进行的整体物质运动形式。1955 年首次由莱特希尔等（Lighthill 和 Whitham）提出，认为其取决于线密度及流域输移率两个基本因素。在较复杂的情况下，波的不同部分以不同的速度运动。拜格诺（Bagnold）曾用输沙率及平均颗粒浓度研究泥沙运动，兰宾等（Langbein 和 Leopold）则用其研究河床中浅滩的运动。此外，还用于河流裂点后退、阶地谷坡移动、河川径流、地表径流及洪峰运动路径的分析。近年来，中国开始进行洪水运动波模拟及河型中平面运动波特征的分析研究。

2.7 流域水文模型评估

2.7.1 模型选择

水文模型是研究水文规律及水资源合理利用的工具，目前国内外已经开发了很多水文模型，包括集总式水文模型、半分布式和分布式水文模型。水文模型是对地球表面实际水文过程的概括，是一个简化的描述，任何水文模型也不能完全再现实际水文过程。因此，模型的选择考虑的不仅仅是能否更贴近实际水文过程，而是考虑多种实际需求，如问题的侧重点、数据的获取难度、时间和效率要求等。根据已有学者的研究，模型选择考虑的因素主要包括以下几个方面：①模型的输出能否满足问题的解决，进一步满足决策需求；②模型的适用性，模型不是通用的，都有一定适用范围，考虑模型的结构特征，确定模型的适用性；③模型对数据的要求，分布式水文模型更贴近实际水文过程，但是对数据要求较高，集总式水文模型对预报也许会更好；④模型应用的侧重点，模型是重在短期预报还是研究水文过程的规律；⑤模型的易获取程度和易用程度，模型是开源的还是商业的。1968 年，Dawdy 和

Lichty 提出了模型选择的 4 个标准：模型的预测精度、模型的简易性、模型参数估计的一致性和参数的敏感性。在其他因素都相同的情况下，应该选择最简单的模型。如果模型参数对某个特定时期的资料过于敏感，这模型不可取，模型对不易测量的输入变量敏感也是不可取的。

2.7.2 模型率定

模型率定和校核是模型应用的重要部分。模型的率定和验证是对比模型模拟结果和实测数据，通过调整模型参数使得模拟结果与实际吻合的过程。其目的是确保模型在实际应用中具有一定的准确度和精度。概括来说，雨水数学模型率定就是在数据完整、参数取值、标准确定及算法选择之间进行综合优化。

用于率定的实测数据越准确，模型越准确。模型率定的过程通常是一个手工迭代的过程。为了支持判断，需要考虑统计参数，如均方根误差。模型率定的重要性随模型的类型而变化。针对以下几个水文过程特征，模拟值和实测值要有很好的匹配：①总径流量，即水量平衡；②水文过程线的整个形状；③峰值流量很好的吻合；④最低流量很好的吻合；⑤水位很好的吻合；⑥积水深度、时间、范围很好的吻合。

在实际应用中，使用者可以根据模型的不同应用目的，选择几个目标中任何一个或者组合。例如，峰值流量被用来设计雨水排水系统，水文过程线的整个形状可以应用于洪水问题，而水量平衡对雨水池的设计非常重要，积水深度等则应用于暴雨积涝。模型的率定需要不断调整模型参数，直到模型的模拟值与实测值得到很好的匹配。

被率定的模型需要作进一步的验证，以检验模型模拟输出结果的精度。用来验证的数据资料为未被用于模型校核的实测资料。模型验证是指将模型模拟的结果与用于模型验证的实测资料进行比较，检验模型是否达到所要求的精度水平。另外，还应检验模型模拟的结果是否能代表实际系统中可能出现的各种极端条件。只有经过这样的检验，模型才可以实际应用。英国研究者提出城市排水模型验证可用的 4 个标准模型要进行率定和验证，首先需要模型能够正常运行，且模型设置符合实际情况。然后，模型率定要有用于率定合适的实测数据，包括历史内涝事件或易涝点具体情况（积水深度、面积、时间）、雨水管网流量及水位、河道水位及流量等。

2.7.3 模型验证

模型验证是指测定标定后的交通模型对未来数据的预测能力（即可信程度）的过程。根据具体要求和可能，可用的验证方法有：①灵敏度分析，着重于确保模型预测值不会背离期望值，如相差太大，可判断应调整前者还是后者，还能确保模型与假定条件充分协调；②拟合度分析，类似于模型标定，校核观测值和预测值的吻合程度。

因预测的规划年数据不可能在现场得到，就要借用现状或过去的观测值，但需注意不能重复使用标定服务的观测数据。具体做法有两种：一是将观测数据按时序分成前后两组，前组用于标定，后组用于验证；二是将同时段的观测数据随机分为两部分，将第一部分数据标定后的模型计算值同第二部分数据相拟合。

2.7.4 模型评价

水文模型不可能再现实际水文过程，水文模型都是对经过概化和简化的水文过程的描述，因此，水文模型存在不确定性，水文模型的不确定性评价成为重要的科学问题。水文模型的不确定性包括模型数据的不确定性、模型结构的不确定性和模型参数的不确定性。模型数据的不确定性主要来源于水文过程的空间异质性，不能直接测量的水文要素的计算方法粗略，一些水文要素信息来源的匮乏及测量仪器自身的误差。模型结构的不确定性主要来源于模型构造者对水文过程认知的不足，水文模型本身即是对水文过程的简化和模型尺度问题。通常通过比较模型的输出与观测值，分析模型模拟残差序列的统计特征来进行模型的总体不确定性评价。模型参数的不确定性是模型不确定性的重要来源，因模型参数具有流域依赖性，模型参数需要率定获得，因此，模型参数的不确定性是重要问题。

现有的流域水文模型模拟流域产汇流过程的方式有两类：一是先模拟总径流，然后划分径流成分并进行汇流模拟；二是径流成分划分及汇流模拟同时进行，从地面到深层分层进行模拟。水文模型的模拟方式及模型结构的不同加之研究区的特殊性，模型的适用性是重要的评价内容。20 世纪 70 年代初，世界气象组织（WMO）对流域水文模型进行了一次世界性对比，从 7 个国家选出 10 个模型，从 6 个国家挑出 6 个流域，每个流域提供 8 年资料，其中6年资料给模型开发者率定模型，其余2年资料保留在WMO，由WMO组织专家进行检验。结果是如果流域处于湿润地区，简单模型和复杂模型可以取得同样的效果，但是对于干旱和半干旱流域，很多模型就无能为力了。

2.8 小 结

对流域水文过程的研究是水文建模的基础，本章对流域水文过程进行了详细阐述，为理解水文模型和水文建模理论、水文模拟应用等奠定基础。通过对水文过程的深入分析研究建立流域水文过程建模及水文模型模块化的基础认知。

参考文献

[1]BECK B F, HERRING J G, STEPHENSON J B. The engineering geology and hydrology of karst terrains[M]. Boca Raton: CRC Press, 1997.

[2]CHORLEY R J. Water, earth, and man: a synthesis of hydrology, geomorphology, and socio-economic geography[J]. Journal of hydrology, 1970, 10(2): 215-216.

[3]CHORLEY R J. Introduction to geographical hydrology[M]. Oxford: Taylor & Francis, 2020.

[4]CHORLEY R J. Introduction to physical hydrology[M]. Oxford: Taylor & Francis, 2019.

[5]ENGELAND K, ALFREDSEN K. Hydrology and water resources management in a changing world[J]. Hydrology research, 2020, 51(2): 143-145.

[6]JAVAID M S. Hydrology: the science of water[M]. London: IntechOpen, 2019.

[7]KARAMOUZ M, AHMADI A, AKHBARI M. Groundwater hydrology: engineering, planning, and management(2nd edition)[M]. Boca Raton: CRC Press, 2020.

[8]QUINN N W. Hydrology: advances in theory and practice [M]. London: IWA Publishing, 2020.

[9]SANKARAN A, REDDY M J. Multi-scale spectral analysis in hydrology: from theory to practice[M]. Boca Raton: CRC Press, 2020.

[10]YOHANNES Y. Hydrology: a practitioner's perspective[M]. Boca Raton: CRC Press, 2020.

[11]YOUSUF A, SINGH M. Watershed hydrology, management and modeling[M]. Boca Raton: CRC Press, 2019.

[12]陈思. 微论全球变化与水循环[N]. 中国水利报, 2016-03-03(6).

[13]陈曦. 干旱区内陆河流域水文模型[M]. 北京: 中国环境科学出版社, 2012.

[14]范世香，刁艳芳，刘冀．水文学原理[M]．北京：中国水利水电出版社，2014.
[15]郝振纯．分布式水文模型理论与方法[M]．北京：科学出版社，2010.
[16]胡彩虹，王金星．流域产汇流模型及水文模型[M]．郑州：黄河水利出版社，2010.
[17]雷晓辉，蒋云钟，王浩．分布式水文模型 EasyDHM[M]．北京：中国水利水电出版社，2010.
[18]刘昌明．中国水文地理[M]．北京：科学出版社，2014.
[19]沈冰，黄红虎．水文学原理[M]．北京：中国水利水电出版社，2015.
[20]王喜峰，李玮，牛存稳，等．寒区水循环与寒区水资源演变[J]．南水北调与水利科技，2011，9(3)：88-91.
[21]肖金香，穆彪，胡飞．农业气象学[M]．北京：高等教育出版社，2009.
[22]谢平，窦明，朱勇，等．流域水文模型——气候变化和土地利用/覆被变化的水文水资源效应[M]．北京：科学出版社，2010.
[23]徐冬梅，刘晓民．水文水利计算[M]．郑州：黄河水利出版社，2013.
[24]徐宗学．现代水文学[M]．北京：北京师范大学出版社，2013.
[25]杨维，张戈，张平．水文学与水文地质学[M]．北京：机械工业出版社，2008.
[26]余新晓．水文与水资源学[M]．2 版．北京：中国林业出版社，2010.
[27]张喜旺，刘剑锋，张传才，等．综合关键季相特征和模糊分类技术的冬小麦遥感识别方法：CN 104615977A[P].2015-05-13.

第3章

水文建模框架基础理论

水文建模框架基础理论涉及模型本身、模型引擎、模块化、建模方法、建模框架和软件设计模式等相关内容。水文建模框架基于模块化水文模型构建，融入了软件设计模式的思想和方法。本章对模型和模型引擎进行准确界定，对建模框架和软件框架进行比较分析，对水文建模框架的内涵、特征、内容、研究方法和发展现状进行较为详细的阐述。通过本章的阅读，可以详细了解水文建模框架的理论构成，对水文建模框架有一个更为深入的掌握。

3.1 模型与建模框架定义

3.1.1 模型与模型引擎

模型是指对于某个实际问题或客观事物、规律进行抽象后的一种形式化表达方式。模型分为数学模型、物理模型、仿真模型等。水文模型是一种以计算机为基础的工具，用来模拟水文模型特定水文系统的动力学，如一个亚马孙河流域的降雨径流模型是用数学语言描述的一类模型。数学模型可以是一个或一组代数方程、微分方程、差分方程、积分方程或统计学方程，也可以是它们某种适当的组合，通过这些方程定量或定性地描述系统各变量之间的相互关系或因果关系。除了用方程描述的数学模型外，还有用其他数学工具，如代数、几何、拓扑、数理逻辑等描述的模型。需要指出的是，数学模型描述的是系统的行为和特征，而不是系统的实际结构。

模型和模型引擎是两个不同的术语，模型是引擎的实例。模型引擎完成计算任务，数据输入模型引擎后构成模型，当一个模型引擎完成接受输入数据的读取即可以看作一个模型。例如，一个计算坡面产汇流的模型引擎，当完成该小流域降雨和下垫面数据输入时，就成为一个小流域产汇流模型。当模型引擎和模型数据很好地分离时，可以封装成模型引擎组件，引擎组件具有良好的接口规范和数据交换标准。

3.1.2 建模框架与软件框架

3.1.2.1 建模框架

建模框架是一种旨在提供便利的软件模型引擎。术语通用模型（引擎）或仿真环境有时与建模框架同步使用。建模框架可促进不同模型引擎开发，因此，该框架适用于一系列问题。框架的用户必须定义（或选择）建模的部分，包括各自的状态变量、强制和参数。还必须指定方程来描述作用于状态变量的所有过程。与基于组合的仿真软件一样，基于框架的模型引擎具有良好的结构，很容易主要获得、修改或扩展。基于框架的方法很好地适应了以逐步改进为目的，快速开发模型引擎的典型工作流程。最后，建模框架是研究与模型（发动机）结构相关的不确定性的完美工具。

3.1.2.2 软件框架

软件框架（Software Framework）通常指的是为了实现某个业界标准或完成特定基本任务的软件组件规范，也指为了实现某个软件组件规范时，提供规范所要求的基础功能的软件产品。框架的功能类似于基础设施，与具体的软件应用无关，但是提供并实现最为基础的软件架构和体系。软件开发者通常依据特定的框架实现更为复杂的商业运用和业务拓展。这样的软件应用可以在支持同一种框架的软件系统中运行。

软件框架是指在一定的设计原则基础上，从不同角度对组成系统的各部分进行搭配和安排，形成系统的多个结构而组成架构，它包括该系统的各个组件，组件的外部可见属性及组件之间的相互关系。组件的外部可见属性是指其他组件对该组件所做的假设。

从目的、主题、材料和结构的联系上来说，软件框架可以和建筑物的架构相比拟。一个软件框架师需要有广泛的软件理论知识和相应的经验，来实施和管理软件产品的高级设计。软件框架师定义和设计软件的模块化，模块之间的交互，用户界面风格，对外接口方法，创新的设计特性，以及高层事物的对象操作、逻辑和流程。

一般而言，软件系统的框架（Architecture）有两个要素，它是一个软件系统从整体到部分的最高层次的划分。一个系统通常是由元件组成的，而这些元件如何形成，相互之间如何发生作用，则是关于这个系统本身结构的重要信息。详细地说，就是要包括架构元件（Architecture Component）、联结器（Connector）、任务流（Task-flow）。所谓架构元件，也就是组成系统的核心“砖瓦”，而联结器则描述这些元件之间通信的路径、通信的机制、通信的预期结果，任务流则描述系统如何使用这些元件和联结器完成某一项需求。建造一个系统所作出的最高层次的，以后难以更改的商业和技术的决定。在建造一个系统之前会有很多重要决定需要事先做出，而一旦系统开始进行详细设计甚至建造，这些决定就很难更改甚至无法更改。显然，这样的决定必定是有关系统设计成败的最重要决定，必须经过非常慎重的研究和考察。

模型框架和软件框架是不同的，模型框架从建模角度，从解决问题的角度建立问题的主题结构，该类问题以该主题结构建模，而软件框架从软件设计开发的角度研究软件的设计与开发方法，问题的出发点明显不同。

常见的软件框架包括 MVC 框架、Struts 框架、Spring 框架和 ZF 框架等。经典 MVC 模式中，M 是指业务模型，V 是指用户界面，C 则是控制器，使用 MVC 的目的是将 M 和 V 的实现代码分离，从而使同一个程序可以使用不同的表现形式。

MVC 一般是指 MVC 模式的某种框架，它使应用程序的输入、处理和输出强制分开，使用 MVC 应用程序被分成 3 个核心部件：模型、视图、控制器，它们各自处理自己的任务。最典型的 MVC 就是 JSP + Servlet + JavaBean 的模式。

视图是用户看到并与之交互的界面。对老式的 Web 应用程序来说，视图就是由 HTML 元素组成的界面，在新式的 Web 应用程序中，HTML 依旧在视图中扮演着重要的角色，但一些新的技术层出不穷，它们包括 Adobe Flash 和像 XHTML、XML/XSL、WML 等一些标识语言和 Web Services。

MVC 的好处是它能为应用程序处理很多不同的视图。在视图中其实没有真正的处理发生，不管这些数据是联机存储的还是一个雇员列表，作为视图来讲，它只是作为一种输出数据并允许用户操作的方式。

模型表示企业数据和业务规则。在 MVC 的 3 个部件中，模型拥有最多的处理任务。例如，它可能用像 EJBs 和 ColdFusion Components 的构件对象来处理数据库，被模型返回的数据是中立的，就是说模型与数据格式无关，这样一个模型能为多个视图提供数据，由于应用于模型的代码只需写一次就可以被多个视图重用，所以减少了代码的重复性。

控制器接受用户的输入并调用模型和视图去完成用户的需求，所以，当单击 Web 页面中的超链接和发送 HTML 表单时，控制器本身不输出任何东西和做任何处理。它只是接收请求并决定调用哪个模型构件去处理请求，然后再确定用哪个视图来显示返回的数据。

Struts 是 Apache 软件基金下 Jakarta 项目的一部分。Struts 框架的主要架构设计和开发者是 Craig R. McClanahan。Struts 是 Java Web MVC 框架中不争的王者。经过长达 9 年的发展，Struts 已经逐渐成长为一个稳定、成熟的框架，并且占有了 MVC 框架中最大的市场份额。但是，Struts 某些技术特性上已经落后于新兴的 MVC 框架。面对 Spring MVC、Webwork2 这些设计更精密，扩展性更强的框架，Struts 受到了前所未有的挑战。但站在产品开发的角度而言，Struts 仍然是最稳妥的选择。

Struts 由一组相互协作的类（组件）、Servlet 及 JSP Tag Lib 组成。基于 Struts 构架的 Web 应用程序基本上符合 JSP Model2 的设计标准，可以说是 MVC 设计模式的一种变化类型。根据上面对框架的描述，很容易理解为什么说 Struts 是一个 Web 框架，而不仅仅是一些标记库的组合。但 Struts 也包含了丰富的标记库和独立于该框架工作的实用程序类。Struts 有其自己的控制器（Controller），同时整合了其他的一些技术去实现模型层（Model）和视图层（View）。在模型层，Struts 可以很容易地与数据访问技术相结合，包括 EJB、JDBC 和 Object Relation Bridge。在视图层，Struts 能够与 JSP、Velocity Templates、XSL 等表示层组件相结合。

Spring 实际上是 *Expert One-on-One J2EE Design and Development* 一书中阐述的设计思想的具体实现。书中，Rod Johnson 倡导 J2EE 实用主义的设计思想，并随书提供了一个初步的开发框架实现（Interface21 开发包）。而 Spring 正是这一思想更全面和具体的体现。Rod Johnson 在 Interface21 开发包的基础之上，进行了进一步的改造和扩充，使其发展为一个更加开放、清晰、全面、高效的开发框架。

Spring 是一个开源框架，由 Rod Johnson 创建并且在他的著作《J2EE 设计开发编程指南》里进行了描述。它是为了解决企业应用开发的复杂性而创建的。Spring 让使用基本的 JavaBeans 来完成以前只能由 EJB 完成的事情变得可能。然而，Spring 的用途不仅限于服务器端的开发。从简单性、可测试性和松耦合的角度而言，任何 Java 应用都可以从 Spring 中受益。

简单来说，Spring 是一个轻量的控制反转和面向切面的容器框架。当然，这个描述有点过于简单，但它的确概括出了 Spring 是做什么的。Zend Framework（ZF）是由 Zend 公司支持开发的完全基于 PHP5 的开源 PHP 开发框架，可用于开发 Web 程序和服务，ZF 采用 MVC（Model-View-Controller）架构模式来分离应用程序中不同的部分，方便程序的开发和维护。

3.2 建模框架的特征

3.2.1 建模框架丰富建模理论

建模的工程化方法是建模理论的重要内容，如建筑采用工程化方法提高建设的规范化和工程化，软件工程方法是软件质量保障和软件规模化的重要方法，同样，建模框架是建模方法的标准化、规范化和工程化的重要方法，是建模理论的重要组成部分。

建模框架应用模块化、组件化思想，将模型基础模块封装成可重复利用的组件或模块，在构建新模型时，直接调用这些组件即可。这种通过组装模块的方法，充分利用了模型复用的思想，对于模型快速构建，是一种最好的选择。水文模型的开发成本很高，利用建模框架构建模型避免大量基础模块的重复开发，节省开发成本。建模框架提供了一套模型接口标准，开发的模型组件都满足这一标准即可组装在一起。基于建模框架的水文模型开发，为水文模型建模提供了一套行之有效的方法，丰富了水文建模的理论。

3.2.2 建模框架提高模型构建效率

建模框架为模型提供了基础架构，在模型设计与构建过程中，节省了大量模型构建内容和工作量，为模型构建提供了极大便利，大大提高了建模的效率。在建模过程中，模型的大部分工作是现有模型已经构建好的，不需要更改，但是如果不采用模型框架，就需要重新设计开发，而基于建模框架进行模型构建可以重用没有变化的模型部分，重复工作大大降低，进而大大提高建模效率。

建模框架实质上是提供了一套建模的标准和模型接口，既为建模指定了标准，基于这一标准，模型开发者避免了重复开发，也有据可依，大大提高开发效率和避免重复开发。

3.2.3 建模框架促进模型不确定性研究

由于水文过程的复杂性，没有任何水文模型可以再现实际的水文过程，模型结构具有不确定性，可通过替换子模型的方法研究由该子模型导致的模型不确定性问题。由于建模框架具有标准的模型接口规范，实现该模型规范的子模型都可以十分方便地潜入该模型框架，建模框架为子模型的替换提供了快捷的实现方法。

3.3 水文建模框架的内涵

3.3.1 建模框架接口标准和规范

建模框架提供一种基于接口的建模标准，使模型并行运行，且能够在需要的时候实时同步交换数据，从而使得交互处理比串行连接更加准确。建模框架的接口定义了软件接口的标准化内容和接口时各子模型之间的契约。建模框架的接口标准是标准化的数据传输处理。例如，OpenMI（开放建模接口）就是一套接口标准。OpenMI 标准是一种软件组件接口定义。它最初的设想是为了促进相互作用过程的模拟，特别是环境过程。它通过让流程的独立模型在运行时交换数据来做到这一点。然而，人们很快意识到 OpenMI 可以成为任何模型之间数据交换问题的通用解决方案，而且不仅是模型，还有软件组件。因此，它可以用于连接模型、数据库、分析和可视化工具的任何组合。

这是一套欧洲水利系统接口标准，使用 C#开发，常应用于综合水流域环境决策系统。OpenMI-规范（开放式模型界面）定义了一个界面，它允许相关模型之间运行时在内存中交换数据。符合 OpenMI-规范的数学模型之间可以边运行边共享信息（如在每个时间段），使得模型在运行阶段的集成成为可能。

开发 OpenMI-规范的目的在于方便模型的集成，这有助于理解和预测相关物理过程的相互影响，并提供了环境管理的综合方法。

链接组件可能来自不同的供应商，表示来自不同领域的数据和流程，基于不同的概念，具有不同的空间和时间分辨率和表示（不包括时间或空间表示）。该标准支持双向链接，其中涉及的模型相互依赖于彼此的计算结果。链接的模型在时间步长方面可以异步运行，在不同几何图形（网格）上表示的数据可以无缝地交换。OpenMI 标准由一组软件接口定义，兼容组件必须实现这些接口。这些参考的接口在 C#和 Java 中都有，但是也可以助于开发其他接口的实现。

管理和优化复杂系统需要能够预测许多交互过程的行为，并了解事件的可能影响和处理它们的策略。目前最好的预测工具是封装了对过程行为理解的模型。然而，这些趋向于代表一个规程中单个或小的过程组。创建 OpenMI 标准的目的是通过链接现有的单个模型来促进模型集成，作为构建非常复杂的多进程模型或框架的替代方法。

3.3.2 模型参数标准化与传递

建模框架很重要的应用之一是研究模型结构不确定性，子模型通常具有不同的认知，即具有不同的认知机制，那么子模型间的参数传递就成为必须解决的问题，这就要求模型参数必须标准化或可以转换，使得模型可以交换数据和传递模型参数。

此外，两个子模型间的数据交换是一个复杂的过程，为了有效地完成数据交换，数据交换操作触发子和信息交换处理是该过程的关键内容，模型数据交换引入了牵引机制。

3.3.3 模型的复用

建模框架的重要应用点包括模型构建、模型扩展及模型复用，特别是模型的复用。在水文建模中，包含许多水文模型的子模型都是可以重复利用的，因为该部分没有发生变化，因此，建立的水文框架包含了这些子模型，基于水文建模框架构建水文模型可以复用这些子模型，进而达到水文模型复用目的。随着研究的深入，水文模型会加入新的内容，如增加地下水模块，基于水文建模框架可以更容易地添加水文模块，因为水文建模框架具有良好的模块化特征。

模型复用是提高建模质量和效率的主要手段，而模型构件是复用的核心和基础。同时模型驱动开发方法所倡导的提升应用开发层次、代码自动生成等方法提高了开发效率，并且增加了应用模型复用程度。

3.4 水文建模框架的内容

3.4.1 模型模块化

模块化是指解决一个复杂问题时自顶向下逐层把系统划分成若干模块的过程，有多种属性，分别反映其内部特性。模块化用来分割、组织和打包软件。每个模块完成一个特定的子功能，所有的模块按某种方法组装起来，成为一个整体，完成整个系统所要求的功能。

水文模型涉及多个子模型，各个子模型分离进行模块化。水文模型的模块化是水文建模框架的基础。设计各个子模型的交互接口，用来完成子模型间快速有效的数据交换。

3.4.2 模型接口规范

模型接口规范是建模框架的基础，模型接口规范最重要的是模型接口体系，确定子模型与接口的关系。第一，基于水文模型的结构设计水文模型接口体系；第二，建立模型接口的分类体系；第三，建立模型接口的数据交换规范，如数据的精度、格式等；第四，确定接口的功能与定义等。

3.4.3 模型数据框架

模型数据框架是模型建模框架的重要组成部分。水文模型对数据输入的要求有差别，为了建模的效率和模型的复用要求，必须统一水文模型的数据框架。基于该建模框架的水文模型构建，统一采用该数据框架，模型具有更好的数据规范，模型复用和模型扩展更容易。

3.4.4 模型计算框架

框架属于一种“促成”技术，为保证框架研究的完整性，研究涉及多个方面的内容。流域水文过程的细粒度建模框架研究包括水文模型细粒度分解与细粒度组件封装。为了描述方便，流域水文过程的面向对象细粒度建模框架（Object-oriented Framework for Modeling Watershed Flow and Sediment Process Using Fine-grained Components）简写为 FSFM（Flow and Sediment Fine-grained Modeling）框架。其研究内容分别阐述如下。

① 构建一个流域水文过程的细粒度建模框架。为了提高使用框架构建新模型的灵活性，研究面向对象设计模式——依赖注入设计模式在水文过程建模框架中的应用。为了提高框架的可扩展性，研究框架的动态扩展方法。以坡面径流侵蚀模拟为例，目前对径流输沙能力的数学描述不统一，即认知上存在差异。在不改变模型其他部分而仅仅需要更换径流输沙能力数学描述时，研究径流输沙能力组件动态替换的方法。

② GIS 与流域水文过程模型的插件式集成，为 GIS 在流域水文过程模拟中的应用提供模板。GIS 与流域水文过程模型的集成基于“插件+平台”模型，流域水文过程模拟的 UI 使用插件表达，通过共用数据库并借助“共享数据模型”实现 GIS 与流域水文过程模型的紧密集成。

3.5 水文建模框架研究方法

流域水文过程的细粒度建模框架涉及流域水文过程建模、模型分解、数据模型设计、软件框架设计、数据采集及案例研究等。因此，主要研究方法包括：

① 流域水文过程建模。过程模型属于机制模型，运用水动力学和泥沙动力学的理论与方法建立流域水文过程模型。

② 面向对象的数据模型设计。为了高效地使用流域水文数据及高效地利用 GIS，采用面向对象的设计方法设计流域水文过程模拟的数据模型。GIS 与流域水文模拟的集成必须设计二者可以共同访问的“共享数据模型”。此“共享数据模型”以 Arc Hydro 的基本数据框架为基础，针对流域水文过程中的数学方法和模型参数，以及泥沙输移的欧拉运动法，通过扩展 Arc Hydro 的基本数据框架完成。

③ 面向对象软件设计。引入软件工程的面向对象设计模式，提高流域水文过程建模框架的可维护性和可扩展性。“依赖注入”是最新的面向对象设计模式，因为依赖注入设计模式支持框架的动态扩展，特别适合流域水文过程

细粒度建模框架设计。

④ 野外数据采集与室内试验。通过野外数据采集和直接测量，以及室内试验获取流域水文过程模拟所需数据。具体数据采集方法包括无人机航测地形测量与影像、野外降雨径流泥沙输移监测、土壤特性野外数据采集、实地测量和室内实验。

⑤ 尺度变换。通过分形尺度变换与水文过程模拟的集成，实现在模型参数方面的扩展。分形理论是当今十分活跃的新理论，主要用于描述复杂的、无序的，但具有自相似性的对象与现象。分形理论最基本的特征是用分形维数度量对象的特征。地球自然表面的地貌形态特征具有分形特征，其中，坡度也具有分形特征。基于分形理论对坡度进行降尺度变换。

⑥ 案例研究。通过小流域水文过程模拟验证框架的可用性和有效性。

流域水文过程模型细粒度建模框架的研究思路和技术路线如下。

① 水文过程机制研究。流域水文过程模型以水文过程模拟为基础，首先对大量水文模拟方法进行总结和提炼，研究坡面产流理论与汇流理论的数学模拟方法及适用条件。研究流域侵蚀输沙的发生机制，如坡面产沙过程机制、坡度输沙过程发生机制。

② 现有水文模型的研究与评价。阅读大量水文过程模拟文献，研究目前著名的水文模型（SWAT、SHE、CASC2D-SED 等）的特点，以及模型中各子过程采用的数学描述方法。

③ 现有框架研究与分析。对国际著名的流域水文模拟相关框架进行深入研究，分析不同框架的特点和设计目标。重点研究澳大利亚的 TIME 框架、美国的 OMS 框架、德国的 ECHSE 框架，以及欧洲的开放模型接口 OpenMI，分析现有框架的组件粒度。

④ 模型细粒度分解。根据流域水文过程的机制分析，对流域水文物理模型 CASC2D-SED 进行细粒度分解和组件封装，形成框架的基础组件库。

⑤ 数据模型设计。根据 Madiment 的 Arc Hydro 水利数据模型，结合流域水文模拟特点，对 Arc Hydro 水利数据模型进行扩展，建立流域水文模拟的数据模型。

⑥ 构建流域水文过程的细粒度建模框架。基于软件工程的面向对象设计模式设计该建模框架。为了实现框架的动态扩展特性，采用最新的面向对象设计模式——依赖注入设计模式。

⑦ 基于框架构建适合小流域的水文过程模型。开发坡度分形降尺度组件，集成到该建模框架中，并在 ArcGIS 下建立一个流域水文过程模拟插件。

⑧ 案例研究，框架的有效性检验。通过小流域水文过程模拟验证框架的可用性和有效性。

具体的技术路线如图 3-1 所示。

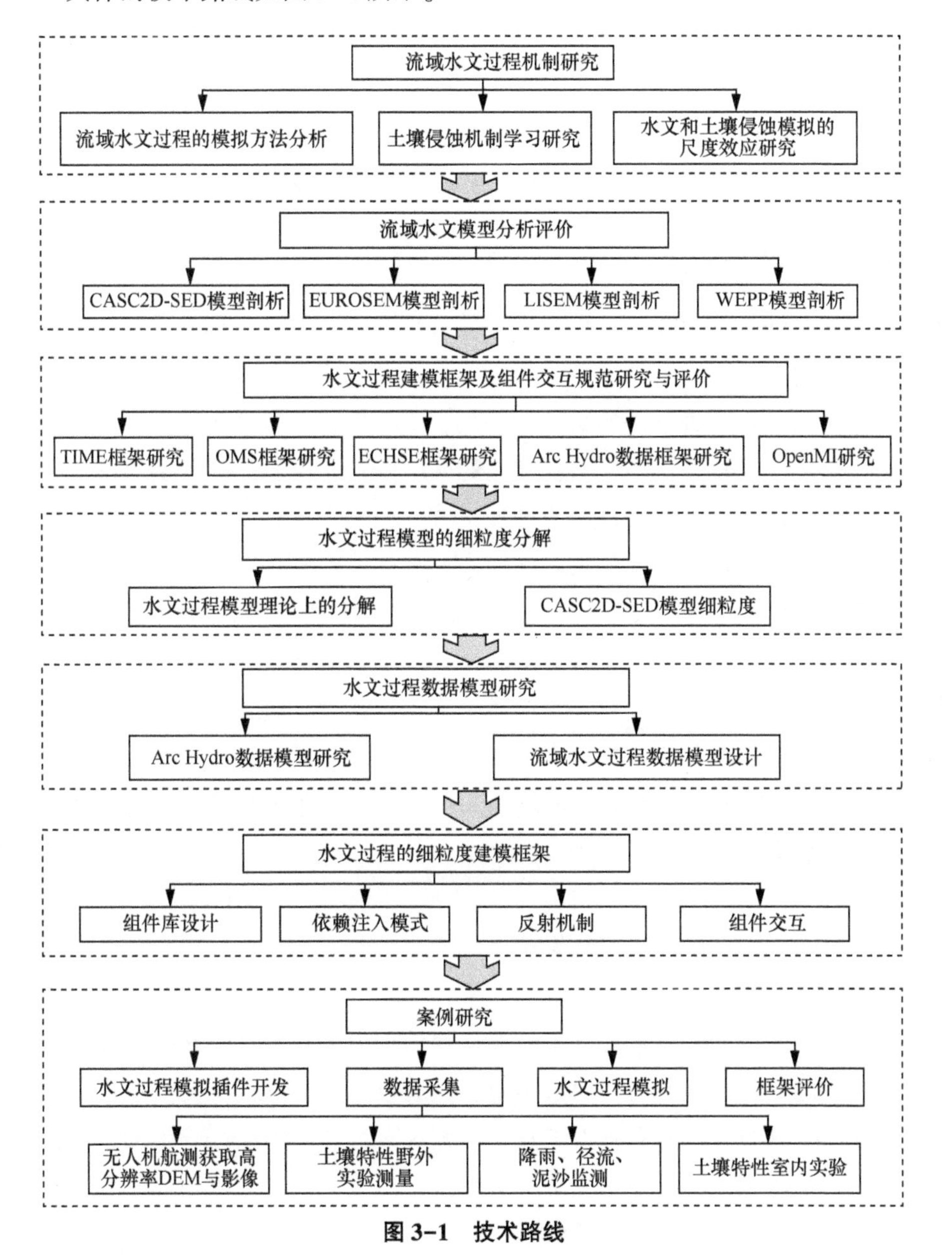

图 3-1 技术路线

3.5.1 模型分解

水文建模框架构建的前提是水文模型的模块化，而水文模型模块化的前提是水文模型的分解。水文模型的分解需要对水文过程深入理解，并对水文过程进行划分，进而实现水文模型分解。

3.5.2 模型可变对象提取

针对水文模型中存在水文过程认知不同的子模型进行抽象提取，形成水文模型中的可变对象，为水文建模框架的建立提供基础。

3.5.3 模型模块化

遵循软件工程的方法对水文模型进行模块化。在现代标准化建设的前沿中，模块化已逐渐成为许多行业研究的热点。然而，有关模块化的定义在不同行业中应用却有着不同的含义。例如，用标准化的模块组成一个系统，模块可以是硬件或软件，模块是组合化的高级阶段，模块化就是将基准部件和功能部件通过各种形式的拼合或增加、减少来实现多样化等。我国学者童时中提出所谓模块就是可组合成系统的，具有某种确定功能和接口结构的典型通用独立单元。它具有以下几个方面的特征：①是可组合成系统的独立单元；②具有确定的功能；③是一种标准单元；④具有能组合成系统的接口。所谓模块化就是为了取得最佳效益，从系统论观点出发，研究产品或系统的构成形式，用分解和组合的方法建立模块体系，并运用模块组合成产品或系统的全过程。上述种种关于模块和模块化的解释从不同角度反映了模块与模块化的基本概念和实质。

3.6 水文建模框架发展现状

流域水文过程模型都是基于物理过程的动力学模型，是在对流域水文机制与过程理解的基础上构造的数学模型。流域水文过程模型是流域水文预测预报和时空分布分析的强有力工具。流域水文过程的细粒度建模框架涉及内容较多，主要包括已有的流域水文过程模型的分解与细粒度组件封装、面向对象设计模式、GIS 与流域水文模拟的“共享数据模型”，以及流域水文模拟的 GIS 插件设计等。水是造成土壤侵蚀和泥沙输移的主要应力，因此，流域水文模型最重要的一块是水文模拟，GIS 与水文模型的集成也在综述之列。本节从流域水文模型、GIS 与流域水文模型集成、流域水文模拟的尺度效应及 DEM 尺度变换等几个方面进行阐述。

3.6.1 流域水文模型研究

国内外学者在流域水文模型方面做了大量研究工作，设计开发了多个重要模型，如 USLE、RUSLE、WEPP、EUROSEM 等具有国际影响力的模型。流域水文过程模型首先将流域进行空间离散，离散成网格矩阵。在离散的网格中，土壤特性和土地利用特性被认为是均一分布。通过将参数分配到空间网格上，进而计算每个网格上的侵蚀和沉积量。通过汇流演算推演流域出口处的流域水文总量。流域水文过程模型能够反映流域水文沉积的时空变化过程，该类模型可计算流域内任意一个离散网格上的流域水文与沉积量。相对经验模型而言，流域水文过程模型的参数具有物理意义，其运行结果可信度、通用性也更高。目前过程模型具有很多优点，同时也有很多问题，如对水文等过程的描述并未真正基于物理机制，仍然具有很大程度上的经验成分，模型输入及参数时空特征具有非常大的变异性，另外，模型的区域性限制很大等。

3.6.1.1 国外流域水文模型研究进展

流域水文模型相关研究文献浩如烟海，因此仅对国际著名的模型进行回顾。国外流域水文模型研究开始于 20 世纪 60 年代末，Meyer 和 Wischmeier 建立的基于物理过程的侵蚀预报模型。1972 年，Foster 和 Meyer 将坡面侵蚀划分为细沟侵蚀和沟间侵蚀，基于泥沙连续性方程建立了坡面侵蚀的泥沙连续方程，为基于流域水文物理过程的流域水文动力学模型研究奠定了坚实的基础。1986 年，美国农业部、土壤保持局、林业局和内政部土地管理局签署了一项为期 10 年的新一代流域水文模型建设项目：WEPP（Water Erosion Prediction Project），目的是取代 USLE 和 RUSLE。WEPP 是基于流域水文物理过程的分布式模型，具有明显的优势，如可以估算流域水文的时空分布。另外，欧洲的流域水文模型（EUROSEM）、荷兰的流域水文模型（LISEM）、ANSWERS、GUSET 和 SWAT 等也得到了很好的应用。下面对著名的分布式流域水文模型进行详细阐述。

（1）美国水蚀预报模型 WEPP

WEPP 是一个目前国际上公认的最复杂的土壤水蚀数学模型，是一种基于物理过程的分布式流域水文模型，是美国农业部联合其他几个部门开发的项目。目前具有坡面、流域及网格 3 个版本。WEPP 模型可以模拟降雨侵蚀过程。WEPP 的输入参数主要包括坡面数据、气候数据、土壤特性、作物耕作、地形、沟道、流域结构、灌溉数据、拦蓄措施数据等。虽然 WEPP 是目前公认的迄今最好的分布式流域水文模型，但是仍然存在一些问题。WEPP 不考虑重力侵蚀和风蚀，所需参数的量化仍然是模型应用的“瓶颈”。模型参数部分仍采用经验公式或估计值，如坡面水流的输沙能力、土壤可蚀性参数和土壤的临界抗剪切力等，一定程度上失去了其物理意义。WEPP 模型的详细内容请参考相关文献。WEPP 模型属于多箱体模型，WEPP 模型不是模块化结构，对其修改十分困难。

（2）SHE 模型

SHE（System Hydrologique European）模型是真正意义上的分布式水文模型，可用于研究河流流域的水文输沙空间分布情况。SHE 模型是具有物理机制的模型，流域水文和土壤侵蚀过程均采用偏微分方程来描述或通过独立试验得出的经验公式来描述。SHE 模型中流域水文的模拟方程主要包括雨滴溅蚀、坡面侵蚀、坡面中的二维负荷对流及河道侵蚀等。SHE 模型的基本方程如下：

$$D_n = K_r F_w (1 - G_g) [(1 - C_c)(M_r + M_d)]。 \tag{3-1}$$

式中，D_n是单位面积上的侵蚀量，K_r是雨滴击溅土壤力指数，F_w是雨滴击溅分配给土壤的能量，C_g是地面覆盖对地表保护比例，C_c是林冠覆盖对地表的保护比例，M_r是雨滴直接落到地面的动能，M_d是击溅雨滴动能。坡面侵蚀计算公式如下：

$$D_f = K_f (\tau / \tau_c - 1)。 \tag{3-2}$$

式中，D_f是单位面积剥蚀量，K_f是面流侵蚀力指数，τ 是水流剪切力，τ_c是泥沙运动的垂直剪切力。

SHE 模型是一个可以连续表达流域时空分布的机制模型。SHE 模型将流域离散成栅格矩阵网格，对每个矩阵网格分别计算。SHE 模型可以模拟大中流域的流域水文情况。SHE 模型整合了水文过程，因此，SHE 模型是一个分布式流域水文模型。栅格矩阵网格的大小和模型参数的校验是 SHE 模型应用的关键。SHE 模型的详细内容请参考相关文献。SHE 模型是多箱体模型，不是模块化或组件化模型，对其修改也十分困难。

（3）LISEM 模型

LISEM 模型是指荷兰土壤侵蚀预报模型，是 1991 年在荷兰农业部和政府的支持下开发的土壤侵蚀模型。LISEM 的源程序全部使用 GIS 命令编写，实现了与 GIS 的完全集成，并且直接利用了遥感数据进行土壤侵蚀预测预报，可以计算流域内任意点的径流和土壤侵蚀量，因此 LISEM 是第一个集成较好的 GIS 与分布式土壤侵蚀模型框架。LISEM 模型与其他分布式土壤侵蚀模型具有一定的相似点，都是将流域空间离散为栅格矩阵网格。LISEM 模型可以模拟次降雨土壤侵蚀过程。LISEM 模型通过对一次降雨时间进行等间隔离散，按照时间步长计算土壤侵蚀量。LISEM 模型的详细内容请参考相关文献。LISEM 模型不是模块化或组件化模型，对其修改较为困难。

（4）ANSWERS 模型

ANSWERS（Area Nonpoint Source Watershed Environment Response Simulation）模型由 Deroo 等研究构建，目的是用来模拟荷兰的流域水文过程。该模型能用于次降雨条件下的表面径流模拟和土壤侵蚀量的测算，并且该模型考虑了径流的输移作用。在 ANSWERS 模型中考虑了雨滴的溅蚀率、地面径流分散率和输沙能力对流域产沙的影响。ANSWERS 模型也是通过栅格矩阵网格进行流域的空间离散，是水文过程预测和土壤侵蚀过程预测的分布式模型。ANSWERS 模型主要模拟计算次降雨条件下的径流和土壤侵蚀量。ANSWERS 模型的特点是考虑了农业区人类活动对水文和流域水文的影响。ANSWERS 模型对非点源地区流域环境响应进行模拟具有良好的表现力和适应能力。ANSWERS模型以 USLE 为基础，可以较好地评价潜在的土壤侵蚀。然而，ANSWERS 模型在中国复杂地形条件下的适应性有待验证。牛志明使用 ANSWERS模型对三峡库区小流域水文过程和土壤侵蚀进行模拟，模拟的精度较高，但是对一些陡坡林地等模拟精度不高。ANSWERS 模型对高强度降雨下的土壤侵蚀模拟精度小于对低强度降雨条件下的土壤侵蚀模拟精度。ANSWERS 模型的详细内容请参考相关文献。ANSWERS 模型也是多箱体模型，并非模块化或组件化模型，对其修改也十分困难。

（5）EUROSEM 模型

EUROSEM（European Soil Erosion Model）即欧洲土壤侵蚀模型，是基于土壤侵蚀物理过程的次降雨分布式土壤侵蚀模型。EUROSEM 模型可以预测预报流域范围内的土壤侵蚀量。EUROSEM 模型根据土壤侵蚀过程来研究植被截留、土壤特性和径流挟沙力等因素对土壤侵蚀过程的影响。EUROSEM 模型通过事先指定细沟的位置可以实现对坡面细沟侵蚀的模拟。EUROSEM 模型使用 Govers 的输沙方程描述细沟输沙能力，使用 Everaert 输移方程描述细沟间的泥沙输移。EUROSEM 模型对切沟的模拟效果不理想。另外，EUROSEM 模型主要针对欧洲平原地区的土壤侵蚀情况研发，对缓坡的适用性较好，但在中国的应用受到较大限制。EUROSEM 模型的详细内容请参考相关文献。EUROSEM 模型不是模块化模型，对其修改十分困难。

（6）SWAT 模型

SWAT（Soil and Water Assessment Tool）是美国农业部农业科学研究院（USDA-ARS）设计开发的用于流域尺度的分布式流域水文模型。SWAT 可以模拟地表水与地下水的水量和水质，并可以预测土地管理措施对具有多种土壤类型和土地利用方式的大面积复杂流域的水文、泥沙和农业化学物质的影响。SWAT 模型中，降雨径流产生的侵蚀量采用修正的通用土壤流失方程（MUSLE）计算，公式为

$$Y = 11.8(Q \times pr) \times K_{USLE} \times C_{USLE} \times P_{USLE} \times LS_{USLE}。 \tag{3-3}$$

式中，Y 为流域水文量（t），Q 为地表径流（mm），pr 为洪峰径流（m^3/s），K_{USLE} 为流域水文因子，C_{USLE} 为植被覆盖和作物管理因子，P_{USLE} 为保持措施因子，LS_{USLE} 为地形因子。SWAT 模型详细内容请参考相关文献。

SWAT 模型是著名的多箱体模型，模型十分庞大，但又没有模块化或组件化，模型的修改和维护也十分困难。SWAT 模型在开发之初，就定义为一个应用广泛的整体模型。SWAT 模型的开发并未很好地应用软件工程的设计思想。

3.6.1.2 国内流域水文模型研究进展

20 世纪 80 年代以来，中国开展了大量流域水文模型研究。吴长文和王礼先（1994）基于水文水动力学原理导出了坡面流近似模型与侵蚀基本方程耦合求解的数学模型。该模型中的动力方程既适合陡缓坡，又适合裸地和植被覆盖坡面。作为一种数学解析模型，它的限制条件较多，不适合复合坡面的情况。汤立群于 1990 年和 1997 年从流域产沙、水文输移和泥沙沉积的全过程与机制出发，建立了流域产沙时空分布模型。包为民构建了一个具有一定物理基础的流域水文耦合模型。蔡强国在 1996 年基于 GIS 空间分析功能对侵

蚀产沙过程进行研究，建立了一个具有物理基础的次降雨侵蚀产沙和泥沙输移模型，该模型包括坡面、沟坡和沟道3个子模型。邵学军在2002年提出了含细沟和集中水流的坡面一维动力波模型和运动波模型。

国内构建的一些分布式侵蚀模型大部分都比较粗糙，基本没有国际影响力。李文杰在2012年将分布式水文模型与流域水文产沙模型相互嵌套，构建了一个分布式流域水文预报模型。通过模拟坡面和沟道水文响应中的各个物理过程，实现了整个流域的径流及泥沙过程的动态模拟。李文杰提出的分布式流域水文模型基于DEM将流域分为“坡面+沟道”。李文杰提出了河网“+1”分级方法，认为每个河段的级别数等于它所有后继河段的级别数加1（图3-2）。模型采用“+1”分级方法将沟道组织为河网，实现了流域水文预报的并行计算。

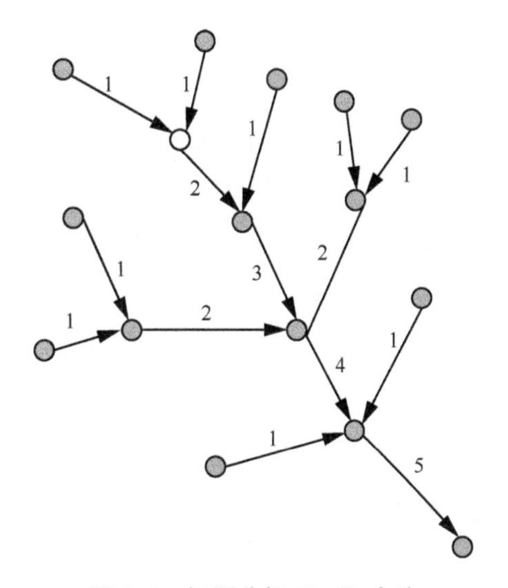

图3-2　河网分级“+1”方法

刘瑞娟和张万昌在2010年基于动态产流机制构建了一个区域尺度的分布式流域水文模型。金鑫在2008年针对黄土高原的侵蚀特点，通过量化影响重力侵蚀的关键因素，进而确定重力侵蚀发生的具体沟道栅格单元，研究了重力侵蚀对泥沙输移的影响。刘前进在2008年根据羊道沟流域22场典型侵蚀性降雨资料，利用多元回归方法建立了坡面侵蚀产沙模型和沟坡侵蚀模型。刘前进还建立了坡面悬移质输沙模数和径流深的回归方程。然而，坡面悬移质输沙模数不仅仅和径流深度有关，还与流速、坡度、土壤性质、植被覆盖度等因子有关，单单用径流深度推演坡面悬移质输沙模数的方法有待商榷。

同理，仅仅建立沟坡产移质输沙模数与沟坡径流量之间的关系也有待商榷，沟道侵蚀的影响因素很多。

廖义善于2012年以蛇家沟小流域为例研制了基于GIS的黄土丘陵沟壑区分布式侵蚀产沙模型。该分布式流域水文产沙模型也是利用了黄土区产流与产沙良好的关系，通过计算产流来计算产沙。这样的产沙模式用于快速预报，但不是真正意义上的分布式物理模型。该模型的模拟平均精度为73.4%，模拟精度有待提高，说明水文关系还有待进一步研究。同时也指出暴雨的时空分布不均匀及采用输沙比为1来简化汇沙过程，模型产沙模拟精度受到一定影响。汤立群于1990年根据黄土高原地区侵蚀产沙的垂直分带性规律，将流域划分为3个典型的地貌单元，从下至上分别为梁峁坡下部、沟谷坡和坡顶，对这3种地貌单元分别进行水文、径流和泥沙演算。该模型认为供沙量和径流输沙能力二者共同决定了泥沙输移量。但是研究认为对于黄土高原地区，供沙量不是决定因素，主要决定于径流输沙能力。汤立群提出的模型充分借鉴了国外已有的研究成果，模型结构简单并考虑到黄土区的垂直分带性。

符素华在2001年构建了一个基于GIS的次降雨分布式流域水文模型。该模型可以计算任意栅格象元上的流域水文量。由于模型考虑了水文过程，模型也可以模拟每一单元格每个时刻的径流洪峰流量、泥沙沉积量和泥沙输移量。祁伟等于2004年以次暴雨降雨事件为时间尺度，对小流域径流过程和泥沙输移过程进行模拟，构建了侵蚀输沙数学模型。该模型能够模拟流域在不同水土保持措施下的径流和侵蚀输沙的时空过程。

综上所述，国内流域水文模型主要是针对黄土高原的某小流域进行流域水文建模，这是中国特有的地貌，其流域水文过程也具有鲜明的特色。黄土高原沟壑区因其特有的土壤特性和沟壑地形流域水文过程，国内学者并没有盲目借鉴国外的模型，而是针对特殊地貌与土壤特性及侵蚀规律建立了独有的流域水文模型，对流域水文模拟领域具有重大贡献。

3.6.1.3 流域水文模型框架研究

框架属于“使能”技术或称“促成”技术，各个领域都有许多应用框架。这些应用框架的作用是通过鲁棒、灵活的软件工具提高本领域各种复杂应用中软件的互操作性、功能重用性和易用性。地学应用软件框架是面向地球系统建模及模拟领域的软件框架，地学应用软件框架不但减轻了地学研究工作者的软件开发负担，而且由于软件组件或模型功能的可重用性、互操作性，有效地促进了不同领域研究的集成与交流。地学应用框架涉及气候与气象领域建模、海洋领域建模、大气领域建模、水文领域建模、水土保持领域建模等。流域水文模型经历了从模块化到组件化到功能服务几个阶段。国内外开发了几个较为著名的系统，如 MMS（USGS 的模块化模拟系统）、OMS（USGS 与欧洲联合开发的 Objective Modeling System）、WARSMP（USGS 与复垦局合作开发的流域与河流管理系统）和 HIMS（中国研发的信息化模拟系统）。

3.6.1.4 国外流域水文建模框架研究进展

近几十年来国际上开发了大量的环境建模框架，其中 MMS、DIAS、SME、ICMS 及 Tarsier 是环境建模和水文应用的先驱。MMS（Modular Modeling System）源于降雨径流模拟系统 PRMS。MMS 采用了模块化方法，它提供了一种研究和操作框架，该框架可用于支持模型开发、测试和物理过程算法的评估，同时该框架有利于集成用户自选的过程模拟算法。ICMS 和 Tarsier 框架现在已经集成到 TIME 框架中。TIME 框架最初由澳大利亚流域水文合作研究中心的研究者们开发。TIME 框架是一个软件开发框架，用于创建、测试和发表水文与环境模拟模型。这些框架的差异在于开发新模型的规范不同和处理组件间通信的规范不同。

基于以上建模框架，国际上又开发了多个水文建模框架，如 E2、WaterCAST 和 OMS。其中，E2 和 WaterCAST 基于 TIME 框架开发，而 OMS 是一个多部门合作研发项目，开始由德国耶拿大学发起，2000 年 OMS 发展成跨部门（USDA-ARS、USGS 和 USDA-NRCS）项目，经历了 OMS1、OMS2 和 OMS3 三个版本。其中，OMS3 是基于组件理念的建模框架。除此之外，国际上还开发了几个知名建模框架，如 JAMS、LIQUID、ECHSE 和一些面向对象的环境建模框架。以上这些环境建模框架重点聚焦于新模型的构建和已有模型修改的便捷性，对模型结构不确定性研究的支持力度偏小。

3.6.1.5 国内流域水文建模框架研究进展

郑重等回顾了几个著名的地球科学领域的软件应用框架，其中，WRF（天气研究与预报模型）、PRISM（地球系统模拟集成程序）和 ESMF（地球系统模拟框架）是 3 种典型的地球科学应用软件应用框架，WRF 和 PRISM 软件框架是典型的模块化层次结构。WRF 包括 3 个层次，分别是驱动层、中间层和模型层。驱动层负责应用的组织部署及对外接口，而中间层负责子程序调度、完成各处理器间的通信，模型层负责具体的计算。PRISM 建设的目标是建立一个公共软件框架来耦合各种气候模式组件以达到无缝集成。PRISM 包括基础结构、耦合器与 I/O 库及输出诊断库。PRISM 的基础结构主要用于集成各种地球系统模式并监控它们的运行。PRISM 耦合器主要用于驱动整个耦合地球系统，实现不同组件间的数据交换和转化及输入输出。PRISM 诊断输出库负责结果处理与分析。ESMF 也采用分层模式，包括超级结构层、中间用户代码层和基础结构层。ESMF 中间层负责大气模拟应用中的核心计算，以组件的形式由用户编写。分布式水文与流域水文模型框架是地学应用框架研究内容之一。

必须指出水文和流域水文模型的集成框架涉及模型的解构、拆分和组合。汪小林在 2011 年指出分布式地理模型首先需要建立构建模型库。构建的模型库中子模型主要来源是对已有模型的解构、拆分和封装，主要涉及 3 个方面内容：①模型的分解问题，即什么样粒度的子模型可以分解出来，使其可复用性最好；②定义模型的接口方法，如何使得地理学家在建模时就清晰地了解各个模块的功能及输入输出参数的意义从而复用这些子模块，同时使同类型模型之间可以较容易地互相替换以提高建立新模型的效率；③用什么技术对某个分解出的子模型实现模型的拆分和封装以使其真正地复用起来。

2012 年，陆垂裕等设计开发的 MODCYCLE 实现了较好的模块化，促进了分布式水文模型框架的研究。MODCYCLE 模型结构与著名的 SWAT 模型结构类似。首先对 DEM 做水文分析获得研究区的汇流拓扑关系，进而将流域划分为不同的子流域。然后在各子流域内部根据土地利用分布情况先按水域和陆域进行一级划分，将除了河道和水库之外的水域概化为子流域内的滞蓄水域，陆地水域则根据土地利用类型、土壤类型和土地管理方式进行进一步分类。按照“马赛克法”进行二级划分，包括多个基础模拟单元，如裸地单元、农田单元和草地及林地等。每个子流域都包括一个“概化”的沟道系统用于模拟子流域内农田基础单元灌溉时的灌溉水量损失。MODCYCLE 模型中的各个子流域都包括一个主河道，各个子流域的主河道具有空间上的汇流拓扑关系，子流域之间则通过河网的汇流拓扑关系形成完整的全流域上的水分传输关系。MODCYCLE 通过模块的外部接口实现数据交换，交换的方式仍然是通过外存交换。MODCYCLE 采用数据库实现数据管理与模型的输入输出，优于一般计算模型使用 TXT 作为主要的输入输出。MODCYCLE 实现了简单的并行计算，主要是针对相对独立的子流域和子河网进行并行运算。

3.6.1.6 现有流域水文建模框架的结构及组件粒度分析

根据3.6.1.4分析，现有流域水文建模相关的著名框架包括TIME、E2、JAMS、WaterCAST、OMS、LIQUID、ECHSE及国内的MODCYCLE和HIMS等。框架的结构和组件粒度是本书的核心研究内容，现对现有流域水文建模相关的框架进行结构和粒度进行分析。现有水文建模框架的文献很少阐述其采用的组件粒度，因此，综述时根据组件粒度的定义和框架对水文过程的组件封装情况进行分析。

TIME框架在抽象层次上分为5层结构，从底至上分别为核心层、数据层、模型层、工具层及可视化用户接口层。TIME包含了几大类组件集，其中，模型组件集是水文模拟的核心，单个组件中包含了多个水文运算逻辑，因此组件的封装粒度可归为中粒度。E2框架在TIME框架的基础上设计开发，其组件的封装粒度仍归属于中粒度。E2采用了反射机制，使得E2框架具有灵活的可扩展性。E2框架在抽象层次上分为3层结构：用户接口、模型引擎和数据处理。OMS框架的文献并未对自身采用的组件粒度进行描述，但从文献对OMS的内容描述中，OMS并未将组件划分成最小逻辑单元，因此研究认为OMS也属于一种中粒度组件。JAMS框架在OMS1的基础上完成，和OMS一样是一种中粒度组件的框架。LIQUID框架中的过程组件称为一个模块，一个模块模拟一个和多个水文过程，一个水文过程包含多个逻辑计算单元，因此，LIQUID框架属于中粒度组件框架。ECHSE框架的文献中也未对其采用的组件粒度进行直接描述，但其提供了源程序，根据源程序和组件粒度的概念，ECHSE框架也是一种中粒度组件框架。

国内的MODCYCLE是一个面向对象的模块化水文模型，严格意义上它不是一种建模框架，但其实现了模块化，在此也对其结构和模块粒度进行分析。MODCYCLE采用类似SWAT模型的模拟结构，将流域分解为子流域和河网，该模型共分为25个模块，主要包括流域模块、子流域模块、主河道模块、基础模拟单元模块和水库模块等。从模块划分来看，并未进一步分解成细粒度组件，因此，是一种中粒度的模块化水文模型。国内的HIMS是一种模块化水文模拟系统，也不是严格意义上的建模框架，但是由于采用了模块化方法，仍对其进行粒度分析。HIMS的主体结构包括数据预处理系统、水文模型系统和数据后处理系统。水文模拟系统又包括构件模块和输入模块，进而形成了水文模型库。水文模型库包括蒸发模型、融雪模型、冠层模型、表层水模型、土壤水模型、地下水模型和河网汇流模型等。因此 HIMS 并未进一步分解各个子模型，形成最小逻辑单元的模块或组件，因此，HIMS 是一种中粒度的模块化水文模型。

3.6.2 GIS 与流域水文模型集成研究

3.6.2.1 GIS 与流域水文模型的集成方式

GIS 与流域水文模型集成策略主要包括 3 种类型：松散耦合、紧密耦合与嵌入式耦合，每种耦合方法都有其优缺点。松散耦合常常存在数据不一致、信息丢失与冗余，增加了模型的设计与使用时间。但是，松散耦合方法更容易设计和开发。以这种耦合方法建立的基于 GIS 或 DEM 的流域水文模拟系统很多，基本上都是利用了 GIS 的一定功能实现流域水文模拟数据预处理和模拟结果分析。嵌入式耦合使代码不容易修改，因为其非常庞大和复杂，但是嵌入式耦合提供了动态可视化能力，以及可以随时暂停正在运行的模拟，查询中间结果，研究关键的时空关系，甚至可以修改基本的模型参数。紧密耦合策略与嵌入式耦合的一个共同点是都需要有共同的界面和“共享数据模型”，但紧密耦合策略中参数进行自动交换，无法进行中断模拟，也无法进行中间结果的查询分析。

3.6.2.2 GIS 与流域水文模型的连接

分布式流域水文模型使用具有空间异质性的数据，如土壤特性、土地利用及地形等来模拟流域水文的时空分布。为实现准确高效的模拟，模型需要大量物理参数及集中的数据开发和分配。GIS 虽然具有处理空间和非空间数据、执行数据管理和分析的能力，但是它缺乏复杂的分析和模拟能力。另外，分布式流域水文物理模型通常缺乏数据组织和开发功能，并且它们基于的数据结构不利于与 GIS 连接。因此，若不进行有效集成，就会增加模型的安装时间并阻碍模型输出结果的分析，降低数据的完整性，限制数据的并发访问。当在模拟期间需要动态交互时这些问题就变得更为严重。因此，将 GIS 和分布式流域水文物理模型进行无缝连接是很有必要的，国内外学者及研究机构做了大量工作来研究 GIS 与水文和流域水文模型的集成。

Mukesh Kumar 在 2010 年对 GIS 与水文模型的集成进行了较为详细的总结，连接水文物理过程模型和 GIS 的努力主要包括基于 ARCINFO 的 HDDS 的开发、基于GRASS的WEPP接口开发、基于EPA的BASINS、SWAT和流域模拟系统（WMS），这些努力都是试图把基于物理过程的流域水文过程模型与GIS绑定在一起。其中WMS不同于其他研究，是一个贡献于水文模拟的独立GIS系统。Maidment早在2002年开发的Arc Hydro是一个重要进步。他定义了一个详尽的水文数据基础框架用于在GIS中存储和预处理时空数据。Arc Hydro模型框架为水文模拟中的各种数据类型的结构、关联和操作提供了多种规则。同年，另一个连接GIS与水文模拟的进一步努力是McKinney和Cai提出的连接GIS和水文管理的面向对象的方法。

国际著名的分布式流域水文模型GeoWEPP、ArcSWAT已经与GIS进行了紧密集成。GeoWEPP和ArcSWAT都是以ArcGIS为宿主程序，以插件的形式与ArcGIS集成。但是二者都是将流域水文模拟与GIS捆绑在一起，没有开发可以共同访问的"共享数据模型"，导致数据处理和模型初始化效率偏低。目前GIS与分布式流域水文模型的集成基本都无法在模拟过程中修改模型参数，也无法查看中间模拟结果，因此，亟须开发可以中断模拟、在模拟过程中可以查看参数状态和修改参数的嵌入式集成框架。流域水文模型系统日益注重与GIS的集成，遥感是流域水文模型的重要数据源，提供了很多高分辨率数据，但是现有的大多数模型并未较好地应用到遥感数据，限制了流域水文模型的应用和推广。实现流域水文模型与GIS的集成，首先，流域水文模型本身应该实现了较好的模块化或实现了组件化。流域水文模型的模块或组件划分及优化组合是一个重要课题，已取得一定成果。实现模块或组件的即插即用功能，为建立集成框架奠定了基础。Wu和Wang也对GIS与水文模拟的集成框架进行了研究。目前分布式水文模拟的空间和时间尺度从几平方米、几秒的下渗过程发展到几百平方千米、几年的地下水运动过程，因此有学者对多尺度的水文模型集成框架进行了研究。

欧洲水指令项目研究提出了一个开放式模型接口（Open Model Interface，OpenMI）和模型组件（Model Component）概念，以及在这个标准框架下的各种模型之间应具有的共同接口协议。由于模型遵循了OpenMI的标准接口协议，各种流域水文模型可以进行有效链接组成一个模型系统，可以从整体角度考察整个流域的模拟问题。目前，世界上有数十家水文模型软件供应商都不同程度地接入了OpenMI标准接口，成为OpenMI兼容软件。OpenMI是一套接口标准，用于水资源相关模型运行时实现数据交换。遵循OpenMI标准的模型都可以实现在运行时交换数据。OpenMI 接口标准是 OpenMI 组件运行时进行数据交换的标准接口。凡是遵循 OpenMI 标准的组件都成为 OpenMI 组件。OpenMI 的目的是使得过程模拟组件间及过程模拟组件与模拟工具间在模型运行时交换数据。关键目标是使得独立开发的模型间产生交互。最终目的是转换集成模型到一个共享操作工具中，以揭露模型集成创造的潜在机会。OpenMI 目标是提供一种处理机制，使得独立开发的过程模拟模型在运行时能够互相链接、共享数据和功能，增强模型交互能力。对于应用，OpenMI 可以连接水框架指令下的相互作用模型，即 OpenMI 可以连接不同领域和环境下的模型、不同维数的模型、不同尺度的模型及连接数据库和操作工具等。

OpenMI 提供了一种智能处理机制使得过程模型实现并行运行，且能随时同步地交换数据。OpenMI 以组件为基础，将数据及模型参数封装在组件中，使得模型在运行时可以进行数据交互，而不必读写文件或数据库，即实现内存中的数据交换。从数据交换的角度，OpenMI 是一个纯粹的单线程结构。对于一些情况，如为了实现迭代，一个可连接组件能够管理它的请求状态是非常有用的。一个可连接组件的实例在确定的时间仅能处理一个 GetValue 请求，通过遵循这一原则可以保证不易发生交互错误。在基于 OpenMI 规范的连接模型中，如果一个值没有提供者，则它的输入项不被连接，但是它的值仍被设置，这保证了模型在运行前可以设置值，并且模型完成一个计算后可以重新初始化。基于 OpenMI 的模型连接包括单向连接和双向连接。对于双向连接，请求模型（需要目标模型提供数据）同时又被目标模型请求数据，可能出现无限循环，这时需要采用外推方法，以防止死锁。简而言之，双向连接情况下，必须要一个组件使用外推法先给出值。外推法是指在定量分析中的时间序列预测法，该方法的基本思路是把时间序列作为一个随机变量序列的一个样本，应用概率统计的方法，尽可能减少偶然因素的影响，做出统计意义上较好的预测。

OpenMI 数据交换机制中的基本函数是 GetValues 函数，该函数允许两个连接组件之间进行数据交换。数据交换触发子和信息交换处理是组件连接过程的关键内容，形成了 OpenMI 的基本操作规则——“牵引机制”。在每次的数据交换操作中都包括请求组件、提供组件及链接三部分。根据 OpenMI 标准，当请求组件需要从目标组件（提供组件）获取数据时就发出数据请求，即 GetValues 调用，目标组件计算被请求的值，然后通过连接传递给请求组件。

但是，OpenMI 标准需要将模型结构改为模型初始化、模型运行和模型输出三块式结构，较大程度地改变模型的计算和逻辑过程。再者，OpenMI 需要模型开发者熟悉 C#语言，具有一定的限制。OpenMI 没有提供组件库，不利于开发用于数据输入输出的新组件。另外，OpenMI 基于“请求响应”机制来实现各模型间的一种“链式”连接，在系统运行中的某一时刻只能有一个模型处于计算状态，目前不能实现计算机的并行运算，不符合计算机发展要求模型计算并行化的趋势。不过，OpenMI 计划在 2.0 版本推出循环计算机制，使链接的整体模型可以具有并行运算能力。郭延祥等在 2011 年针对 OpenMI 不支持并行运算问题，设计了一套方法可以用于将模型转换成 OpenMI 模型组件。该方法通过在模型的时间循环中增加一个过程函数来实现分布式和并行计算。该方法不改变模型的网格划分方法、模型对象、模型开发语言和操作系统的限制，对原模型改动很小。该方法通过链接已有模型形成整体模型来模拟复杂问题，具有重要的实践意义。

2010 年，余叔同基于插件技术和 GIS 的类库 ArcEngine 开发了 GIS 与流域水文模拟集成系统。他设计开发的基于插件的集成系统包括宿主程序、通信契约和插件库三部分。宿主程序独立存在，插件则需要依附于宿主程序，通过通信契约实现交互，插件是集成系统的核心。插件包括动态链接库插件、COM 插件和基于 .NET 反射机制的插件。余叔同开发的集成系统是基于 .NET 反射机制的插件。

2012 年，袁再健对基于 GIS 的分布式侵蚀产沙模型研究进展进行了总结，指出国内分布式流域水文模型与 GIS 的集成研究较晚，且仍存在一些问题，如 GIS 与分布式流域水文模型的结合多为松散耦合关系，模型和 GIS 独立运行；同时还指出多数模型没有考虑降雨的时空分布与次暴雨产流时间变化。袁再健还指出目前存在的问题是进一步揭示流域水文过程的影响因子在不同尺度上如何影响流域水文过程，再者，研究不同尺度上各个模拟单元上的径流侵蚀输沙的时空分异规律、响应过程及不同尺度间的参数关系，确定不同空间尺度模型的参数，从而实现对模型结构进行修改最终使模型具有空间尺度转换能力。

王中根等在 2005 年研发的基于模块的分布式水文模拟系统（HIMS）实现了水文模拟与 GIS 的紧密耦合，具有统一的操作界面，但仍然属于数据集成而非结构集成。HIMS 包括三大子系统，分别是水循环信息管理系统、模型数据前后处理系统和水文模型方法库系统。HIMS 是水文过程方法库，包含了多种水文过程常用模拟方法，如降水、蒸发、截留、下渗、地表径流、河网汇流等。水文过程方法库采用面向对象的开发语言 C++实现。在方法库中，对于一个特定的水文过程，设计开发一个过程类，类具有属性和方法。水文过程模拟的不同算法写成过程类的方法，供过程类调用。水文过程的输入和输出及水文参数则通过属性来描述。

GIS 与水文模型集成研究的动因包括两个方面：一是 GIS 界渴求提高 GIS 的分形功能，二是水科学研究者对精确地理数据的需求。GIS 已经广泛应用于建立各种尺度的空间数据库和空间决策支持系统，涉水行业越来越依赖 GIS 技术。王船海等于 2012 年通过总结前人成果将水文模型和 GIS 的集成分为 4 种方式：①GIS 功能嵌入水文模型；②水文模型嵌入 GIS 平台；③GIS 与水文模型的松散耦合，即水文模型和 GIS 独立运行，通过数据耦合；④GIS 与水文模型的紧密耦合，将 GIS 功能和水文模拟集成到统一的应用系统中。王船海认为以上 4 种集成方式都是单纯基于技术驱动，通过数据耦合 GIS 与水文模型而不是结构上的集成。

王船海等总结了 GIS 与水文模型集成结构上存在的几个问题：时空特征问题、拓扑关系问题、二维及三维地理对象表现不一致问题和 GIS 地理空间分形功能不足问题。尽管时态 GIS 研究有所进展，但时态 GIS 与过程模型的集成仍是重点难点。他总结的拓扑关系水文数据模型以 Coverage 的“节点—弧段—多边形”拓扑关系为基础数据模型已经过时，随着面向对象的 GIS 数据模型 Geodatabase 的推出，水文模拟中的地理对象（如堤线、河道地形区和一般地形区等）可以作为一个整体对象建立它们之间的拓扑关系。因此，可以建立面向对象的水文数据拓扑关系模型。王船海等于 2012 年在研究中提到二、三维地理对象的一致性问题，虽然目前三维数据模型有所发展，如三棱柱模型等，他指出目前仍没有统一认可的三维基本结构描述模型。在 GIS 地理分形功能不足方面，他指出 GIS 的静态非过程性模型已经较为成熟，GIS 对过程性动态模型的分析能力不足。

王船海认为 GIS 与水文模型无法无缝有效集成的根本原因是它们的概念模型不同，GIS 是基于拉格朗日运动观，而水文模型主要是基于欧拉运动观，兼有拉格朗日运动观。因此，建立能够描述两种运动观的高层次模型或许可以实现二者的高效集成。王船海还指出 GIS 模型的数据结构属于空间对象并联式离散结构，而水文模型结构则属于空间对象串并联混合有机结构。他将 GIS 模型结构和水文模型结构称为二元结构，并阐述了二元结构的理论基础。GIS 对象和水文模拟对象是解决流域地理空间问题的两个方面，它们关注的具体问题、采用的解决方法及服务目的和对数据的要求不同，但是关注的整体对象是相同的，即流域。GIS 与水文模拟对象大部分具有相同的特征，即二者存在重合性，这也构成了 GIS 与水文模型集成的理论基础。王船海认为 GIS 和水文模型可建立一个公共的复杂 GIS 对象体，它兼有 GIS 对象的空间特征和水文模拟过程的复合属性，并且由基本的 GIS 对象有机组合而成。这一公共的复杂 GIS 对象体属性包含了 GIS 对象的基本空间信息，同时包含了通过水文监测和模型计算得到的水文地理特征，使得 GIS 公共对象具有了处理地理过程机制分析属性。

这一公共的复杂 GIS 对象体称之为二元结构共享体。王船海等基于二元结构共享体建立了河道二维网格共享体。共享体集成了 GIS 对象和水文对象的所有属性，并将 GIS 对象和水文对象相同的属性合并为共享属性，因此共享体可以与 GIS 对象和水文模型对象分别高效交互。

3.6.2.3 GIS 与流域水文模拟的“共享数据模型”

分布式流域水文模型需要新的策略用于数据表达、模型分解和先验参数及可视化。通过数据交换实现 GIS 与流域水文模型的集成（耦合）称为松散耦合。GIS 与流域水文模型有共同的数据库和界面，特别是有共同的数据模型，这种耦合称为紧密耦合。GIS 与物理水文模型交互经常是松散耦合的，因为物理模型系统的数据类型、数据语义、数据分辨率和数据格式与分布式数据和参数可能是不同的，在共享前，需要大量数据与处理。管理工具可能不能被 GIS 和物理模型访问与共享；个别系统可能是依赖专有数据结构的系统。两个软件间无缝的数据流阻碍增加了模型的安装时间和分析时间，也限制了模型执行复杂的数据分析程序。这些限制可以很大程度上通过开发水动力模型和 GIS 共享数据的集成组件来消除。开发这样一个组件的先决条件是建立一个面向对象的“共享数据模型”。GIS 具有处理空间和非空间数据的能力，但是缺乏复杂的分析和模拟能力，而物理流域水文模型一般缺乏数据组织和开发功能，另外，物理流域水文模型基于的数据结构不利于紧密连接 GIS 和决策支持系统。因此，2002 年 Maidment 研究的 Arc Hydro 是一个重要进步，他为水文系统定义了一个详细的数据模型，提供了在 GIS 中存在和处理时空数据的一个框架。Arc Hydro 在一定程度上是一种 GIS 与水文模拟的“共享数据模型”。下面对 Arc Hydro 和 PIHMgis 的“共享数据模型”进行详细阐述。

（1）Arc Hydro 数据模型

Arc Hydro 是 ESRI 与德克萨斯大学奥斯汀分校的水资源研究中心（CRWR）合作完成的水资源数据模型，是 ArcGIS 中一个用于水资源的地理和时间数据描述的数据模型。它的主要设计者是国际水文专家 Maidment。它拥有一套工具，该工具将要素属性存储于数据框架中，并实现了不同图层要素的连接，为水文分析提供支持。Arc Hydro 将水文要素描述为子流域、河网、水文地理、沟道和时间序列对象（图 3-3）。

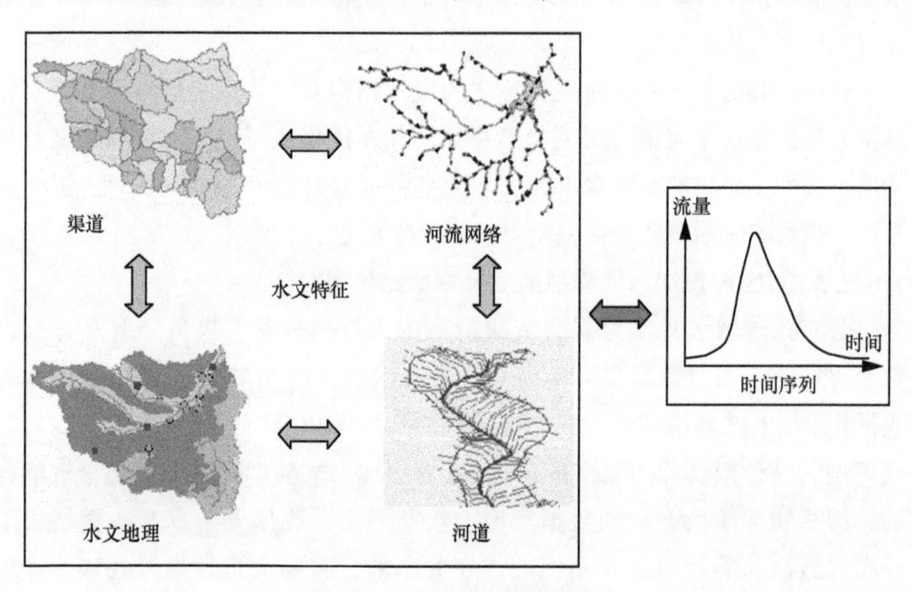

图 3-3　Arc Hydro 数据模型

Arc Hydro 是一个基于 Geodatabase 数据模型的用于存储水文时空数据的基础数据框架，也可称为一种数据模型或数据结构，而不是一个水文模拟模型。水文模拟通过调用基于 Arc Hydro 数据模型的水文时空数据库中的数据来实现。

Arc Hydro 体现的一个先进理念是使用时空数据模型体现水文模拟中的欧拉运动观。Arc Hydro 最显著的一个特点就是通过关键字段（水文编码）来关联时间序列和地理空间数据，Arc Hydro 通过水文编码 ID 将各种类型的时间序列对象关联到相应的地理要素上。因此，使用 Arc Hydro 结合 ArcGIS 软件可以创建表达水文过程的时空地图，水利 GIS 系统将时间序列与空间地理要素通过关键字段关联进而实现水文模拟分析。

地理数据模型创建的基本方法包括列表编目法和行为描述法。列表编目法是对象分类法，对于 GIS 中的地理要素分层；行为描述法是经典的水文建模方法（如雨滴模型），是根据对象的行为来定义它们的关系及相互影响，并最终定义整个系统的行为。GIS 提供了一个较为成熟的网络模型，且要素关联能力是 GIS 的一个基本功能。Arc Hydro 通过添加水文网络节点与水文地理要素（如流域、水体和监测站点等）的关系来表达水文过程。

Arc Hydro 基础数据模型包括 3 个关键因素，分别为水文网络要素、地理时空数据库和对象模型。其中，水文网络包括几何数据、拓扑数据和地址数据。ESRI 的 Geodatabase 是一种面向对象的关系数据模型，也是一个关系数据库。关联关系是关系数据库的基本特性，因此，在 Geodatabase 数据库中的要素集中可以添加关联类和拓扑类进而表达各图层间的关系。关系数据库的关联特性使得陆地水文过程可以追踪。Arc Hydro 是一组基于 ArcObjects 对象的具有相互关联关系的要素集合。Arc Hydro 数据模型对 GIS 的网络进行了再扩展，设计了一个专门的水文几何网络，该网络舍弃了通常几何网络的复杂特征，因为水的流动有其特有的规律。Arc Hydro 数据模型对 GIS 的要素边线及水文节点要素等增加了水文相关属性用于辅助支持水文应用。

Arc Hydro 数据模型中的要素都是水文要素，并且都具有 HydroID 和 HydroCode 属性。HydroID 是 Arc Hydro 数据模型中唯一标识要素的整数属性，HydroID 由数据表 LayerKeyTable 和 HydroIDTable 来定义并维护，并由 Arc Hydro 数据模型的 HydroID 工具自动分配产生。任何水文要素都可利用 HydroID 索引与其他水文要素建立关联，包括时间序列。Arc Hydro 数据模型中所有水文要素都有唯一标识，Arc Hydro 数据模型的这一特性使得各种水文要素成为一个有机整体。HydroCode 是水文要素永久的公共标识，与国家水文信息系中的水文要素分类编码具有相同的标识，如 Arc Hydro 可以通过 Internet 从 USGS 的国家水文信息系统中自动提取该监测站的水文数据。

Arc Hydro 框架提供了一个简洁、严谨的数据结构来索引水利系统中最重要的地理空间数据。Arc Hydro 数据框架支持基本的水文水利研究。Arc Hydro

包括地理数据库、要素集、水文网络、要素类、关系。要素类又包括水文边线（HydroEdge）、水文节点（HydroJunction）和流域。

水文网络是 Arc Hydro 数据模型的骨架，是线和节点的集合，其中的水文线和水文节点的拓扑关系可以表达水流上下游的运动关系。基于点要素建立的关系可以将汇流区与点要素关联。水文网络上的位置用线性参考来确定河流地址，利用河流地址可以测量水流路径上任意两点之间的水流长度。Arc Hydro数据模型中的水文线用 Arcobjects 的复杂边线创建，而水文节点则用 Arcobjects 的简单节点表示。水文网络中每条线的两端都需要节点，如果该节点不是水文节点需要使用 GIS 的几何网络创建器在要素类中创建一个通用节点——水文网络节点。

Arc Hydro 中的水文线分为水流线和岸线两个子类。水流线（EdgeType = 1）是沿着水系、河流和水体运动的线；岸线（EdgeType = 2）是水体和陆地之间的交接线，水文线中的水流线需要赋予水流方向，水文线中的水流线的流向属性 FlowDir 由编码值域定义：0 未初始化，1 表示数字化方向，2 表示数字化反方向，3 表示未确定。

（2）PIHMgis 的“共享数据模型”

PIHMgis 由美国宾夕法尼亚州立大学帕克分校土木与环境工程系的水文团队开发。PIHMgis 是 PIHM 水文模型与开源 GIS-QGIS 集成而设计开发的水文模拟 GIS。2007 年完成了第 1 版本的开发。PIHM 水文模型是美国宾夕法尼亚州立大学在美国国家科学基金会（1999—2007 年）、美国国家海洋和大气管理局（2003—2007 年）及美国国家宇航局（2002—2005 年）的资助下完成最初开发，并在美国国家科学基金会和美国环境保护署的连续资助下进行团队模型开发。PIHMgis 是一个紧密集成的水文 GIS，是一个开源的、平台独立的和可扩展的应用 GIS。PIHMgis 通过开发一个“共享数据模型”和水文模型数据结构实现水文模拟与 GIS 的紧密集成。

美国宾夕法尼亚州立大学帕克分校的 Mukesh Kumar 研究阐述了“共享数据模型”的内容和特点。他指出共享模型应便于修改和自定义，消除了流域水文模型访问 GIS 数据结构的障碍，丰富了复杂用户自定义空间关系和数据类型的表达，容易适用新的模型设置和模拟目标。为了设计这样一个“共享数据模型”，可采用以下 4 步：①对水文系统中的数据类型进行识别和分类；②为识别的数据类型设计面向对象的数据模型；③根据数据需求和连接关系，研究流域水文模型的结构；④对符合分布式模型结构的 GIS 数据模型进行重新表述。基于 UML 进行流域水文模型设计，涉及点、线、面、体、GRID、时间序列 6 类。其中，详细介绍了类的属性和方法及类间的关系，包括概况、关联和聚合，这和 ArcEngine 的 ODE（对象模型图）描述是一致的。

① 原始流域水文数据的概念分类。流域水文模型的域十分广泛，包括水文、水力、气候和地理数据，地理数据又涉及地形、河流、土壤、地质、植被、土地利用、天气、观测井等。需要将这些不同来源、不同类型和不同尺度的数据进行合并分类以便于抽象概化成组件对象类。采用层次分类法对流域水文模型中的真实数据类型进行分类，目的是将空间异质性数据类型连同相关的时间序列数据、派生数据和属性数据进行合并。数据类型定义方式有场模型（Field-based）和对象模型（Object-based）。场模型定义了一个包含一系列彼此相互关系（如距离、方向和邻近）的框架。基于对象的数据模型是多个实体的合集，这些实体具有几何特征、拓扑特征及属性值。场模型通常和栅格数据类型对应，对象模型与矢量数据类型相对应。

然而，我们扩展数据的场模型概念，把它作为一个连续的概念，单一的元素要么存在于空间中，要么存在于时间中，并分别有实体信息附着之上。例如，任何细分网格中的一个单元元素，像一个 GRID 象元或一个 TIN 三角形，都有一个定义该单元元素属性和特征的值。

流域水文模型是现实世界的形式表达，提供了独立于软件环境和程序语言的数据存储、共享和交换的标准结构。它使现实世界简化抽象，具体方法是：第一，分离现实中的水文对象成为一个独立类；第二，移除冗余的类对象；第三，定义独立类之间的关系；第四，定义类的完整性约束。一些数据如高程和土壤属性在空间中连续变化，而其他数据则随着时间而变化，数据信息也会因尺度的变化而不同。这意味着设计的数据模型必须具有灵活性，可以合并相同对象在不同尺度的表达，可以添加新的数据类型，递增扩展的数据模型，创建复杂的对象，模型应该具有鲁棒性和可重用性。具备最大的信息量、最小的数据冗余和最优的数据可恢复性是数据模型设计的理想目标。所有这些特征可使用面向对象的继承、多态和封装来实现。流域水文模型结构也受单元形状和邻接关系影响，单元的形状和邻接关系由域的分解方案和数值解决策略（有限元、有限差分和有限体积）依次定义。

② PIHMgis 的“共享数据模型”设计。“共享数据模型”通过 6 类来捕

获水文特征和时间对象的空间结构，这6类分别是节点、元素、沟道、土壤、土地覆盖和时间序列。这些类是6种GIS数据模型中类的代表性补充，可以通过合适的转换和重定义获得。通过使用点和线作为约束生成分解网格，三角形的节点自动转换成特征点，三角形的边自动转换成特征线。特征多边形和特征体积的属性被分配到三角形元素之上。所有水文GIS数据表现都是无损性映射，即它们是可逆的。通过使用它们的属性聚合元素边、沟道和元素集，我们可以将“共享数据模型”的类转换成原始GIS数据对象。

一个元素类代表一个离散的二维三角形元素和三维棱柱元素，三维棱柱元素通过6个位置点在两个水平顺时针方向来定义。我们注意到一个元素的邻居也属于这个元素类，这种递归关系通过反身关联来捕获。一个沟道类通过两个节点和两侧的邻域元素来定义。每个沟道部分也由上游沟道部分和下游沟道部分组成，它们通过反身关联来捕获。沟道部分间的关联是0到多的关系，说明一个沟道部分可以单独存在于流域之内。一个沟道也可以与一个元素是1到2的双向关联，这表示一个沟道部分至少有一个三角形元素。双向关联确保元素和沟道都可以识别它们间的拓扑关系。这种关系对于水文模拟框架的空间整合十分重要。每个元素类也与土壤、土地覆盖和时间序列相关联。沟道也与河床属性和形状类关联。土壤类包含几个属性，如水力传导系数和Van Genuchten方程的土壤持水量参数。土地覆盖类属性包括不同土地覆盖类型的根系深度、反射率和光合成有效辐射。我们注意到降雨、湿度、太阳辐射、地面热通量、蒸气压、叶面积指数、植被覆盖、风速、时间相关的边界条件及模拟状态变量都是时间序列类的子类。这些操作涉及三角形元素几何属性的来源并随着时间变化状态计算变量的变化率。

③ PIHMgis“共享数据模型”的优点。GIS与分布式流域水文模型间的共享数据库和关系减少了模型的设计时间，提高了数据的完整性，简化了模型模拟。因此，集成的系统模拟更准确，效率更高，操作、管理、分析及显示更方便。

3.6.2.4 插件式GIS软件框架研究

插件式软件框架已有大量的研究成果，已成为一项十分成熟的技术。基于插件技术的GIS应用框架也已经有了较多的研究成果。一方面，需求分析是软件开发的基础，而需求变化是不可避免的，软件工程开发方法必须能够解决软件需求变化带来的软件功能的改变。另一方面，随着软件项目的大型化、应用需求的多元化，软件项目必须由一个开发团队来完成，团队合作与交流是软件工程必须解决的问题之一。因此，软件工程必须从高层次上提供一种能解决以上问题的框架，以达到提高开发效率，解决软件需求鸿沟与团队的顺畅交流及适应软件需求变化的目的。采用“平台+插件”的软件架构模型可以使得GIS实现以上目标。

“平台+插件”软件架构模型的主要思想是通过插件的形式来扩展软件的功能，并通过平台统一管理这些插件。插件与宿主系统及插件之间通过详尽的消息传递机制来进行通信。真正意义上的插件系统是宿主系统建立有多个预先定义的接口，而插件可以利用这些接口，使得插件能够自由访问程序中的各种资源，它的自由度比较大。“平台+插件”的软件架构模型即采用这种插件。插件的本质是在不改动主程序的前提下扩展软件的功能，开发团队成员可以根据接口规范开发特定的插件实现任务分解。插件框架包括主程序和插件2个部分，主程序又称宿主程序，是包含插件的容器。插件和宿主程序间通过标准的接口实现交互，宿主程序通过提供接口调用让插件来实现插件访问宿主程序。插件一般是遵循特定规范的动态链接库，宿主程序将所有插件接口在内存中的地址传递给插件，插件根据传过来的内存地址来调用插件接口以完成所需功能。

插件式GIS的基本思想是对GIS功能进行模块划分并封装成插件，插件完成特定的功能。通过将GIS插件、非GIS插件和宿主程序通过接口规范集成起来形成最终的GIS软件。插件式GIS开发类似“搭积木”，这种模式有利于功能分解、响应需求变化和软件的功能扩展。GIS插件的消息机制包括3种类型：视窗的消息转发机制、视窗的消息订阅机制、框架内部平台和插件的自定义消息传递机制。视窗的消息转发机制可以实现工具插件与视图插件的交互控制。视窗的消息订阅机制可以实现对视图的持续监视。插件之间的消息包括全局广播、局部广播和单独广播。框架内部平台和插件的自定义消息传递机制是将平台和插件内部的自定义消息单独分离既可以避免与操作系统的消息机制冲突，又可以实现GIS框架的自定义消息广播和点对点自定义消息传递。

插件是一种遵循一定规范的应用程序接口API或是按COM接口编写出来的模块化程序。插件分为类似批命令的插件、基于脚本语言实现的插件和基于面向对象组件规范开发的插件。基于对象组件规范的组件开发，通用性强，但是开发过程较复杂。插件式 GIS 软件包括宿主系统和功能插件，按照组件规范，使宿主系统具有标准接口并使功能插件具有标准插口，通过 GIS 插件安装将 GIS 插件集成到宿主系统中。

3.6.3 流域水文模拟的尺度效应及 DEM 尺度变换

3.6.3.1 流域水文模拟的 DEM 尺度效应

地形决定了地表水径流的形成与再分配，对水文模拟有重要影响，其中，坡度、坡长是两个核心指标。地形坡度是地面倾斜程度的定量描述，也是一个基本的地貌形态指标。坡度通过影响重力作用，进而影响地表水的流动。坡长是指从地表径流源点到坡度减小至沉积出现点之间的距离。当其他外在条件相同时，物质沉积量、水力侵蚀的强度由坡长决定，坡长越长，土壤水力侵蚀越强。同时，坡度也直接影响坡面径流的速度，进而影响水流对土壤的剪切力。

DEM 分辨率是空间尺度的一种，具有尺度效应。最明显的一点就是随着 DEM 分辨率的降低，提取的坡度不断衰减，地形具有“坦化”趋势，这种现象称为坡度衰减。坡度衰减的程度还因地形特征的差异而不同，即在不同坡度段和坡度分布位置具有不同的衰减速度。因此，基于低分辨率 DEM 提取的坡度不能准确地表达地形的起伏状况，即便 DEM 分辨率较高，提取的坡度与实际也有一定差异。因此，在进行水文模拟、流域水文模拟时，对基于 DEM 提取的坡度必须进行修正。DEM 分辨率对水文模拟具有一定影响，国内外已经进行了大量研究。有学者使用两种覆盖全球的 DEM 数据 GDEM 和 SRTM 研究了地形精度对水动力模拟的影响。另有学者使用 CASC2D-SED 模型研究了 GRID 大小对流域水文、沉积模拟精度的影响。Amore 和 Modica 使用 USLE 和 WEPP 模型研究了地理尺度（点尺度、农田区、流域到国家范围）对流域水文的影响。Raclot 也研究了地理尺度对流域水文的影响。

坡面流和坡面侵蚀是分布式流域水文模拟的最重要部分，已有大量研究表明坡面流和坡面侵蚀具有尺度依赖特性。大部分学者认为坡面流的尺度依赖性源于下渗的空间异质性，但是 Wainwright 和 Parsons 于 2002 年指出，除了下渗的空间异质性，降雨强度分布的差异也会导致尺度依赖。流域水文过程中存在的尺度依赖使得流域水文过程计算不能从小尺度推演到大尺度。

3.6.3.2 DEM 尺度变换

坡度尺度变换的典型方法包括坡度图谱变换、中低分辨率下提取坡度的分形变换和基于直方图匹配的坡度尺度变换。各种方法虽然结果有异，但是通过坡度变换基本可以实现基于低分辨率 DEM 提取的坡度具有准确的地形起伏表现能力。汤国安研究认为，通过对坡度图谱的研究可以完成两种比例尺之间各种坡度分级类型的统计学转换；张勇从微观角度对不同分辨率下 DEM 地形描述误差进行了数学转换模型研究，建立了适合黄土高原丘陵沟壑区的误差模型，实现了运用低分辨率 DEM 数据模拟高分辨率 DEM 描述地形的误差计算。杨勤科利用直方图匹配原理以 1∶10 万地形图建立的 25 m 分辨率 DEM 上提取的坡度为准值，实现了对 100 m 分辨率 DEM 上坡度的变换，使之与高分辨率坡度表现的地形起伏能力一致。郭伟玲利用直方图匹配原理实现了坡度与坡长的尺度变换，即对照两种分辨的坡度和坡长累积频率曲线，读取对应的坡度和坡长值，然后在高分辨率坡度和坡长的累积频率曲线上找到相同累积频率对应的坡度和坡长值，将其作为坡度和坡长的改正值。通过对低分辨率坡度和坡度改正值、坡长和坡长改正值进行回归分析，建立回归函数，即坡度和坡长的变换模型。郭兰勤基于分形实现了坡度的降尺度变换，可由低分辨率 DEM 提取的坡度通过分形变换获得高分辨率 DEM 对应的坡度。

虽然流域水文模拟的 DEM 尺度效应及坡度的尺度变换等已经有了很多的研究成果，但是流域水文模拟的 DEM 尺度效应发生机制及坡度尺度效应对流域水文模拟的影响仍需深入研究。如何利用已有的研究成果对其进行深入研究是一个亟待解决的问题，建立流域水文过程细粒度建模框架可以为流域水文 DEM 尺度效应发生机制及坡度尺度效应对流域水文模拟研究的影响提供技术支撑。

3.7 小　结

本章从流域水文模型的国内外研究进展、流域水文过程建模框架、GIS 与流域水文模拟的集成、流域水文模拟中的尺度效应与尺度变换及插件式集成 5 个方面阐述了相关研究进展。其中，流域水文过程建模框架是核心内容。

本章详细分析了现有流域水文模型的特点，特别是现有建模框架的优点和缺点。现有流域水文模型（如 SWAT、WEPP、SHE 和 ANSWERS 等）大都属于多箱体模型，即整体模型，修改和维护十分困难，而建模框架可对模型便捷修改和维护。本章阐述了现有建模框架的特点，指出现有建模框架在组件粒度上较大，大粒度的组件对于构建新模型的效率高，但灵活性差，一些特殊需求可能无法满足。为了提高构建模型的灵活性，构建流域水文过程的细粒度建模框架是行之有效的方法。

流域水文过程模拟离不开 GIS 的支持，因此本章分析了二者集成的现有研究成果。流域水文模拟以水文模拟为基础，因此，GIS 与水文模拟的集成研究成果可以直接适用于 GIS 与流域水文模拟的集成研究。本章深入分析了流域水文模拟和 GIS 集成的重要依托内容——“共享数据模型”。目前著名的共享数据模型主要是 Madiment 的 Arc Hydro 水利数据模型，总结了其特点，以其为基础可以构建流域水文过程模拟的共享数据模型。此外，本章还综述了 GIS 与流域水文模拟集成的相关研究成果。

流域水文模拟的 DEM 尺度效应问题目前已经取得系列研究成果，如何将这些成果集成到流域水文过程模拟中是亟待解决的问题。本章综述了流域水文模拟的 DEM 尺度效应，肯定了已有的研究成果，分析了其特点，指出集成 DEM 尺度效应的流域水文过程建模是必要的且亟须解决的重要问题。为了实现流域水文模拟与 GIS 的无缝集成，本章总结了现有集成方法，指出插件式集成是一种有效的方法。

本章通过 5 个方面文献的分析研究，认为建立流域水文过程的细粒度建模框架是一项有理论意义和实践意义的研究。流域水文过程的细粒度建模框架应解决好以下几个方面的问题：①设计开发框架的细粒度组件和研究框架的动态扩展性以提高框架的灵活性；②实现 GIS 与流域水文过程模拟在数据结构层次上的紧密集成；③提出一种考虑模型 DEM 尺度效应的流域水文过程的模拟方法。

参考文献

[1]ABRAHART R, KNEALE P E, SEE L M. Neural networks for hydrological modeling[M]. Oxford: Taylor & Francis, 2012.

[2]ARGENT R M, GRAYSON R B, PODGER G M, et al. E2-A flexible framework for catchment modelling[C]//MODSIM 05 International Congress on Modelling and Simulation, Melbourne, 2005, 10(3): 594-600.

[3]BAND L E, TAGUE C L, BRUN S E, et al. Modelling watersheds as spatial object hierarchies: structure and dynamics[J]. Transactions in GIS, 2000, 4(3): 181-196.

[4] BASTIAANSSEN W G M, MOLDEN D J, THIRUVENGADACHARI S, et al. Remote sensing and hydrologic models for performance assessment in Sirsa irrigation circle, India[R]. International Water Management Institute (IWMI), 1999.

[5]BOLGOV M, GOTTSCHALK L, KRASOVSKAIA I, et al. Hydrological models for environmental management[M]. Berlin: Springer, 2002.

[6]BRANGER F, BRAUD I, DEBIONNE S, et al. Towards multi-scale integrated hydrological models using the LIQUID®framework. overview of the concepts and first application examples [J]. Environmental modelling & software, 2010, 25(12): 1672–1681.

[7]COOK F J, JORDAN P W, WATERS D K, et al. WaterCAST-whole of catchment hydrology model an overview[C]//18th World IMACS Congress and MODSIM09 International Congress on Modelling and Simulation, Cairns, 2009: 3492–3499.

[8]DAVID O, II J C A, LLOYD W, et al. A software engineering perspective on environmental modeling framework design: the object modeling system[J]. Environmental modelling & software, 2013, 39(1): 201–213.

[9]FORMETTA G, ANTONELLO A, FRANCESCHI S, et al. Hydrological modelling with components: a GIS-based open-source framework [J]. Environmental modelling & software, 2014, 55: 190–200.

[10]FRITZSON P. Principles of object-oriented modeling and simulation with modelica 2.1[M]. Piscataway: Wiley-IEEE Computer Society Press, 2003.

[11]GEOFF K. Developing a hydrological model for the Mekong basin: impacts of basin development on fisheries productivity[R]. International Water Management Institute (IWMI) working papers H027027, 2000.

[12]GREGERSEN J B, GIJSBERS P J A, WESTEN S J P. Developing natural resource models using the object modeling system: feasibility and challenges[J]. Advances in geosciences, 2005, 4(4): 29–36.

[13]JEMBERIE A A. Information theory and artificial intelligence to manage uncertainty in hydrodynamic and hydrological models[M]. Oxford: Taylor & Francis, 2004.

[14]KANG K M, RIM C S, YOON S E, et al. Object-oriented prototype framework for tightly coupled GIS-based hydrologic modeling[J]. Journal of Korea Water Resources Association, 2012, 45(6): 597–606.

[15]KNEIS D. A lightweight framework for rapid development of object-based hydrological model engines[J]. Environmental modelling & software, 2015, 68: 110–121.

[16]KRALISCH S, KRAUSE P. JAMS-a framework for natural resource model development and application[C]//IEMSS Third Biannual Meeting, Burlington, 2006.

[17]LEE G, KIM S, JUNG K, et al. Development of a large basin rainfall-runoff modeling system using the object-oriented hydrologic modeling system (OHyMoS)[J]. KSCE journal of civil engineering, 2011, 15(3): 595-606.

[18]LING B. Object-oriented representation of environmental phenomena: is everything best represented as an object? [J]. Annals of the Association of American Geographers, 2007, 97(2): 267-281.

[19]MAKTAV D, ALGANCI U, COSKUN H G, et al. Hydrological modeling of ungauged basins using remote sensing and GIS: a case study of Solaklı watershed in Turkey[M]. Holland: IOS Press, 2009.

[20]PERRAUD J M, SEATON S P, RAHMAN J M, et al. The architecture of the E2 catchment modelling framework[C]//Modsim 05 International Congress on Modelling and Simulation, Melbourne, 2005: 690-696.

[21]SOROOSHIAN S, HSU K L, COPPOLA E, et al. Hydrological modelling and the water cycle: coupling the atmospheric and hydrological models[M]. Berlin: Springer, 2008.

[22]TAGUE C L, BAND L E. RHESSys: regional hydro-ecologic simulation system - an object-oriented approach to spatially distributed modeling of carbon, water, and nutrient cycling[J]. Earth interactions, 2004, 8(19): 145-147.

[23]TUCKER G E, LANCASTER S T, GASPARINI N M, et al. An object-oriented framework for distributed hydrologic and geomorphic modeling using triangulated irregular networks[J]. Computers & geosciences, 2001, 27(8): 959-973.

[24] VARGA M, BALOGH S, CSUKAS B. An extensible, generic environmental process modelling framework with an example for a watershed of a shallow lake[J]. Environmental modelling & software, 2016, 75: 243-262.

[25]WAGENER T, BOYLE D P, LEES M J, et al. Using the object modeling system for hydrological model development and application [J]. Advances in geosciences, 2005, 4(3): 75-81.

[26]WANG J, HASSETT J M, ENDRENY T A. An object oriented approach to the description and simulation of watershed scale hydrologic processes[J]. Computers & geosciences, 2005, 31(4): 425-435.

[27]WASHIZAKI H, YAMAMOTO H, FUKAZAWA Y. A metrics suite for measuring reusability of software components[C]//Proceedings of the 9th International Software Metrics Symposium (METRICS' 03) IEEE, Washington, 2003: 211-223.

[28]陈昊，南卓铜．水文模型选择及其研究进展[J]．冰川冻土，2010，32(2)：397-404.

[29]陈暘，雷晓辉，蒋云钟，等．分布式水文模型 EasyDHM 在海河阜平流域的应用[J].

南水北调与水利科技，2010，8(4)：111-114，132.

[30]董磊华，熊立华，万民．基于贝叶斯模型加权平均方法的水文模型不确定性分析[J]．水利学报，2011，42(9)：1065-1074.

[31]郭俊，周建中，周超，等．概念性流域水文模型参数多目标优化率定[J]．水科学进展，2012，23(4)：447-456.

[32]郭生练，郭家力，郭海晋，等．鄱阳湖区流域水文模型比较研究[J]．水资源研究，2014，3(6)：486-493.

[33]韩京成，黄国和，李国强，等．基于贝叶斯理论的SLURP水文模型参数不确定性评估及日径流模拟分析[J]．水电能源科学，2013(12)：19-23.

[34]胡彩虹，王金星．流域产汇流模型及水文模型[M]．郑州：黄河水利出版社，2010.

[35]霍文博，李致家，李巧玲．半湿润流域水文模型比较与集合预报[J]．湖泊科学，2017(6)：1491-1501.

[36]江净超，朱阿兴，秦承志，等．分布式水文模型软件系统研究综述[J]．地理科学进展，2014，33(8)：1090-1100.

[37]雷晓辉，蒋云钟，王浩，等．分布式水文模型EasyDHM(Ⅱ)：应用实例[J]．水利学报，2010，41(8)：893-899，907.

[38]雷晓辉，蒋云钟，王浩．分布式水文模型EasyDHM[M]．北京：中国水利水电出版社，2010.

[39]雷晓辉，廖卫红，蒋云钟，等．分布式水文模型EasyDHM(Ⅰ)：理论方法[J]．水利学报，2010(7)：786-794.

[40]李红霞，张新华，张永强，等．缺资料流域水文模型参数区域化研究进展[J]．水文，2011，31(3)：13-17.

[41]李兰．有物理基础的LILAN分布式水文模型[M]．北京：科学出版社，2013.

[42]刘军志，朱阿兴，秦承志，等．分布式水文模型的并行计算研究进展[J]．地理科学进展，2013，32(4)：538-547.

[43]刘军志．分布式水文模型的子流域——基本单元双层并行计算方法[D]．北京：中国科学院大学，2013.

[44]陆垂裕，秦大庸，张俊娥，等．面向对象模块化的分布式水文模型MODCYCLEⅠ：模型原理与开发篇[J]．水利学报，2012，43(10)：1135-1145.

[45]陆垂裕，王浩，王建华，等．面向对象模块化的水文模拟模型——MODCYCLE设计与应用[M]．北京：科学出版社，2016.

[46]罗鹏，宋星原．基于栅格式SCS模型的分布式水文模型研究[J]．武汉大学学报(工学版)，2011，44(2)：156-160.

[47]芮孝芳．论流域水文模型[J]．水利水电科技进展，2017，37(4)：1-7，58.

[48]宋晓猛，占车生，夏军，等．流域水文模型参数不确定性量化理论方法与应用[M]．北京：中国水利水电出版社，2014.

[49]田雨，雷晓辉，蒋云钟，等．水文模型参数敏感性分析方法研究评述[J]．水文，2010，30(4)：9-12，62.

[50]王健，吴发启．流域水文学[M]．北京：科学出版社，2014.

[51]王婕，刘翠善，刘艳丽，等．基于静态和动态权重的流域水文模型集合预报方法对比[J]．华北水利水电大学学报(自然科学版)，2019，40(6)：32-38.

[52]谢平．流域水文模型：气候变化和土地利用/覆被变化的水文水资源效应[M]．北京：科学出版社，2010.

[53]徐宗学，程磊．分布式水文模型研究与应用进展[J]．水利学报，2010，41(9)：1009-1017.

[54]徐宗学．水文模型：回顾与展望[J]．北京师范大学学报(自然科学版)，2010，46(3)：278-289.

[55]郑大鹏．基于MapWinGIS的分布式水文模型构建与应用[D]．南京：南京大学，2012.

[56]周婷婷．流域水文模型研究的若干进展[J]．中国科技期刊数据库 工业C，2016(1)：187.

第4章

流域水文过程建模

水文建模框架的最终目标之一就是流域水文过程建模，反过来，建立水文建模框架首先需要对流域水文过程建模有深入的理解，然后对流域水文建模过程进行分解。流域水文过程建模是指建立流域水文过程的动力学模型。为建立流域水文过程模型，首先必须对流域内产流产沙、泥沙输移与沉积过程的现象和规律有十分清晰的认识和理解。因此，本章首先阐述流域水文过程；其次阐述流域水文过程的影响因子，并对流域水文过程进行概化，再次阐述流域水文过程的数学建模及流域水文过程模拟所需的数据参数；最后讨论流域水文过程模拟的不确定性问题。

4.1　流域水文过程概述

流域水文过程包括降雨产流、汇流，以及流域产沙、泥沙输移和泥沙沉积全过程。换言之，流域水文过程包括流域水文过程和流域泥沙过程。流域水文过程是水文模型的重要研究内容，而流域泥沙过程是河流泥沙动力学和土壤侵蚀与水土保持学的研究内容。河流泥沙动力学关注河流泥沙运动，而土壤侵蚀与水土保持学重点关注流域面上降雨径流和侵蚀产沙过程。流域水文过程可划分为降水过程、植被截留过程、下渗过程、填洼过程、地表产流过程、地表汇流过程（分为坡面汇流与沟道汇流）及地下水运动过程等。流域泥沙过程可划分为降雨雨滴溅蚀过程、坡面片流侵蚀过程、坡面细沟侵蚀过程、坡面冲沟侵蚀过程、坡面泥沙输移过程、坡面沉积过程、沟道侵蚀过程、沟道沉积过程及河道泥沙输移过程。

4.2 主要的流域水文过程

主要的水文过程包括降雨、截流、下渗、填洼、坡面径流、沟道径流及壤中流等。对于小流域次降雨过程，降雨的时间差异明显，而空间差异不明显。降雨过程数据的获取包括雷达测雨和自动雨量计测量。本研究使用自动雨量计采集降雨过程数据，每 5 分钟记录一次降雨量和降雨强度。因此，描述降雨过程的数据参数主要包括各个时间段的降雨强度、次降雨历时、雨量计的个数及是否为空间降雨标识。当降雨落到地面即开始下渗，下渗过程主要与土壤的特性有关，包括土壤饱和水力传导度、土壤压力水头、土壤孔隙度、土壤前期含水量及土壤湿润峰深度等参数。当降雨量满足了地表截流、填洼和下渗后开始产生坡面漫流，之后形成坡面细沟流。对于降雨时间较长的情况，可能产生径流之后仍然会有下渗发生，在此不予考虑。坡面漫流和细沟流在坡面上的流动与江河中的水流有明显的区别，江河中的水流水深较大，而坡面流水深很小，坡面阻力对坡面流的影响很大。就坡面流的流态来讲，一直就有层流和紊流之争，张宽地指出坡面流是一种滚波，既非层流也非紊流。研究认为层流与紊流是河流动力学中的概念，直接引入到坡面流中有很大的局限。因此，也不宜使用河流动力学中判断层流与紊流的方法来判断坡面流的流态。尽管如此，就目前研究来看，较为实际的做法仍然是使用河流动力学中的模拟方法来展示坡面流的运动。坡面流涉及的参数主要包括流速、水深、流量、曼宁系数、河底比降和摩阻比降等。坡面流汇流至沟道发生沟道径流，沟道径流采用河流动力学模拟方法，涉及的主要参数包括沟道宽度、沟道水深、边坡坡度、曼宁系数、沟道曲率及河底比降、摩阻比降等。

4.3 主要的流域泥沙过程

流域泥沙过程包括雨滴溅蚀过程、坡面径流对土壤颗粒的分散过程及侵蚀土壤颗粒的运移过程和泥沙沉积过程。雨滴溅蚀过程主要取决于雨滴直径、雨滴下落速度及土壤黏性程度。对于坡面流分散土壤的过程，一般认为当水流剪切力大于土壤的临界抗剪切力时，土壤才会发生分散。坡面流对土壤的分散作用过程，不同的学者具有不同的观点，Nearing 等认为坡面流分离土壤的两个必要条件分别是径流含沙量小于径流输沙力（或称水流挟沙力）和坡面流水流剪切力大于土壤临界抗剪切力。王秀英和曹文洪认为土壤坡面侵蚀的限制条件是坡面流的输沙能力而不是土壤坡面的供沙条件。坡面水流对土壤的分散作用时刻都在，即便径流含沙量达到了水流的临界挟沙力，水流仍然具有分散土壤颗粒的作用，只不过此时侵蚀和沉积过程并存，坡面某位置发生侵蚀的同时，又有水流悬浮物质在此沉积。土壤颗粒分离之后是否会发生泥沙运移过程取决于径流的运移能力也可以说是径流输沙力。径流输沙力指的是在一定的水力条件下，径流所能运移的侵蚀物质的数量。

4.4 流域水文过程的数学建模

流域水文过程的数学建模是指对流域水文过程的各个子过程进行数学建模，并通过将子过程对应的子模型连接组合，形成一个整体的流域水文过程模拟模型。关于流域水文过程建模的文献非常多，相关详细内容请参阅相关文献。

4.4.1 流域产流与汇流过程的数学描述

一般来讲，流域水文过程模拟中涉及的主要水文过程包括沟道流和坡面流。沟道水流的模拟方法适合借鉴河流动力学研究成果，且河流动力学研究相对来讲比较成熟，建立了一套被国际上公认的方法理论体系。尽管坡面流的研究逐渐从经验分析发展到动力学机制研究，对坡面流的水力学特性、坡面流阻力规律及坡面流态等研究有了较大进展，但是，对坡面流的机制和规律仍然认识不够。

1963 年 Handerson 根据前人的研究成果，提出了根据圣维南方程组中各项力的对比关系来进行洪水波分类的方法。他将洪水波分为运动波、扩散波、惯性波和动力波。运动波是惯性力项和附加比降都远远小于河底比降的洪水波，其动力方程为：i_0-i_f。运动波多发生在河底比降比较陡峭的山区河流中。惯性力项远比河底比降小但附加比降和河底比降量级相当的洪水波称为扩散

波，多发生在河底比降比较平缓的河流中下游。其动力方程为

$$\frac{\partial y}{\partial x}=i_0-i_f。 \tag{4-1}$$

式中，i_0 为河底比降，i_f 为摩阻比降，y 为水深，x 为距离。惯性波极少出现，动力波不易求解，因此，应用最广泛的是运动波和扩散波。但从方程式来看，运动波只是扩散波的一种特例。

产流是降雨经过植物截流、下渗、填洼、蒸发和地表存储后剩余的雨水在地表形成径流的过程。经典的产流理论包括霍顿（Horton）产流理论、Dunne 产流理论和山坡产流理论。1935 年霍顿提出降雨产流的两个基本条件是降雨强度超过下渗能力和包气带的土壤含水量大于田间持水量。霍顿产流理论主要是超渗产流。20 世纪 70 年代，Dunne 发表了新的产流理论，发现了壤中径流及其产生的物理条件，同时发现了产流的另一种机制——饱和地面径流产流机制，又称为蓄满产流。超渗产流多发生在干旱半干旱地区，蓄满产流多发生在雨量丰沛的湿润地区。地面产流量 R_s 可以用水量平衡方程来表示

$$R_s=P-I_n-E-S_d-F。 \tag{4-2}$$

式中，P 为降雨量，I_n 为植物截流量，E 为雨间蒸发量，S_d 为填洼量，F 为累计下渗量。

汇流过程包括坡面汇流和河网汇流。下面分别阐述坡面汇流理论和河网汇流理论。

（1）坡面汇流理论

坡面流是降雨除去植物截流、填洼和下渗后沿坡面流动的一种水流，常表现为片流或细沟流。坡面流与河道水流有明显区别，首先，坡面流运动过程中不断有降雨注入，并不断蒸发和下渗；其次，坡面流水深很小，因此地表粗糙度对坡面流的影响更大；再次，坡面坡度比河道大得多。在坡面流的形成过程中，并不是同步的，即有的地方先产流，有的地方后产流。通常情况下，坡面流也看作一种洪水波，属于缓变不稳定流，是一种波长远远大于水深的长波。1871 年圣维南（Vennat）导出了描述这种缓变不稳定流的数学方程，由连续方程和动力方程组成。对坡面流的数学表述，较实际的选择仍然是一维圣维南方程。通常采用带源项的圣维南方程形式：

$$\frac{\partial h}{\partial t}+\frac{\partial uh}{\partial x}=q, \tag{4-3}$$

$$\frac{\partial u}{\partial t}+u\frac{\partial u}{\partial x}+g\frac{\partial h}{\partial x}=g(s_0-s_f)-\frac{q}{h}(u-v)。\tag{4-4}$$

式中，u 为坡面流速，h 为水深，x 为水平方向空间坐标，t 为时间，s_0为坡面坡度，s_f为水流能坡，q 为侧向入流的质量源强度，v 为侧向入流的速度在 x 轴上的分量。由于 v 通常取为零，因此方程为

$$\frac{\partial h}{\partial t}+\frac{\partial uh}{\partial x}=q,\tag{4-5}$$

$$\frac{\partial u}{\partial t}+u\frac{\partial u}{\partial x}+g\frac{\partial h}{\partial x}=g(s_0-s_f)-\frac{q}{h}u。\tag{4-6}$$

式中，q 为降雨和入渗的差值：$q=p-i$，p 为降雨强度，i 为土壤入渗率。上式为坡度较小时的坡面流方程，在坡度较大时，降雨不再垂直于坡面，水深必须定义为垂直于坡面。因此陡坡情况下的非守恒坡面流方程为

$$\frac{\partial h}{\partial t}+\frac{\partial uh}{\partial x}=p\cos\theta-i,\tag{4-7}$$

$$\cos\theta\frac{\partial h}{\partial x}=g(s_0-s_f)-\frac{p\cos\theta(u-u_R\sin\theta)-i}{h}。\tag{4-8}$$

式中，θ 为坡面坡度，u_R为雨滴速度。在实际的坡面流物理过程模拟中，常采用运动波或扩散波，二者的详细介绍见河道洪水波模拟。

（2）河网汇流理论

河网汇流使用的是洪水波圣维南方程组。通常认为河道洪水波是一维非恒定渐变浅水波，基于此，圣维南推导出了水流运动的基本微分方程：

$$\frac{\partial A}{\partial t}+\frac{\partial Q}{\partial x}=q,\tag{4-9}$$

$$\frac{1}{g}\frac{\partial v}{\partial t}+\frac{v}{g}\frac{\partial v}{\partial x}+\frac{\partial y}{\partial x}+\frac{q(v_q-v_{qx})}{gA}=i_0-i_f。\tag{4-10}$$

式中，A 为过水断面面积，Q 为流量，x 为沿水流方向的距离，t 为时间，y 为水深，i_0为河底比降，i_f为摩阻比降，v 为断面平均流速，g 为重力加速度。上式的具体意义是：$\frac{\partial y}{\partial x}$ 是压力项或称为附加比降，$\frac{v}{g}\frac{\partial v}{\partial x}$ 是空间惯性力项，$\frac{1}{g}\frac{\partial v}{\partial t}$ 是时间惯性力项，$\frac{q(v_q-v_{qx})}{gA}$ 是旁侧入流的惯性力项。无旁侧入流时的圣维南方程组为

$$\frac{\partial A}{\partial t}+\frac{\partial Q}{\partial x}=0, \tag{4-11}$$

$$\frac{1}{g}\frac{\partial v}{\partial t}+\frac{v}{g}\frac{\partial v}{\partial x}+\frac{\partial y}{\partial x}=i_0-i_f。 \tag{4-12}$$

忽略旁侧入流的惯性力项时的圣维南方程组为

$$\frac{\partial A}{\partial t}+\frac{\partial Q}{\partial x}=q, \tag{4-13}$$

$$\frac{1}{g}\frac{\partial v}{\partial t}+\frac{v}{g}\frac{\partial v}{\partial x}+\frac{\partial y}{\partial x}=i_0-i_f。 \tag{4-14}$$

式中，

$$Q=vA, \tag{4-15}$$

$$i_f=\frac{Q^2}{C^2A^2R}。 \tag{4-16}$$

式中，C 为谢才系数，R 为水力半径。

本书产汇流主要数学模拟方法如下。

① 坡面产流。产流使用霍顿产流理论，描述为“超渗”产流过程。

② 降雨下渗。采用 Green-Ampt 下渗方程模拟下渗过程。

③ 流域汇流演算栅格遍历。汇流采用分级汇流法，汇流演算从距离流域出口的最远点开始，这样处理便于考虑上游来水问题。流域的最远点也就是流域的分水岭栅格，称为第 n 级栅格。汇流演算从第 n 级栅格开始，然后根据流向图将第 n 级栅格的水演算至与其相邻的栅格（第 $n-1$ 级栅格）。依此类推，最终将流域所有栅格的水演算至出口。这样从流域最远栅格开始，由远及近的演算方法便是分级汇流。

④ 流域汇流演算数学方法。坡面流采用扩散波方程模拟，扩散波方程与水动力学中圣维南方程组近似，坡面流模拟可运用运动波方程，也与圣维南方程组近似。沟道汇流采用一维扩散波方程模拟。在此提供另一个备选的复杂坡面流模拟方程，即吴长文推导出的适合陡坡地的一维浅水波方程组：

$$v\frac{\partial vh}{\partial x}+\frac{\partial h}{\partial t}=q_e\cos\alpha, \tag{4-17}$$

$$\frac{\partial v}{\partial t}+v\frac{\partial v}{\partial x}+g\frac{\partial h}{\partial x}=g(S_0-S_f)-\frac{v}{h}q_e\cos\alpha-IVS_0\cos\alpha/h, \tag{4-18}$$

$$q_e=I(t)-C(t)-f(x,t)。 \tag{4-19}$$

式中，V 为平均流速，S_0、S_f 分别为坡度比降和摩阻比降，v、h 分别为在坡长 x 处的流速和水深，I、f 分别为降雨强度和土壤入渗率，q_e 为净雨率，$I(t)$ 为降雨雨强（假定在坡面范围内无空间变异），$f(x,t)$ 为坡面入渗率强度，$C(t)$ 为林冠及林下植物和枯落物的截留强度。

水文过程是一个时间连续过程，在水文物理过程模拟中，必须设定一定的时间步长来模拟各个时间点的水文要素，如水流速率、流量和水深等，这就是时间离散。分布式水文过程模拟必须模拟空间中各个位置的水文要素变化，因此，必须对研究流域进行空间离散。根据对水文过程的时间离散和空间离散，结合水文过程模拟方法，水文过程模拟涉及的主要参数如表 4-1 所示。

表 4-1　水文过程主要参数

水文过程	水文参数	参数含义	获取方式	变化特征
降雨	qrain	降雨量	自动雨量计	静态
降雨	crain	降雨强度	派生计算	静态
降雨	irain	分布降雨标识	设定	静态
降雨	Precid	降雨历时	自动雨量计	静态
降雨	raindts	降雨时间步长	自动雨量计	静态
降雨	raingag	雨量计个数	布设	静态
下渗	Iinf	土壤类型	解译	静态
下渗	Hydcon	土壤饱和水力传导度	野外实验	静态
下渗	Cs	压力水头	率定	静态
下渗	Smd	土壤缺水量	野外测定	静态
坡面流	E	高程	航测	静态
坡面流	So	河底比降	DEM 提取	静态
坡面流	Sf	摩阻比降	河底比降与象元水深间运算	动态
坡面流	rman	曼宁系数	经验值	静态
坡面流	Iman	土地利用类型索引	影像解译	静态
坡面流	h	坡面水深	降雨与下渗量的差	动态
坡面流	Dqq	单宽流量	曼宁公式	动态
坡面流	dqov	坡面流速	流量与模拟步长的比值	动态
坡面流	dt	模拟步长	设定	静态

4.4.2 流域产沙与泥沙输移过程的数学描述

在阐述流域侵蚀产沙输沙数学描述之前，有必要对流域水文过程涉及的几个重要指标进行简单阐述，包括土壤抗剪切能力、水流挟沙力、水流剪切力及水流功率等。

(1) 土壤抗剪切能力

流域产沙与输沙包括内因和外因，水流是引起流域产沙与输沙的外因，而土壤的特性则是内因，其中，土壤可蚀性和土壤临界抗剪切力是重要特性。土壤可蚀性取决于土壤黏性程度，受制于雨滴击溅力和水流剪切力。土壤临界抗剪切力是表征土壤力学特性的重要指标，是直接反映土壤抵抗外力对土壤破坏能力的综合指标。WEPP 模型中就使用了土壤临界抗剪切力。目前细沟可蚀性参数 K 仍然沿用 USLE 中的 K 值计算方法。在具有一定泥沙组成的坡面上，水流的流速由小到大逐渐增加，直至使坡面上的泥沙由静止转入运动，这种现象称为泥沙启动。泥沙颗粒由静止状态变为运动状态的临界水流条件成为泥沙启动的条件。常用的表达式有两种，当用平均流速来表示时，称为启动流速；当用水流剪切力表示时，称为启动剪切力或土壤临界抗剪切力（雷阿林 等，1997）。临界剪切力可以用以下公式计算：

$$\tau_c = f(\gamma_s - \gamma)d。\tag{4-20}$$

式中，f 为摩擦系数，取 0.5；d 为泥沙粒径，取中值粒径 $d=0.05$ mm；γ_s 为含沙水流的容重，取 26 kN/m^3；γ 为水的容重，取 10 kN/m^3。经计算，τ_c 为 0.4 Pa。

(2) 水流挟沙力

水流挟沙力可以进一步分为沟道输沙能力和坡面输沙能力：①沟道输沙能力。沟道输沙能力基本可以借用河流动力学的输沙力公式。在黄土高原和砒砂岩地区，极易形成高含沙水流。在高含沙水流情况下，多数挟沙力公式不再适用。曹如轩根据悬浮功与势能的关系，建立了高含沙水流公式，从公式可以看出高含沙水流的挟沙能力比一般挟沙水流大得多。②坡面输沙能力。水流挟沙力是水流可携带的最大含沙量。如果实际水流含沙量小于水流挟沙力，水流就继续侵蚀，如果大于水流挟沙力，水流所含泥沙就开始沉积。国内外学者建立了多个坡面输沙力公式，而且坡面输沙能力基本都是基于河流动力学建立的。但基于河流动力学建立的水流输沙力公式能否适用于坡面流目前仍然存在争议。几乎所有坡面输沙力公式都包含水力参数、输移的泥沙颗粒组成、流速和坡面坡度等参数。Alonso 等使用 Yalin 提出的输沙力公式来计算坡面流输沙能力时得到了较好的效果，但 Julien 和 Simons 对多个河流输沙力公式进行研究后发现，基本都不适合计算坡面流输沙力，并提出了包含坡面坡度、坡面流量、水流剪切力和降雨强度的幂函数关系式作为输沙力公式。Guy 分析了 Yang、P. Duboys、Bagnold、Laursen、Yalin 和 Schoklitsch 6 种输沙力公式，认为都不适用于坡面流，特别是在降雨情况下。欧洲的 EUROSEM 模型使用 Govers 提出的用细沟平均流速和坡面坡度计算坡面流输沙力，公式可表示为

$$T_c = c\left(\omega - \omega_{cr}\right)^{\eta}。 \tag{4-21}$$

式中，ω 为单位水流功率，ω_{cr} 为临界单位水流功率，c 和 η 为系数。Lei 等认为输沙力与细沟坡度和流量存在线性关系。国内对水流挟沙力的研究主要集中在明渠含沙水的研究中，对坡面水流挟沙力的研究多数借助于明渠水流挟沙力公式。尽管不同学者得出的水流挟沙力公式不同，但是都认为坡度和流量是两个重要的参数，至于水流剪切力和水流功率哪个更为合适目前未有定论。

（3）水流剪切力

坡面土壤的冲刷是依靠坡面薄层水流所产生的平行于坡面的水流拖拽力来实现的，而决定拖拽力大小的主导因子是坡面水流的流速。Foster 等（1984b）提出水流剪切力可以用以下公式计算：

$$\tau = \gamma R S_f。 \tag{4-22}$$

式中，γ 为水流容重（kg/m^3），S_f为能坡，R 为水力半径（m）。

（4）水流功率

Bagnold（1996）提出水流功率的概念，即作用于单位面积的水流所消耗的功率，公式如下：

$$\omega = \gamma q S = \gamma H V S = \tau V。 \tag{4-23}$$

式中，ω 为水流功率（N/ms），H 为水深，V 为平均流速，S 为坡度。水流功率表征了一定高度的水体顺坡流动时具有的势能。

流域泥沙过程包括雨滴溅蚀过程、坡面径流对土壤颗粒的分散过程（坡面径流侵蚀过程）及侵蚀土壤颗粒的运移过程（汇沙过程）和泥沙沉积过程。雨滴击溅过程、坡面侵蚀过程属于流域产沙过程，雨滴击溅过程是指雨滴携

带的动能直接作用于土壤表面，对土壤的颗粒结构产生破坏，是坡面侵蚀的最初阶段。有不少学者通过研究获得了各自的雨滴溅蚀公式。坡面径流侵蚀包括坡面片蚀或面蚀和细沟侵蚀，前者发生在侵蚀未发育的坡面和细沟沟间，片蚀逐渐发展为细沟侵蚀。王光谦分析认为在坡面侵蚀和输沙过程建模时，首先必须明确侵蚀与输沙的关系（不管是坡面薄层水流侵蚀还是细沟侵蚀）。根据泥沙动力学的基本假设，泥沙启动是由作用在泥沙颗粒上的水流切应力引起的，水流紊动会增加泥沙的启动，水流挟带泥沙会对水流紊动产生削弱作用，即输沙制紊，因此认为单纯的坡面水流切应力对泥沙启动作用不如水流紊动的作用大，输沙制紊会减少泥沙启动量。以上理论假设成为国外一些产汇沙模拟模型的理论基础（认为径流分离土壤速率与输沙率呈反比）。因此，有以下土壤侵蚀速率公式：

$$\frac{D_f}{D_c}+\frac{Q_s}{T_c}=1。\tag{4-24}$$

式中，D_f为水流引起的土壤实际侵蚀速率，D_c是水流的侵蚀能力，Q_s是水流输沙率，T_c是水流输沙能力。

在 EUROSEM 模型中，侵蚀或淤积速率直接由水流输沙能力和输沙率的差值计算，对薄层水流侵蚀和细沟侵蚀均采用以下公式计算：

$$D_f=\beta\omega v_s(T_c-G)。\tag{4-25}$$

式中，ω 是水流宽度（m），v_s 为泥沙沉积速率（m/s），β 为水流侵蚀效率系数。WEPP 模型具有与 EUROSEM 模型相同的原理，只是表现形式略有不同。

目前，流域水文物理过程仍没有统一的数学描述方法，原因在于不同的学者对流域水文物理过程机制的认识不同。Meyer 和 Wischmeier 研发了坡面降雨侵蚀产沙模型，该模型认为流域水文过程包括雨滴溅蚀造成的土壤颗粒的分散和径流造成的流域水文颗粒的迁移。该模型中，雨滴溅蚀分散土壤颗粒量是土壤可蚀性指标 K、降雨产生的永久截流和径流的百分比及降雨动能的函数；泥沙运移量是植被覆盖管理因子、地形坡度和地表径流量的函数，而降雨动能又是降雨强度函数。根据王秀英和曹文洪的研究，流域产沙与泥沙输移的主要限制是水流运移泥沙的能力，而非坡面供应泥沙的能力，因此，模拟的关键是对泥沙运移的模拟。本研究使用 Kilinc & Richardson 方程来模拟泥沙运移能力，涉及的主要量化参数如表 4-2 所示。

表 4-2　流域水文过程主要量化参数

侵蚀过程	模型参数	参数含义	变化特征
雨滴溅蚀	E	雨滴动能	静态
雨滴溅蚀	F	土壤雨点溅蚀量	静态
雨滴溅蚀	Kr	土壤可蚀性指数	静态
雨滴溅蚀	Inf	降雨永久截留量与径流量的比率	静态
雨滴溅蚀	P	降雨强度	静态
坡面输沙	qs	单位泥沙流量	动态
坡面输沙	So	地形坡度	静态
坡面输沙	Q	单宽流量	动态
坡面输沙	V	平均流速	动态
坡面输沙	Sf	摩阻比降	动态
沟道输沙	dsi	土壤颗粒粒径	静态
沟道输沙	R	水力半径	动态
沟道输沙	sedcon	泥沙浓度	动态
沟道输沙	Sussed	悬浮物质量	动态
沟道输沙	Depsed	沉积物量	动态
沟道输沙	Sedflux	泥沙流速	动态
沟道输沙	Neteros	净侵蚀量	动态

集成框架提供允许其他模拟泥沙运移能力的方程来替换本研究中使用的 Kilinc & Richardson 方程。本书采用的主要产沙与泥沙输移数学描述方法如下：

① 坡面侵蚀过程。使用 Kilinc & Richardson 方程模拟泥沙输移，使用3×3子窗口的中心象元与其上方、下方、左边、右边 4 个象元间的高差与象元间距离的比来描述 X 方向和 Y 方向的河底比降，通过子窗口的滑动扫描实现地形参数的二维空间离散。同时提供备选方法，即坡面降雨侵蚀产沙采用 Meyer 和 Wischmeier 所描述的土壤流失模型的简化模型，该模型认为流域水文起因于雨滴打击土块造成土粒的分散及地表水流造成这些颗粒的迁移。在水相中估计降雨击溅分散的动能和地表径流量。地表径流计算公式为

$$E = p(11.9 + 8.7\log i), \tag{4-26}$$

$$Q = \frac{(p - 0.2s)^2}{p + 0.8s}。 \tag{4-27}$$

式中，E 为降雨的动能（J/m^2）；p 为降雨量（mm）；i 为侵蚀雨强标准值（mm/h）；Q 为地表径流量（mm）；s 为水土保持措施参数，依 Q-I 关系推导。泥沙项的计算公式为

$$F = K_r \left[E \times \exp(-ap) \right]^b \times 10^{-3}, \tag{4-28}$$

$$G = cQ^d(\sin S) \times 10^{-3}。 \tag{4-29}$$

式中，F 为击溅分散量（kg/m^2）；K_r为土壤可蚀性指数（G/J）；p 为降雨成为永久截留和径流的百分率；G 为径流搬运量（kg/m^2）；c 为作物覆盖管理因子；S 为坡度因子（角度）；a、b、d 为经验值，一般 $a=0.05$，$b=1.0$，$d=2.0$。其中，

$$K_r = \left\{0.2 + 0.3\exp\left[-0.0256SAN\left(1 - \frac{SIL}{100}\right)\right]\right\} \times \left(\frac{SIL}{CLA + SIL}\right)^{0.3} \times \left[1 - \frac{0.25C}{C + \exp(3.72 - 2.95C)}\right]。 \tag{4-30}$$

式中，SAN、SIL、CLA 和 C 为土壤中的沙粒、粉砂粒、黏粒和有机碳的质量分数。

② 沟道侵蚀输沙过程。沟道泥沙输移：推移质用 P. Duboys 公式，悬移质用 Einstein 公式。

4.4.3 流域水文过程模型的可变对象

通过以上对流域水文过程机制的分析及对其数学描述方法的总结和剖析发现，流域水文过程的各个子过程的数学描述不一致，多种数学描述并存。子过程数学描述差异的原因包括研究区的特殊性、特定的研究目标导致子过程的概化程度不一致和人们对子过程机制认知的局限。模型中同一子过程具有不同的数学描述，该过程称为模型的可变对象。更详细的内容参见第 5 章 5.2 节可变对象的分离与封装。

4.5 流域水文过程的主要影响因子与过程概化

流域水文过程是降水、植被覆盖、土壤特性、地形地貌、人类活动等所有相关因素共同作用，进而产生的流域产流、汇流、产沙与泥沙输移及泥沙沉积全过程。因此，包含的影响因子主要包括降水、植被覆盖、土壤特性、地形地貌及人类活动等。

4.5.1　降水因子与植被覆盖因子

降水因子包括降雨和融雪，降雨是主要的流域水文影响因子。不同流域水文过程所表现出的自然地带性在宏观尺度上是由气候决定的，而降水是流域水文过程众多影响因子中最具决定性的因子。降水影响植被生长，植被的根系具有固沙作用，可以增加土壤的抗侵蚀力，树冠可以减少降雨对土壤的溅蚀力，所以，地表的植被覆盖又影响流域水文过程。因此，土壤侵蚀和泥沙输移量大的地区既不会出现在雨量极少地区，也不会出现在雨量极大地区。前者受限于降水量极少而产生十分有限的雨滴击溅侵蚀和少量径流产生的径流侵蚀，后者由于雨量充沛导致植被覆盖极好，有效地控制了雨滴对地表的溅蚀和径流对土壤的冲刷作用。在干旱与半干旱地区，暴雨集中在汛期，降雨具有较强的侵蚀力，而地表植被覆盖又较低，进而产生了较大的泥沙输移和沉积，反过来也影响了地表径流过程。就同一地区而言，在土壤类型和植被覆盖一定的情况下，降雨的强度和降雨历时及降雨的空间分布对小流域水文过程具有重要作用。

4.5.2　土壤特性因子

土壤特性包括土壤水力传导系数、土壤孔隙率、土壤田间持水量、剩余土壤湿度、土壤颗粒组成、有机质含量等。不同类型的土壤对雨滴击溅侵蚀和坡面径流侵蚀具有不同的抗侵蚀力。土壤抗侵蚀力由土壤的颗粒组成、有机质含量、土壤的黏性及土壤中的根系等主要因子决定。

在小流域内，土壤特性对水文过程的影响同时受限于降水特征和土壤含水量等。土壤含沙量大，饱和水力传导度高，土壤下渗量大，对于含水量低的土壤，降雨强度如果较小，地表产流小，那么地表径流的冲刷力有限，但如果雨强较大的话，地表很快产流，则径流的侵蚀较大。因此，流域水文过程是各种因子共同作用的结果，而不是各个影响因子叠加的结果。

4.5.3　地形因子

降水、植被覆盖及土壤特性等影响因子是流域水文过程研究中了解地域规律的前提，而地形地貌、水系发育特征等是地域规律产生不确定性的前提。地形是流域水文过程的重要影响因子，是非地带性影响因子的代表，决定了降水对流域内侵蚀能量的大小。地形坡度越缓，水流速度越慢，水流对坡面的侵蚀力小。河网的复杂性产生复杂的流域水文过程，如河网密度、河道的宽度及沟道的切割深度都对水流水文过程具有重要影响。

4.5.4 人类活动因子

人类活动显著地改变了天然水循环的各个子过程，使得水循环的驱动力和结构呈现出“天然—人工”的二元特性。表现在两个方面：取用水改变水循环过程和改变下垫面特征影响流域水文特征。当今社会人类对水的需求量和使用量很大，包括农业灌溉、工业用水和生活用水，人类通过修建水库、修筑堤坝等来满足人类的用水需求，同时改变了水循环过程。因此，人类活动对流域地表形态、地表覆被和流域内水流的连续性等具有重要影响。

4.5.5 水文过程模型的概化

水文过程模型的概化包括数据的概化和子过程的概化。受计算机运算能力的限制，必须对模型的数据进行简化，如空间数据的象元分辨率和时间分辨率。现实中水文过程异常复杂，不可能使用计算机软件完全真实地再现水文过程。因此，流域水文过程建模必须对各个子过程进行简化，不同的建模需求对子过程的模拟简化程度不同。因此，流域水文过程建模时必须提取最主要的影响因素和最关键的子过程并做概化处理。例如，在对基本模拟单元的选择上，可选的方案包括以网格为最基本模拟单元、以子流域为基本模拟单元、以坡面和沟道为基本模拟单元，根据不同的建模需求选择不同的基本模拟单元进行模型简化。在水文物理过程的抽象描述上，对于基本模拟单元，可描述为产汇流过程和产沙及泥沙输移过程。以坡面模拟基本单元为例，产沙与汇沙过程也必须进行概化，根据建模需求决定是否对薄层水流侵蚀和细沟侵蚀进行分离建模，对于细沟侵蚀如何进行数学描述等都需要概化。因此，水文过程模型的概化源于两个方面：一是现实中的水文过程太过复杂必须简化；二是水文过程的机制不完全清楚，需要简化。

4.6 流域水文模拟的数据获取与数据精度

根据流域水文过程的影响因子，获取对应的数据。流域水文过程模拟所需的数据主要包括流域地形数据（通常为 DEM）、土壤特性数据、土地利用类型数据（包括植被覆盖、地形糙率等）、降水数据、气温数据等。降水数据可以通过水文气象站使用自动雨量计获得，也可以通过雷达测雨获得，气温数据可以通过气象站测量获得。地形数据可以通过地形测量（各种地形测量方法，如航空摄影测量、GPS 测量及航天飞机雷达地形测量等）获得，土壤类型数据通过野外采样、实测及室内实验测量等方式获得，土地利用类型数据可以通过遥感解译方法获得。

各种方法获得的数据都存在一定的数据精度，进而影响流域水文过程的模拟。降雨数据如通过雨量站测量获得，需要通过空间插值获得流域面内的降雨数据，空间插值方法产生一定的数据误差。地形数据是流域水文模拟的重要因子之一，地形数据的分辨率对流域水文模拟具有重要影响，且影响的机制尚不清楚。土壤特性数据和土地利用类型数据最后通过空间方式表达，其空间分辨率限制了其数据精度。所有这些获取的数据都在一定程度上对数据进行了概化，对流域水文模拟会产生一定影响。

4.7 流域水文过程的建模问题

国际上，流域水文过程建模已经取得了很多的研究成果，国内的研究也取得了较大成就。建立的所有水文过程模型都是针对特定的研究目的、适用于一定范围的研究区域。学者们一致认为，适合所有模拟目的和所有研究区域的万能模型是不存在的。创建新的流域水文过程模型或修改已有的模型都需要花费较大的代价，特别是没有采用模型化方法开发的现有流域水文模型。通过建立流域水文过程模型框架可以大大降低模型开发与现有模型修改导致的人力、物力和财力的花费。目前，国际上已经建立了很多流域水文过程模型相关的模拟框架。即便如此，不同的模拟框架的设计与开发目的也存在很大的差异，且框架适用开发的流域水文模型也不同。所有框架的设计目标几乎都包括便于创建新模型和研究模型的不确定性问题。有些框架更侧重于新模型的构建，对模型的不确定性研究的支持力度不够。

4.8 流域水文过程模拟的不确定性问题

流域水文过程模拟的不确定性直接影响模型的应用，因此，不确定性研究是一个重要课题。不确定性来源包括模型输入的不确定性、参数不确定性和结构不确定性。降雨是最基本的模型输入，降雨的时空变异性及降雨的特征都具有很强的不确定性。模型参数不确定性是指模型参数的空间异质性、获取难度、分辨率、仪器精度等原因导致的模型不确定性。流域水文过程模型包括的参数，如土壤特性因子就具有很大的不确定性，首先土壤特性时空变异性导致土壤特性数据采集困难，模拟中往往对土壤特性数据进行了很大的简化。即便对模型参数进行了详细测量，但往往实测的模型参数却不一定具有更好的模拟效果，更多时候仍需要对模型参数进行率定，因此，模型参数带来了很大的不确定性。模型结构不确定性是指模型概化的数据描述与真实水文过程的差异。当前，模型输入不确定性和模型参数不确定性研究已经相对成熟，目前模型结构不确定性成为研究的重点和难点，这是由于模型结构不确定性的辨识有困难，也缺乏改进模型结构的判别指标。基于特定模型的不确定性研究只能研究参数不确定性和输入不确定性，而不能研究模型的结构不确定性。流域水文模拟的一个事实是机制模型的模拟结果并不明显优于经验模型，说明流域水文机制模型（同时是一种过程模型）存在较大的结构不确定性。由于认知能力不足，流域水文过程的一些子过程被概化，采用了简化的数学描述方法带来了流域水文过程模型的结构不确定性。甚至，认知能力的不足导致重要的子过程被忽略，更会导致流域水文过程模型的结构不确定性。受认知能力的限制，基本不存在完美的模型——模拟的流域水文过程与真实的过程完全一致。从这个意义上讲，模型结构的不确定性是无法彻底解决的，但是可以解决其中一部分模型结构的不确定性，使得模型模拟的流域水文过程尽可能地接近真实的过程。

模型框架是模型结构不确定性研究的重要手段。由于认知能力的限制，子过程的数学方程都不能真正真实地模拟流域水文过程，都是一定程度上的简化。不同的学者对子过程的数学描述也是不同的。那么哪种数学描述更接近真实的水文过程，可以通过模型框架构建使用各种子过程描述数学方程的模型，进而对比分析哪个数学描述更接近真实的水文过程。因此，模型框架对于模型结构不确定研究具有重要的研究意义。

4.9 小 结

本章简单地描述了流域水文过程的各个子过程、流域水文过程模型的影响因子、框架在模型构建中的作用及框架对模型结构不确定性研究的影响等。通过本章内容，可以对流域水文现象和模拟有一个基本的认识。流域水文过程建模是一个十分复杂的过程，难度很大，通过使用流域水文建模框架可以大大减小流域水文过程模型的开发难度。此外，本章还阐述了流域水文模拟中存在的不确定性问题，并进一步指出流域水文过程的建模框架可以从模型复用角度支持流域水文模型的不确定性研究。为了建立流域水文过程的建模框架，首先必须对流域水文过程模型进行分解。

参考文献

[1]BAGNOLDR A. The shearing and dilatation of dry sand and the \ “singing \ ” mechanism [J]. Proceedings of the Royal Society of London, 1966, 295(1442): 219-232.

[2]FOSTER G R, MEYER L D. A closed-form soil erosion equation for upland areas[M]//SHEN H W, ed. Sedimentation. Fort Collins: Colorado State University, 1972, 12: 1-12.

[3]FOUCAUT J M, STANISLAS M. Take-off threshold velocity of solid particles lying under a turbulent boundary layer[J]. Experiments in fluids, 1996, 20: 377-382.

[4]LEAVESLEY G H, RESTREPO P J. The modular modeling system (MMS), user's manual [R]. U.S. geological survey, open-file report, 1996: 96-151.

[5]LEAVESLEY G, MARKSTROM S, FREVERT D, et al. The watershed and river systems management program[C]//A Decision Support for Water and Environmental-Resource Management: Agu Fall Meeting, 2004.

[6]LEE G, KIM S, JUNG K, et al. Development of a large basin rainfall-runoff modeling system using the object-oriented hydrologic modeling system (OHyMoS) [J]. KSCE journal of civil engineering, 2011, 15 (3): 595-606.

[7]MARKSTROM S L, FREVERT D, LEAVESLEY G H. The watershed and river systems management program[C]//Proceedings of the 2005 Watershed Management Conference, Williamsburg, 2005.

[8]包为民，陈耀庭．中大流域水沙耦合模拟物理概念模型[J]．水科学进展，1994，5(4)：287-292.

[9]包为民．小流域水沙耦合模拟概念模型[J]．地理研究，1995（2）：27-34.

[10]蔡强国，刘纪根．关于我国土壤侵蚀模型研究进展[J]．地理科学进展，2003，22(3)：242-250.

[11]蔡强国，陆兆熊，王贵平．黄土丘陵沟壑区典型小流域侵蚀产沙过程模型[J]．地理学

报，1996（2）：108-117.

[12]蔡强国，袁再健，程琴娟，等．分布式侵蚀产沙模型研究进展[J]．地理科学进展，2006，25（3）：48-54.

[13]符素华，张卫国，刘宝元，等．北京山区小流域土壤侵蚀模型[J]．水土保持研究，2018，8（4）：114-120.

[14]贾媛媛，郑粉莉．LISEM模型及其应用[J]．水土保持研究，2004（4）：91-93.

[15]焦学军．基于高分辨率DEM的小流域分布式水文模拟[D]．开封：河南大学，2008.

[16]金鑫，郝振纯，张金良，等．考虑重力侵蚀影响的分布式土壤侵蚀模型[J]．水科学进展，2008，19（2）：257-263.

[17]雷阿林，唐克丽．坡沟系统土壤侵蚀研究回顾与展望 [J]．水土保持通报，1997，17（3）：37-43.

[18]雷廷武，张晴雯，赵军．细沟水蚀动态过程的稳定性稀土元素示踪研究[J]．水利学报，2004（12）：84-91.

[19]李辉．基于DEM的小流域次降雨土壤侵蚀模型研究与应用[D]．武汉：武汉大学，2007.

[20]李文杰，王兴奎，李丹勋，等．基于物理过程的分布式流域水沙预报模型[J]．水利学报，2012（3）：264-274.

[21]李占斌，朱冰冰，李鹏．土壤侵蚀与水土保持研究进展[J]．土壤学报，2008，45（5）：802-809.

[22]廖义善，卓慕宁，李定强，等．基于GIS黄土丘陵沟壑区分布式侵蚀产沙模型的构建——以蛇家沟小流域为例[J]．泥沙研究，2012（1）：7-13.

[23]林波．三江平原挠力河流域湿地生态系统水文过程模拟研究[D]．北京：北京林业大学，2013.

[24]刘宝元，史培军．WEPP水蚀预报流域模型[J]．水土保持通报，1998，18（5）：6-12.

[25]刘博，徐宗学．基于SWAT模型的北京沙河水库流域非点源污染模拟[J]．农业工程学报，2011（5）：52-61.

[26]刘前进，蔡强国，方海燕．基于GIS的次降雨分布式土壤侵蚀模型构建——以晋西王家沟流域为例[J]．中国水土保持科学，2008，6（5）：21-26.

[27]刘瑞娟，张万昌．基于动态产流机制的分布式土壤侵蚀模型研究[J]．水土保持通报，2010，30（6）：139-144.

[28]鲁克新．黄土高原流域生态环境修复中的水沙响应模拟研究[D]．西安：西安理工大学，2006.

[29]罗万勤．黄土丘陵区土壤侵蚀评价模型研究[D]．西安：西安理工大学，2004.

[30]牛志明，解明曙．三峡库区水库消落区水土资源开发利用的前期思考[J]．科技导报，1998（4）：61-62.

[31]祁伟，曹文洪，郭庆超，等．小流域侵蚀产沙分布式数学模型的研究[J]．中国水土保持科学，2004，2（1）：16-22.

[32]汤立群，陈国祥，蔡名扬．黄土丘陵区小流域产沙数学模型[J]．河海大学学报，1990，18（6）：10-16.

[33]汤立群，陈国祥．小流域产流产沙动力学模型[J]．水动力学研究与进展（A 辑），1997（2）：164-174.

[34]唐政洪，蔡强国．侵蚀产沙模型研究进展和 GIS 应用[J]．泥沙研究，2002（5）：59-66.

[35]温熙胜．三峡库区坡耕地土壤侵蚀研究[D]．北京：北京林业大学，2007.

[36]吴长文，王礼先．陡坡坡面流的基本方程及其近似解析解[J]．南昌工程学院学报，1994（S1）：142-149.

[37]杨明义，田均良．坡面侵蚀过程定量研究进展[J]．地球科学进展，2000，15（6）：649-653.

[38]杨勤科，李锐．LISEM：一个基于 GIS 的流域土壤流失预报模型[J]．水土保持通报，1998（3）：83-90.

[39]杨涛．基于 GIS 的黄土沟壑区两种尺度产流产沙数学模型研究与应用[D]．南京：南京师范大学，2006.

[40]张喜旺，周月敏，李晓松，等．土壤侵蚀评价遥感研究进展[J]．土壤通报，2010，41（4）：1010-1017.

[41]郑粉莉，杨勤科，王占礼．水蚀预报模型研究[J]．水土保持研究，2004，11（4）：13-24.

[42]周江红，雷廷武．流域土壤侵蚀研究方法与预报模型的发展[J]．东北农业大学学报，2006，37（1）：125-129.

[43]周璟．武陵山区低山丘陵小流域土壤侵蚀特征及产流产沙模拟预测[D]．北京：中国林业科学研究院，2009.

[44]周正朝，上官周平．土壤侵蚀模型研究综述[J]．中国水土保持科学，2004，2（1）：52-56.

第5章

水文建模模块化与模型粒度

水文建模模块化和模型粒度是构建流域水文过程细粒度建模框架的基础。流域水文过程建模框架可以实现快速建立流域水文过程模型及研究模型的不确定性。为了建立流域水文过程模型的细粒度框架，首先需要对现有模型进行深度分解，模型分解遵循可变对象原则和最小粒度原则，模型每一部分都要分解成多个最小逻辑单元；然后对分解的最小逻辑单元进行细粒度组件封装；最后对封装的大量细粒度组件进行有效的链接。本章首先阐述流域水文模型的分解基础研究；然后描述模型的子过程划分；接着讨论流域水文过程的面向对象建模和模型对象的粒度，并在以上分析的基础上阐述流域水文过程模型的细粒度封装；最后对 CASC2D-SED 模型进行细粒度分解和细粒度组件封装。

5.1 流域水文模型分解

5.1.1 模型分解基础

在过去几十年里，国内外开发了大量分布式水文模型和流域水文模型。这些模型中包含许多相同的过程和模拟方法，如世界著名的水文模型和流域水文模型 WEPP、SWAT 和 MIKE SHE 等都具有相同或相似的产流汇流过程。这些模型所涉及的水文过程比较全面，因此具有一定的代表性。在后续的分布式水文模型和分布式流域水文模型的开发中本来可以共享这些径流过程模型，但是已有的这些著名水文模型和流域水文模型几乎都是封闭的系统，其中涉及的水文过程没有模块化或组件化，无法共享、复用，另外，新的模块也无法插入。因此，对分布式水文模型和流域水文模型进行模块分解，实现即插即用是一件十分有意义的事情。邓斌等于 2009 年对分布式水文模型的分解与组合理论进行了深入的研究，为后续研究奠定了基础。对于基于过程的水文模型和流域水文模型，模型中封装了一系列方程，其中的某些方程可能为其他模型所共用，这种方程称为通用方程。这些通用方程若能封装成组件，以接口的形式提供服务，将大大提高后续模型开发的效率。

完整的分布式水文模型和流域水文模型包括多个要素：流域水文过程、流域水文的数学方程、制约流域水文过程的边界条件及流域水文过程中组成成分的相互关系。分布式流域水文模型中所涉及的水文过程、流域水文过程和子过程处于不同的层次上。例如，Green-Ampt 下渗方程和霍顿下渗方程都是描述土壤下渗率的方程，前者适合湿润地区，而后者适合干旱地区，它们处于同一个层次。不同的过程也可以处于同一个层次上，如蒸发过程与下渗过程，它们在分布式水文模型和流域水文模型中可以并行存在。

流域水文模型分解的关键问题是模型的分解粒度，多大的分解粒度复用性最好且不影响问题的解决。本章的流域水文模型细粒度分解解决的核心问题是从模型中提取最小逻辑单元并封装成细粒度组件。模拟组件被解构出来之后，组件间的数据或参数交换就成为下一个重要问题。OpenMI 的核心是解决了子模型间的数据交换问题，这是一项重要成果。组件被解构出来之后，可以通过在组件间添加一个适配器来实现数据的处理，进而实现数据交换，OpenMI 也是使用此方法来实现数据的标准化。

模型分解包括模型输入数据的分解、模型结构的分解和模型参数的分解。模型输入数据的分解是指模型所需的数据都成为独立对象，而不存在依存关系。模型结构的分解是指描述土壤侵蚀过程各种数学逻辑的分解。模型参数的分解是指模型参数的组织解耦，即模型参数不应存在耦合关系，如土壤的各种特性不应该耦合于土壤类型，土壤含水量不应该依赖于土壤类型。

本书的土壤侵蚀过程指的是土壤水蚀过程。模型分解以土壤侵蚀过程的子过程划分为基础。土壤水蚀过程包括水文过程和侵蚀产沙过程及泥沙输移过程。水文过程可进一步分解为降水过程、植被截留过程、填洼过程、下渗过程、产流过程、坡面汇流与河网汇流过程等子过程，降水过程又可进一步分解为降雨过程和融雪过程，下渗过程又可以划分为土壤不饱和层下渗过程和土壤饱和水层下渗过程，产流过程分为超渗产流、蓄满产流和山坡产流。侵蚀产沙过程包括雨滴溅蚀过程、细沟间侵蚀过程和沟间侵蚀过程。泥沙输移过程包括坡面汇沙过程和河道汇沙过程。每个水文和土壤侵蚀子过程在模型中可能有多种计算方法。根据子过程数学描述方法的不同，模型可进一步分解，如描述下渗过程的数学方法包括 Green-Ampt 下渗方程和霍顿下渗方程等。模型持续分解，直到模型所有分解出的模块仅仅具有一种数学逻辑，即只包含一种数学方程，该类模块处于最低层次结构，称为细粒度过程对象。

模型的过程分解可以有效地支持模型的结构不确定性研究，模型的参数不确定性和输入不确定性研究也需要对模型的参数和输入数据进行分解。在已有的模型（如 CASC2D-SED）中，土壤数据和土地利用数据包含了多种模型参数，这种集中式的数据组织严重制约了模型参数的不确定性研究。因此，对土壤数据的特性参数进行分离，将土壤特性中的土壤含水量、土壤饱和水力传导度、土壤颗粒组成和土壤毛管水头等每个特性都分离成为一个对象。将土地利用参数中的植被截留深度、地形糙率、土地覆盖及水土保持措施等每个特性也都分离成为单独的对象。地形数据是水文和土壤侵蚀过程模拟的重要输入数据，对模拟结果有重要影响。地形分析又包括坡度坡向提取、河网提取、子流域划分和汇流路径等，地形分析中的每一个过程都对水文与土壤侵蚀过程模拟有重要影响，因此，将地形分析的每一个提取要素都封装成为独立的对象。尽管地形分析中提取的各种要素间存在依赖关系，但是为了研究各种要素对土壤侵蚀过程模拟的影响，分离的地形要素间不设定依赖关系，即每一个要素成为模型独立的输入数据。例如，坡度、汇流路径及子流域等都是模型的独立输入数据，对于模型输入来讲，它们不存在依赖关系。坡度、汇流路径及子流域可以是从不同方法和途径中获得的数据。分离后各种数据的子要素对象和独立的参数对象称为细粒度数据对象。

5.1.2　模型中对象的粒度

模型中的对象是指模型的各个子模块及各子模块下的函数等。组件对象可以划分为粗粒度、中粒度和细粒度，根据它们的划分概念，模型对象也可以划分成粗粒度对象、中粒度对象和细粒度对象，分别对应粗粒度组件、中粒度组件和细粒度组件。面向对象方法将对象组织为层次结构，根据模型的分解，最底层的对象只保存了一种数学逻辑或一种数据，是一种细粒度对象。

5.1.3 对象粒度对流域水文建模的影响

模型对象的粒度越大，用其构建新模型的难度越小，但是灵活性却不足，有些新的方法可能难以集成到模型中去，无法达到模型构建要求。模型对象的粒度越小，灵活性越大，可以根据需求构建各种新模型，但是大大增加了新模型构建的难度。因此，模型对象粒度的选择主要决定于建模目标。如果需要对模型结构进行较大的改变，则必须选择细粒度模型对象。模型结构的不确定性研究就需要细粒度模型对象。

5.1.4 细粒度的界定

根据组件粒度的定义，细粒度组件是具有最小逻辑单元的基本组件。最小逻辑单元是核心算法不可再分的最小函数模块和不可再分的模型输入数据，如水文模拟中的一个公式、模型中一个不可再分的参数等。流域水文模型中有两类对象：功能对象和数据对象，对应功能组件和数据组件。以流域水文模拟为例，功能对象是指流域水文计算的一些计算公式，如 Green-Ampt 下渗方程、Kilinc & Richardson 输沙方程和曼宁公式等。这些计算公式是不可再分的最小逻辑单元，是一类细粒度功能对象，将其封装成的组件即为细粒度功能组件。地形（DEM）、土壤特性、土地利用、降雨等数据是流域水文模拟的基本输入数据。地形中包含了坡度、坡长和径流路径等。虽然 DEM 本身不能直接再分，但是可以派生多个要素，派生的要素也可以通过其他路径获得。因此，DEM 就不是一种细粒度数据组件。坡度和坡长等是不可再分的要素，因此它们是输入细粒度数据组件。

5.1.5 流域水文模型结构的细粒度分解

5.1.5.1 细粒度分解的原则

细粒度分解原则包括最小逻辑单元划分原则和可变部分剥离原则。根据细粒度对象或组件的界定，细粒度对象是最小逻辑单元。对于水文模拟来说，模拟水文的最基本、最小过程的函数块即为流域水文模拟的细粒度功能组件。因此，最小逻辑单元划分是细粒度分解的基本原则。流域水文模型分解与封装的终极目标是用于构建新模型和研究模型中某个描述子过程数学方法的模拟机制和对模拟结果的影响。因此，可确定不变的部分不必全部拆分成细粒度对象。因此，可变性对象的确定和分解是细粒度分解的辅助原则。

5.1.5.2 细粒度分解的方法与结果

流域水文过程整体上可以划分为各个子流域的流域水文过程和河网的泥沙输移过程。各个子流域的流域水文过程又可以分为坡面水文过程和沟道水文过程，坡面水文过程可以进一步分为坡面雨滴溅蚀过程和坡面侵蚀过程。根据坡面沟蚀类型，可以将坡面侵蚀过程更精细地划分为细沟侵蚀过程和冲沟侵蚀过程。但目前对细沟和冲沟侵蚀过程的模拟仍没有广为认可的方法，因此，本研究不再对坡面侵蚀过程进一步细分。从坡面侵蚀过程的时间序列角度，可将坡面侵蚀过程分为坡面流计算和坡面侵蚀计算，而坡面流计算又可细分为降雨计算、植被截流、土壤下渗、坡面水深、坡面流速流量等子过程。沟道和河网泥沙输移过程可以划分为泥沙的启动、运移和沉积 3 个子过程。

整体上可以根据分布式流域水文模型的子过程划分和需要的分解粒度对模型进行分解。从模拟计算的角度，泥沙输移过程可以分解为水文计算过程和泥沙运移过程。将分解后的各模拟运输子过程封装成组件，通过组件间的调用实现整个的流域水文过程模拟。因此，流域水文过程模型分解后包括降雨计算组件、植被截流计算组件、土壤下渗计算组件、坡面水深计算组件、坡面流速流量计算组件、沟道流计算组件、坡面泥沙输移计算组件、沟道泥沙输移计算组件、坡度分形变换组件、流路分形变换组件和 DEM 水文分析组件。

5.1.5.3 细粒度对象的特点与优势

细粒度对象的特点是具有最小逻辑计算单元，不依赖其他对象，因为它是不可再分的，其自身是一个独立对象。细粒度对象不依赖其他对象，而其他对象会依赖细粒度对象。细粒度对象处于模型对象层次结构的最底层。

细粒度对象的优势是新方法可以直接应用于细粒度模型对象或以最小的代价研究开发新细粒度对象用于替换已有细粒度对象。

5.1.6 流域水文模型参数的细粒度分解

5.1.6.1 地形参数的分离

以水文过程模拟中产汇流计算为例，模拟中需要使用地形的坡度参数和径流路径参数。目前已有的著名水文过程模型和流域水文模型中坡度参数和径流路径参数直接来自 DEM 的提取，模型外部无法对从 DEM 提取的坡度和径流路径进行修改，目前已有模型中几乎未见在流域水文模型中集成坡度变换和径流路径变换的文献报道。因此，有必要研究坡度降尺度方法集成到分布式水文模型和流域水文模型中的方法。因此，需要对分布式流域水文模型进行细粒度拆分，将坡度降尺度、径流路径降尺度等参数变换方法封装成细小的组件，分别获得变换后的地形坡度、径流路径等。流域水文过程模拟中将变换后的地形坡度和径流路径等参数作为分离的参数独立输入模型，即将依赖 DEM 的坡度和径流路径分离，成为独立的参数，以便于对它们进行尺度变换等处理。坡度尺度变换组件的详细设计内容参见第 8 章。

坡度是水文模型与流域水文模拟的重要参数，对坡度的尺度效应和尺度变换研究也较多，因此，本部分详细讨论坡度的分离问题。分布式流域水文模型中，地形坡度通常是流域水文模型的内部参数，通过输入的 DEM 数据提取得到（如 CASC2D-SED 模型、WEPP 模型、EUROSEM 模型），在模型外部无法直接修改，更无法直接进行尺度变换。为了实现坡度的分形降尺度变换，必须将坡度参数从模型内部分离出来。以 CASC2D-SED 模型（详见 5.5 节）为例，探讨坡度的剥离方法。根据 CASC2D-SED 模型，坡度参数直接存在于坡面流速流量计算组件和沟道流计算组件中。虽然坡面侵蚀和沟道侵蚀组件中也用到了摩阻比降参数（通过河底比降与水深的计算得到，河底比降即地形坡度），但是计算顺序在坡面流和沟道流之前，可以通过参数传递完成。因此，坡度参数只需从坡面流速流量计算组件和沟道流计算组件中剥离即可。具体实现方式是以坡度作为坡面流速流量计算组件和沟道流计算组件的输入参数，坡度在输入之前进行需要的分形降尺度变换等。坡度参数剥离与传递显示了坡度分离、坡度变换及坡度参数传递的顺序关系，如图 5-1 所示。

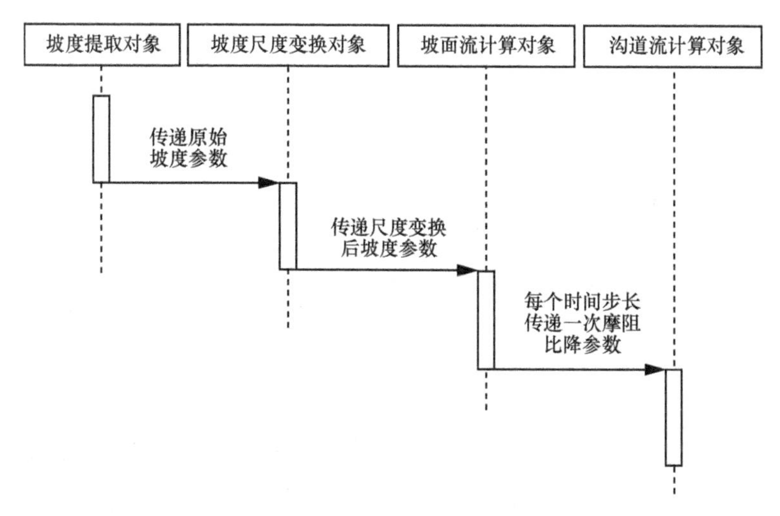

图 5-1　坡度参数剥离与传递

5.1.6.2　土壤特性参数的分离

流域水文过程模拟中除了地形参数外，还包括土壤特性参数和土地利用参数。对这些参数也需要进行分离。土壤特性参数主要包括了土壤前期含水量、土壤饱和水力传导度、土壤颗粒组成及土壤有机质含量等。在 CASC2D-SED 模型中，这些土壤特性参数被集成到土壤类型中，一种土壤类型赋予一定的土壤含水量、土壤饱和水力传导度和土壤颗粒组成等信息。但是在实际中，同一种土壤类型由于处于不同的沟坡坡位含水量可能差别很大，如在砒砂岩沟壑地区，同样是砒砂岩风化土在坡顶和坡底的含水量差别很大，沟坡的阳坡和阴坡含水量差别也很大。因此，不易将土壤含水量作为土壤类型的一个属性处理，必须单独分离，作为一个单独的细粒度组件对象。此外，土壤饱和水力传导度参数也不宜作为土壤类型的一个属性处理，因为土壤类型的划分比较粗，即便是同一种土壤类型，土壤饱和水力传导度也有差别，此外，无法将土壤饱和水力传导度参数空间变换结果集成到模型中。

5.2　流域水文过程模型中可变对象的分离与封装

流域水文过程建模框架的目的是构建新模型和研究模型的结构不确定性，这两个方面都需要搞清楚模型中的可变部分，即哪些是可以修改的或改进的，这些可变部分称为可变对象。模型中子过程的模拟方法可能存在多种，这种模拟方法对应的模型对象即为可变对象。对可变对象的分离和封装符合软件工程中的可变性封装设计原则，有助于更好地研究模型结构的不确定性问题。由于对流域水文过程机制认识的不足及不同学者对流域水文过程中子过程的数学描述不同，形成了流域水文过程模型中的多个可变对象。水文过程包括水文过程和侵蚀输沙过程，下文分别阐述这两个过程中的可变对象。

5.2.1 水文过程模拟中的可变对象

尽管人类对水文过程有了较为深刻的认识，但是仍然没有完全掌握水文过程精准的模拟方法。河流水动力学对河道水流的模拟较为成熟，而坡面水流的模拟仍然借用河流水动力学的方法则存在很大的误差。因此，对坡面流阻力问题，学者们进行了大量研究，目前仍未统一认识和建立精准的坡面流阻力方程。因此，坡面流阻力就是一个可变对象。坡面流和河流具有很大的不同，坡面汇流采用河道汇流模拟方法也存在很大改进空间。很多学者研究了坡面流计算方法，但是，实际应用中仍以圣维南方程的简化形式为主，如运动波、扩散波和动力波等，因此，坡面流计算也是一个可变对象。此外，坡面产流目前有霍顿产流、山坡产流等，但是在复杂的区域，它们也可以成为可变对象。

5.2.2 流域侵蚀输沙过程模拟中的可变对象

坡面土壤侵蚀机制目前仍未研究得很清楚，如水流剥蚀土壤的模拟方法目前存在多种不同的认识，坡面水流对坡面泥沙的输移过程也存在不同的模拟方法，这些都构成了流域侵蚀输沙过程模拟中的可变对象。坡面侵蚀输沙能力是坡面侵蚀输沙过程模拟的重要方程，而对坡面侵蚀输沙能力的认识就存在多种数学描述方程，如世界著名的 WEPP 模型、EUROSEM 模型及 CASC2D-SED 模型等采用的坡面径流输沙能力方程存在很大不同。因此，坡面径流输沙方程是一个重要的可变对象。

5.2.3 可变对象的封装

根据水文过程模拟原理的研究，抽取其中的可变部分并形成可变对象对构建流域水文新模型和研究流域水文过程模型的结构不确定性具有很重要的意义。因此，本书建立的流域水文过程建模框架将这些可变对象封装成独立组件，使用该框架的用户可以根据其研究设计开发特有的组件来替换框架中的已有组件，进而研究该类可变对象导致的模型结构不确定性，最终丰富流域水文过程建模理论。可变对象的分离和独立封装是流域水文过程建模框架的核心内容，也是框架的重要扩展内容。

5.3 流域水文过程的面向对象建模

面向对象方法涉及 3 个抽象层次：面向对象分析、面向对象设计与面向对象实现。面向对象分析包含现实世界物质与现象及它们之间关系的概念表达；面向对象设计使用面向对象分析的概念表达创建形式对象模型，包括对象的属性、事件和关系；面向对象实现是使用面向对象的程序设计语言实现具体的编程对象。面向对象方法依赖两个基本原则：封装与组合。封装考虑世界是由对象组成，每个对象都有其身份标识、特性和行为。对象特性使用属性值表示，对象行为使用方法表示。对象的某个属性值可以表示对象的状态，对象的某个方法可以改变对象的状态。对象状态的改变称为一个事件。

根据面向对象的封装原则，在流域水文过程建模中包含两类对象：一类是模型输入数据与模型参数分解所得的对象；另一类是模型结构分解得到的对象。前者称为模型数据对象，后者称为模型过程对象。模型数据对象，如子流域对象，有位置和面积等属性，以及具有出口的径流量和侵蚀流量计算等方法；河流对象具有长度、坡度、河道糙率等属性，以及具有出口流量和存储量计算等方法。模型过程对象，如雨滴击溅过程对象，具有雨滴动能、雨滴直径等属性，以及具有土壤溅蚀量计算等方法；坡面汇流过程对象，具有坡面产流量、坡面地形坡度、各种土壤特性和土地利用特性等属性，以及具有坡面汇流量计算等方法。

面向对象的组合原则描述了对象间的关系，包括继承、组成、聚合与关联关系。在面向对象方法中，所有对象都继承于对象类，所有类都处于层次结构中。子类从父类继承了所有的属性与方法，并且可以具有自己特有的属性与方法。对象可以是其他对象的一部分，同时可以与另外对象具有关联关系。在流域水文过程的对象建模中，分级汇流对象是汇流抽象类的子类；降雨和融雪是降水抽象类的子类；河段类是河网类的一部分；降水过程对象、下渗过程对象、产流过程对象和汇流过程对象组成降水径流对象。

GIS已经成为流域水文过程数据存储与管理的重要工具，并且已经具备在研究和实践中使用面向对象的方法来存储和处理水文时空数据的能力。Maidment设计开发的Arc Hydro是一个以面向对象的方式存储水文时空数据的数据基础框架。Arc Hydro以面向对象的数据模型Geodatabase为基础，Geodatabase可以存储对象间的关系，因此，Arc Hydro不仅能以对象的形式来存储模型数据对象，而且可以存储这些模型数据对象间的关系。模型过程对象设计为.NET组件对象，并且以动态链接库的形式保存对象集。

5.4 流域水文模型的细粒度组件封装

流域水文模型的实现经历了模块化、组件化和服务化封装几个阶段。总体上，模型涉及的各个部分封装粒度逐渐变大，从代码复用到组件复用再到功能复用。封装粒度的逐渐增加是目前的主要潮流。封装粒度的增加提高了后续模型的开发效率，减少了开发者的工作量，但同时带来的问题是对水文过程和流域水文过程的描述越来越封闭，后续开发者参与的具体模拟方法（如描述方程）修改的可能性越来越小，在一定程度上也存在一定的限制性。

根据前文的分析，在机制上优越的分布式流域水文模型相对集总式模型来说，其模拟精度却未取得明显的提高。后续研究的许多提高模型参数精度的方法很少能加入到模型中去，如分布式水文模型和流域水文模型的DEM尺度效应与尺度转换方法未能很好地应用到模型之中。因此，采用逆向思维，根据模型中新方法的需要降低分布式流域水文模型的封装粒度，实现一个细粒度的集成框架。

通过模拟组件的细粒度封装，可以根据需要替换流域水文过程模拟中的方法和模型参数，进而可以研究不同模拟方法的适用性及模型参数对模拟结果的响应程度等。根据影响模拟精度的两个重要方面：模拟方法和模型参数，分别研究模型参数组件集和模拟方法组件集的细粒度封装。

5.4.1 组件的粒度与细粒度组件

根据组件粒度的定义，组件分为粗粒度组件、中粒度组件和细粒度组件。粗粒度组件是封装了大量商业逻辑或业务逻辑的组件，细粒度组件是具有最小逻辑运算单元的组件，中粒度组件是包含了多个细粒度组件但没有大量业

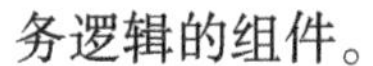

务逻辑的组件。

根据细粒度的界定，由细粒度对象封装成的组件即为细粒度组件。如Green-Ampt下渗方程、Kilinc & Richardson输沙方程和曼宁公式分别封装成如Green-Ampt下渗模拟组件、Kilinc & Richardson输沙计算组件和曼宁糙率计算组件，它们都属于细粒度组件。

5.4.2 流域水文过程模型细粒度对象的抽象

细粒度对象可以通过组成关系创建中粒度的对象。流域水文过程模型中的一种不可分解的数学方程可以作为一种细粒度对象，如坡面流模拟的运动波方程、曼宁公式和P. Duboys推移质公式都可以作为一种细粒度对象。模型分解后的输入数据与模型参数也可以作为一种细粒度对象，如土壤饱和水力传导度、土壤含水量、河道曼宁系数和植被截留深度等都可以作为一种细粒度对象。细粒度对象可以通过组合形成中粒度对象，如运动波对象、曼宁公式对象及坡面下垫面特性对象等组合形成中粒度的坡面汇流对象。表5-1显示了绝大部分流域水文模拟的粒度对象。

表5-1 流域水文过程模型的细粒度对象

对象类型	细粒度过程对象名称	对象类型	细粒度数据对象名称	数据类型
过程对象	霍顿产流	数据对象	坡度	栅格
过程对象	Dunne产流	数据对象	坡向	栅格
过程对象	山坡产流	数据对象	汇流路径	栅格
过程对象	曼宁公式	数据对象	河网	栅格
过程对象	Chezy公式	数据对象	河段	栅格
过程对象	扩散波方程	数据对象	节点	矢量
过程对象	运动波方程	数据对象	坡面	栅格
过程对象	适合陡缓坡的圣维南近似方程	数据对象	子流域	栅格
过程对象	Foster产沙方程	数据对象	水文响应单元	栅格
过程对象	Julien & Simons产沙方程	数据对象	雨量计数据	时间序列表
过程对象	Meyer & Wischmeier产沙方程	数据对象	流域出口流量	时间序列表
过程对象	Kilinc & Richardson输沙方程	数据对象	监测站数据	时间序列表
过程对象	P. Duboys推移质公式	数据对象	土壤含水量	栅格

续表

对象类型	细粒度过程对象名称	对象类型	细粒度数据对象名称	数据类型
过程对象	费祥俊挟沙力方程	数据对象	土壤饱和水力传导度	栅格
过程对象	张瑞瑾挟沙力方程	数据对象	土壤毛管水头	栅格
过程对象	Green-Ampt 下渗方程	数据对象	土壤颗粒组成	栅格
过程对象	土壤可蚀性因子计算方程	数据对象	土壤有机质含量	栅格
过程对象	SCS 下渗方程	数据对象	坡面糙率	栅格
过程对象	水文过程线绘制	数据对象	河道糙率	栅格
过程对象	雷达测雨	数据对象	DEM	栅格

5.4.3 模拟方法的细粒度封装

坡面流模拟是分布式水文模拟和流域水文模拟的基础，目前坡面流过程模拟最实际的方法仍然是采用圣维南方程的几种特殊形式，如运动波、扩散波和动力波等。圣维南方程的研究主要是针对河流水动力学模拟，坡面流与河流存在很大的差异，坡面的糙率对坡面流的影响要比河道糙率对河流水流的影响大得多。从河流动力学借鉴过来的水流模拟方法对坡面流的适合程度有多大，目前仍未有定论。尽管如此，在没有更好的坡面流表示方法时，很多模型仍然采用河流动力学的方法。因此，这些坡面流模拟方法是较大程度上的近似与概括，仍然有较大的改进空间，甚至创建新的方法。就坡面流的层流与紊流之争说法不一，张宽地（2011）通过大量试验研究认为坡面流是一种滚波。因此，坡面流模拟的新方法应该实现与分布式流域水文模型的集成，以改进模拟精度，为模型组件的细粒度封装提供了集成方案。

基于以上分析，将各种坡面流模拟方法单独封装成独立组件，在流域水文模拟中，根据研究区的特点和研究需要选择相应的坡面流模拟组件。通过这种可选方案，一方面可以在一定程度上提高模拟效率；另一方面可以测试各种坡面流模拟方法的适用性条件。基于这种结构的框架，可以将新的坡面流模拟方法封装成组件，方便与流域水文模型的集成应用。

5.4.4 细粒度组件间的连接关系

分布式流域水文模型细粒度分解后，细粒度组件间的连接关系成为亟待解决的问题。水文过程和流域水文过程的固有串联特征，决定了组件间的连接顺序。细粒度分解后的组件间数据依赖与传递也是必须着重研究的问题。过程计算前（进入时间步长内计算前）组件间的连接顺序为坡度提取计算组件（DEM 水文分析组件）、坡度变换计算组件、土壤特性数据组件、土地利用数据组件、拓扑关系计算组件和模型参数初始化组件。时间步长内主要细粒度组件间的顺序为下渗计算组件、坡面水深计算组件、沟道水深计算组件、坡面流计算组件、坡面侵蚀计算组件、沟道流计算组件、沟道泥沙输移计算组件、流域出口径流计算组件和流域出口泥沙输移计算组件等。时间步长内计算组件需要接收流域参数，因此，进入时间步长内计算前，这些组件必须进行步长内计算组件的初始化。所谓的步长内计算组件是指所有在时间步长内运行的组件的统称。顺序连接的组件间必然传递数据，连接关系如图 5-2 所示。

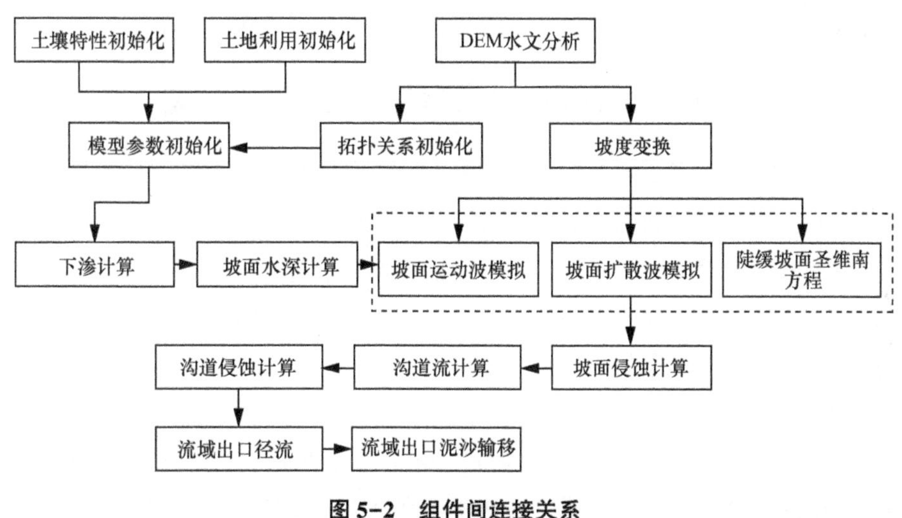

图 5-2 组件间连接关系

5.5 流域水文物理模型 CASC2D-SED 的细粒度分解与封装

5.5.1 CASC2D-SED 模型开发背景

CASC2D-SED 模型源于科罗拉多州立大学 Julien 教授使用 APL 开发和编写的二维坡面流模拟算法，之后由 Saghafian 将 APL 语言替换成 Fortran 语言，并且增加了 Green & Ampt 下渗模块、滞洪蓄水模块和扩散波河道演算模块。1993 年 CASC2D 作为水文模拟模块并入 GRASS 成为 GRASS GIS 软件的一部分。随后，Ogden 于 1994 年向 CASC2D 模型中增加了隐式渠道演算选项。从 1995 年，CASC2D 被重新组织，增加了连续模拟能力和其他水文组件，如截流组件、初始深度计算组件、蒸散组件和水量再分配组件等。CASC2D 的最后一个版本被杨百翰大学于 2001 年并入流域模拟系统 WMS，这就是著名的 WMS 的 CASC2D。

1997 年 Johnson 基于科罗拉多州立大学的 Kilinc（1972）和 Kilinc 与 Richardson（1973）的工作增加了表面侵蚀和沟道沉积迁移模块，称为 CASC2D-SED 模型。2002 年 Rojas 在 Johnson 工作的基础上改进了沉积迁移算法，在以下几个方面进行了改进：①提高了泥沙供给限制下沉积迁移和输沙能力限制下沉积迁移之间转换的模拟能力；②允许悬移物质的水平迁移，即使在泥沙迁移能力为负的情况下；③提高了回水区域沉积的模拟能力。

5.5.2 CASC2D-SED 模拟的水文过程及数值解决方案

CASC2D-SED 模拟的水文过程包括水文过程和泥沙过程。水文过程包括降雨过程、植被截流过程、土壤下渗过程、坡面径流过程、河道径流过程及地表侵蚀和泥沙输移过程；泥沙过程包括坡面侵蚀过程、坡面泥沙迁移过程、坡面泥沙沉积过程、悬浮泥沙沉积过程、河道泥沙输移过程等。各个水文过程采用的数值模拟方案如下。

（1）降雨过程

降雨的时空过程可概括为空间均一降雨和空间非均一降雨，在时间上通过一定的时间间隔记录降雨量来表达降雨强度。如果研究区只有一个雨量站，则以空间均一降雨概化降雨的空间分布；如果研究区有多个雨量站，则以空间非均一降雨概化降雨的空间分布。在空间非均一降雨情况下，需要将降雨强度和降雨历时作为模型输入，通过多个雨量站来估计降雨的时空过程，在空间上使用反距离平方插值获得流域面上的降雨数据。

$$i^t(j,k) = \frac{\sum_{m=1}^{NRG} \frac{i_m^t(jrg,krg)}{d_m^2}}{\sum_{m=1}^{NRG} \frac{1}{d_m^2}}。 \tag{5-1}$$

式中，$i^t(j, k)$ 是时间为 t 时象元为（j，k）处的降雨强度，$i_m^t(jrg, krg)$ 是雨量站为（jrg，krg）处的降雨强度（m/h），d_m 是象元（j，k）与雨量站（jrg，krg）间的距离，NRG 为雨量站的总数。

（2）植被截流过程

当雨水落到植物叶子表面，由于植物叶子的表面张力使得其中一部分雨水保留在植物叶子表面。这部分雨水最终不能到达地面，而是直接消耗于蒸发，这部分雨水不参与下渗和地表径流过程。因此，在进行下渗计算之前，必须从降雨量中减去植被截流部分。降雨率一直减小，直到截流深度被满足。

（3）土壤下渗过程

在 CASC2D-SED 模型中，Green & Ampt 下渗方程提供了下渗的基本关系。为了准确地考虑与表面流相关的物理过程，CASC2D 使用 Green 和 Ampt 近似来描述下渗过程。特别地，这个关系在模型下渗模拟方案中作为产生坡面径流的组件被利用，进而来决定土壤下渗深度和下渗率。忽略地表表面积水水平，Green-Ampt 关系的基本方程为

$$f = K_s\left(1 + \frac{H_f M_d}{F}\right)。 \tag{5-2}$$

式中，f 是下渗率；K_s 是饱和水力传导度；H_f 是湿润峰处的毛细管压力水头；M_d 是土壤缺水量，M_d = （q_e-q_i），q_e 是有效土壤孔隙率，q_e=j-q_r，j 是总土壤孔隙，q_r 是残余饱和度，q_i 是土壤初始含水量；F 是总下渗深度。

为了将该计算应用到整个流域，必须提供 4 个土壤物理参数作为模型输入，即饱和水力传导度、毛细管压力水头、有效土壤孔隙度和土壤初始含水量。这些数据可以通过实验获得。

（4）坡面径流过程

坡面径流模拟控制方程基于圣维南方程的连续方程和动量方程。使用这些方程，CASC2D 使用有限差分和扩散波来演算坡面径流。这些方程通常使用偏微分方程形式描述。连续方程为

$$\frac{\partial h_0}{\partial t} + \frac{\partial q_x}{\partial x} + \frac{\partial q_y}{\partial y} = e。 \tag{5-3}$$

式中，h_0 为地面径流的深度，q_x、q_y 分别为 x 和 y 方向上的单宽流量，e 为超渗降雨量。二维扩散波动量方程为

$$S_{f_x} = S_{o_x} - \frac{\partial h_0}{\partial x}, \tag{5-4}$$

$$S_{f_y} = S_{o_y} - \frac{\partial h_0}{\partial y}。 \tag{5-5}$$

式中，S_{o_x}、S_{o_y}分别为 x 和 y 方向上的坡度比降，S_{f_x}、S_{f_y}分别为 x 和 y 方向上的坡底摩阻比降。

（5）河道径流过程

采用扩散波的一维显式有限差分方法计算。连续方程为

$$\frac{\partial A}{\partial t} + \frac{\partial Q}{\partial x} = q_0。 \tag{5-6}$$

式中，A 为水流断面面积，Q 为河道流量，q_0为旁侧入流或出流。一维扩散波动量方程为

$$\frac{\partial y}{\partial x} = i_0 - i_f。 \tag{5-7}$$

式中，i_0是指河底比降，i_f是摩阻比降，y 为河底水深。

（6）地表侵蚀和泥沙输移过程

土壤颗粒在地表被剥蚀，随着水流向下运移。流域内侵蚀物的供给能力和河流的迁移能力是控制侵蚀率的两个对立因素。典型情况是细颗粒泥沙可以被水流大量带走，因此，具有有限的供给能力。粗颗粒土壤更难被水流带走，因此，粗颗粒土壤因水流运移能力的限制而具有有限的运动速率。裸地的片蚀和细沟侵蚀的总体积由改进的 Kilinc & Richardson（KR）方程来计算，改进的 KR 方程考虑了土壤类型、植被覆盖类型和 USLE 的 K、C 和 P 因子。对于一个大小为 dx 米的象元，时间间隔为 dt 秒内，象元内侵蚀物体积的计算公式为

$$\forall S_{\mathrm{KR}} = 58390 \cdot S_0^{1.664} \cdot q^{2.035} \cdot K \cdot C \cdot P \cdot dx \cdot dt。 \tag{5-8}$$

被平流迁移的粒径为 i 的悬浮物体积计算公式为

$$\forall S_{sus_i} = SusVol_i \cdot \frac{V \cdot dt}{dx}。 \tag{5-9}$$

式中，V 是流域（m/s），S_{sus_i}是粒径为 i 的悬浮颗粒体积（m^3）。从源象元到接受象元的粒径为 i 的悬浮物体积是平流迁移侵蚀物体积和通过 KR 方程计算的侵蚀物体积二者中的最大值。计算方程如下：

$$\forall S_{SUS_i} = \begin{cases} \max\left(S_{SUS_i} \cdot \frac{Vdt}{dx}; \forall S_{\mathrm{KR}} \cdot \frac{S_{SUS_i}}{\sum_{i=1}^{3} S_{SUS_i}} \right), \forall S_{\mathrm{KR}} < \sum_{i=1}^{3} S_{SUS_i} \\ SusVol_i, \text{其他} \end{cases}。 \tag{5-10}$$

由于输移悬浮泥沙而使得径流迁移能力降低，剩余的径流迁移能力通过以下公式计算：

$$totXSScap = \mathrm{MAX}(0, \forall S_{\mathrm{KR}} - \sum_{i=1}^{3} \forall S_{SUS_i})。 \tag{5-11}$$

剩余的径流迁移能力用于输移沙床侵蚀物，从源象元到接受象元的粒径为 i 的侵蚀物体积的计算公式如下：

$$\forall S_{BM_i} = \begin{cases} totXSScap \cdot \dfrac{BMvol_i}{\sum_{i=1}^{3} BMvol_i}, totXSScap < \sum_{i=1}^{3} BMvol_i \\ BMvol_i, 其他 \end{cases}。 \tag{5-12}$$

式中，$BMvol_i$ 是源象元内的粒径为 i 的沙床侵蚀物体积（m^3）。一旦悬移物和沙床侵蚀物都被迁移，如果仍保留一定的迁移能力，那么这部分侵蚀迁移力将对土壤母质产生侵蚀。土壤母质按粒径比例侵蚀。侵蚀体积计算公式如下：

$$\forall S_{EROS_i} = \left(totXSScap - \sum_{i=1}^{3} \forall S_{BM_i}\right) \cdot p_i。 \tag{5-13}$$

式中，p_i是土壤母质中的侵蚀物比例。

（7）河道泥沙输移过程

CASC2D-SED 模型不允许河道侵蚀，存在一定的局限性，但是允许泥沙沉积。河道泥沙输移能力通过 Engelund & Hansen 方程计算，计算方程如下：

$$\forall S_{EH_i} = \frac{Q \cdot C_{w_i} \cdot dt}{2.65}。 \tag{5-14}$$

式中，Q 是河道径流量（m^3/s），C_{w_i}是粒径为 i 的泥沙重量浓度。河道中粒径为 i 的悬浮物由平流迁移的体积计算公式如下：

$$\forall S_{SUS_i} = SusVol_i \cdot \frac{V \cdot dt}{dx}。 \tag{5-15}$$

剩余的径流迁移能力用于运移沙床物质，运移粒径为 i 的沙床物质体积计算公式如下：

$$\forall ch_i = BMvol_i \cdot \frac{V \cdot dt}{dx}。 \tag{5-16}$$

如仍有剩余径流迁移能力，则不再使用。

（8）悬浮泥沙沉积过程

泥沙在坡面和河道都允许沉积，并假定颗粒彼此互不影响而独立沉积。泥沙粒径为 i 的沉积比率 P_{si} 的计算公式如下：

$$P_{si}=\begin{cases}w_i\cdot\dfrac{dt}{h},h>w_idt\\1,h\leqslant w_idt\end{cases}。\tag{5-17}$$

式中，w_i 是中值粒径为 i 的泥沙悬浮颗粒的估算沉积速度（m/s）；h 是象元上的水深（m）。

5.5.3 CASC2D-SED 模型的细粒度分解与封装

5.5.3.1 CASC2D-SED 模型分解方法与结果

根据流域水文过程的计算顺序，结合 CASC2D-SED 模型的源程序，按照细粒度分解的原则对 CASC2D-SED 模型进行拆分。首先，将模型划分为几个大模块，然后对各个大模块进行进一步拆分，拆分成多个更细粒度的对象。

对象在此即为模型的模块。按照流域水文模拟源程序的计算顺序，将 CASC2D-SED 模型划分为数据库访问对象、模型初始化对象、坡面的原始储藏计算水量对象、渠道的原始储藏计算水量对象、坡面水深计算对象、渠道水深计算对象、坡面流计算对象、渠道流计算对象、流域出口处流量计算对象、每个象元上各种粒度的侵蚀沉积计算对象、流域出口处总的侵蚀和沉积体积计算对象、坡面最后存留水量体积计算对象、渠道存留水量体积计算对象、各模拟步长计算结果存储对象、坡面上存留的侵蚀体积总量计算对象、渠道上存留的侵蚀体积总量计算对象、流量存储对象和侵蚀总量数据存储对象。

坡面水深计算组件包含了降雨反距离平方插值计算组件、植被截流组件和 Green & Ampt 土壤下渗组件。坡面流计算对象包含了曼宁流量计算对象。坡面侵蚀计算对象包含了 Kilinc & Richardson 径流输沙力计算对象和泥沙输移计算对象。渠道流计算对象包含了曼宁流量计算对象、Engelund & Hansen 迁移能力计算对象、泥沙输移对象和最大侵蚀体积计算对象。流域出口处的汇流计算对象包含了曼宁流量计算对象、渠道流量计算对象。

5.5.3.2 细粒度功能组件的封装

根据 CASC2D-SED 模型分解结果和细粒度组件的界定，将 CASC2D-SED

模型分解所得细粒度对象封装成细粒度组件。封装所得细粒度组件包括 Green & Ampt 土壤下渗组件、降雨反距离平方插值计算组件、坡面的原始储藏计算水量对象、曼宁流量计算组件、Kilinc & Richardson 径流输沙力计算组件、泥沙输移计算组件、数据库访问组件、模型初始化组件、渠道的原始储藏计算水量组件、各模拟步长计算结果存储组件、坡面上存留的侵蚀体积总量计算组件、渠道上存留的侵蚀体积总量计算组件和侵蚀总量数据存储组件。图 5-3反映了 CASC2D-SED 模型的组件封装结果。

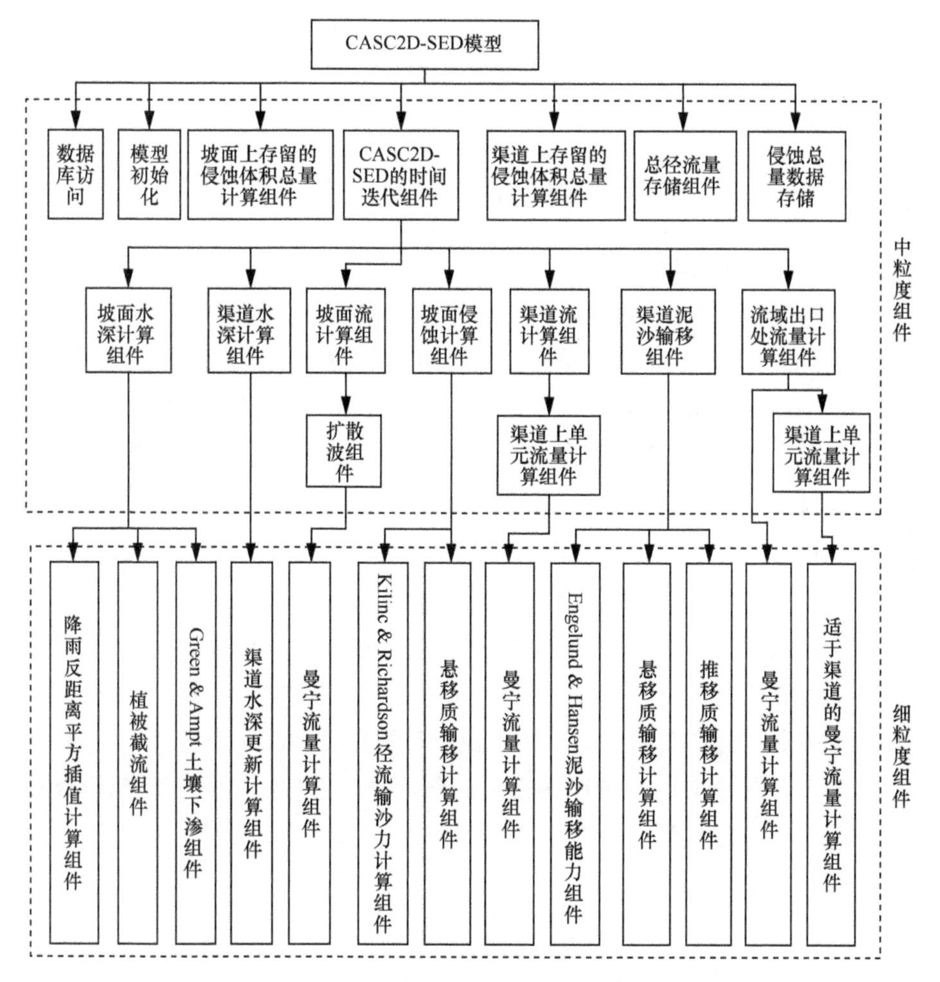

图 5-3 CASC2D-SED 的几个中粒度、细粒度组件划分

5.5.3.3 模型参数的分解与封装

模型参数封装成的组件称为数据组件。CASC2D-SED 模型可以分解为数

据组件和功能组件。数据组件划分为 2 个层次：中粒度数据组件和细粒度数据组件。中粒度数据组件包括地形数据组件、土壤特性数据组件、土地利用特性数据组件和河网结构数据组件。中粒度数据组件可分解为多个细粒度组件。地形数据组件分解为 DEM 数据组件、坡度数据组件和径流路径数据组件。土壤特性数据组件分解为土壤含水量数据组件、土壤饱和水力传导度数据组件、土壤毛细管压力水头数据组件、土壤有机质含量数据组件、土壤颗粒组成结构数据组件和土壤可侵性因子数据组件。土地利用特性数据组件包含的细粒度组件为地表糙率数据组件、地表植被覆盖数据组件、USLE 的 C 和 P 因子。河网结构数据组件包含的细粒度组件有河网链数据组件和河网链节点数据组件。

5.5.4 CASC2D-SED 模型中组件间的关系与连接

5.5.4.1 组件间的关系

组件间的关系包括嵌套组合关系和串联关系等。细粒度组件和中粒度组件之间是一种嵌套组合关系，即中粒度组件包含了多个细粒度组件。串联关系是由水文模拟的固有特性决定的，必须按照水文过程发生的固有顺序计算，如必须先计算植被截流，如果仍有水量则计算降雨的土壤下渗等一系列过程。

坡面水深计算组件包含了降雨反距离平方插值计算组件、植被截流组件和 Green & Ampt 土壤下渗组件，是一种嵌套关系。坡面汇流计算对象包含了曼宁流量计算组件，也是一种嵌套关系。这种嵌套关系还发生在以下组件之间：坡面侵蚀计算组件和 Kilinc & Richardson 径流输沙力计算组件、坡面侵蚀计算组件和泥沙输移计算组件、渠道流量计算组件和曼宁流量计算对象、渠道流量计算组件和 Engelund & Hansen 迁移能力计算对象、渠道流量计算组件和泥沙输移计算组件等。图 5-4 显示了组件的嵌套关系。

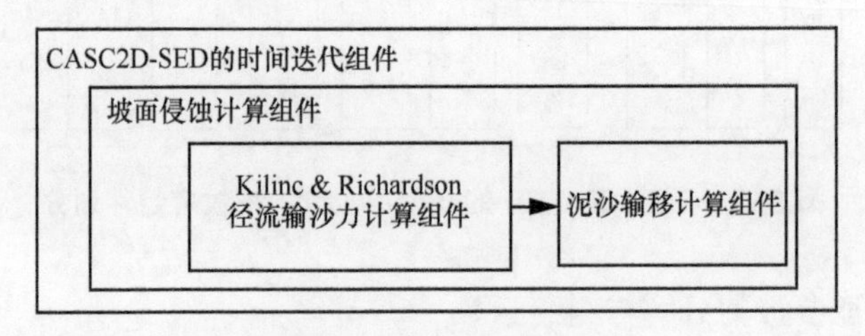

图 5-4 组件嵌套关系

坡面水深计算组件、渠道水深计算组件、坡面流计算组件、侵蚀沉积计算组件、流域出口处流量计算组件、流域出口处侵蚀沉积计算组件及步长内模拟结果存储组件之间是一串具有串联关系的组件（图 5-5），这些组件又全部嵌套在时间迭代组件中。

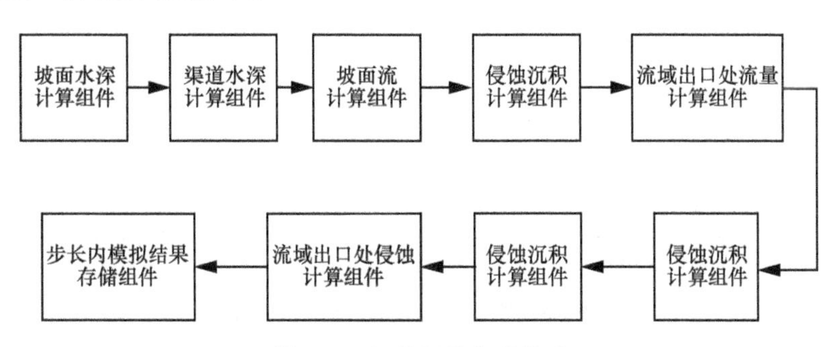

图 5-5　组件间的串联关系

5.5.4.2　组件间的连接

串联关系组件间的连接实质是组件间的数据传递。嵌套关系组件间的连接是调用和被调用关系。串联关系组件间的连接以坡面流计算组件和坡面侵蚀计算组件为例，它们之间的连接是一种数据传递，坡面流计算组件计算的坡面流速、流量、水深和河底比降等参数通过数据交换与坡面侵蚀计算组件实现连接。具有嵌套关系组件间的连接以坡面侵蚀计算组件和 Kilinc & Richardson 径流输沙力计算组件及泥沙输移计算组件为例，它们之间属于调用与被调用关系，坡面侵蚀计算组件调用 Kilinc & Richardson 径流输沙力计算组件，获得 Kilinc & Richardson 径流输沙力计算组件计算的输沙能力值，进而计算各种土壤颗粒尺寸的可以被迁移的侵蚀物体积。再以坡面水深计算组件和其嵌套的降雨反距离平方插值计算组件、植被截流组件和 Green & Ampt 土壤下渗组件为例，坡面水深计算组件首先调用降雨反距离平方插值计算组件，通过插值方法获得流域面上各个栅格的降雨强度，然后调用植被截流组件计算植被截流量，根据剩余水量的情况决定是否调用 Green & Ampt 土壤下渗组件，如果具有剩余水量则使用 Green & Ampt 土壤下渗组件计算累积下渗水量。CASC2D-SED 模型组件间的串联连接和调用连接都是数据传递，图 5-6 显示了 CASC2D-SED 模型组件间的连接，箭头表示数据传递的方向，也表示组件间是一种串联关系。

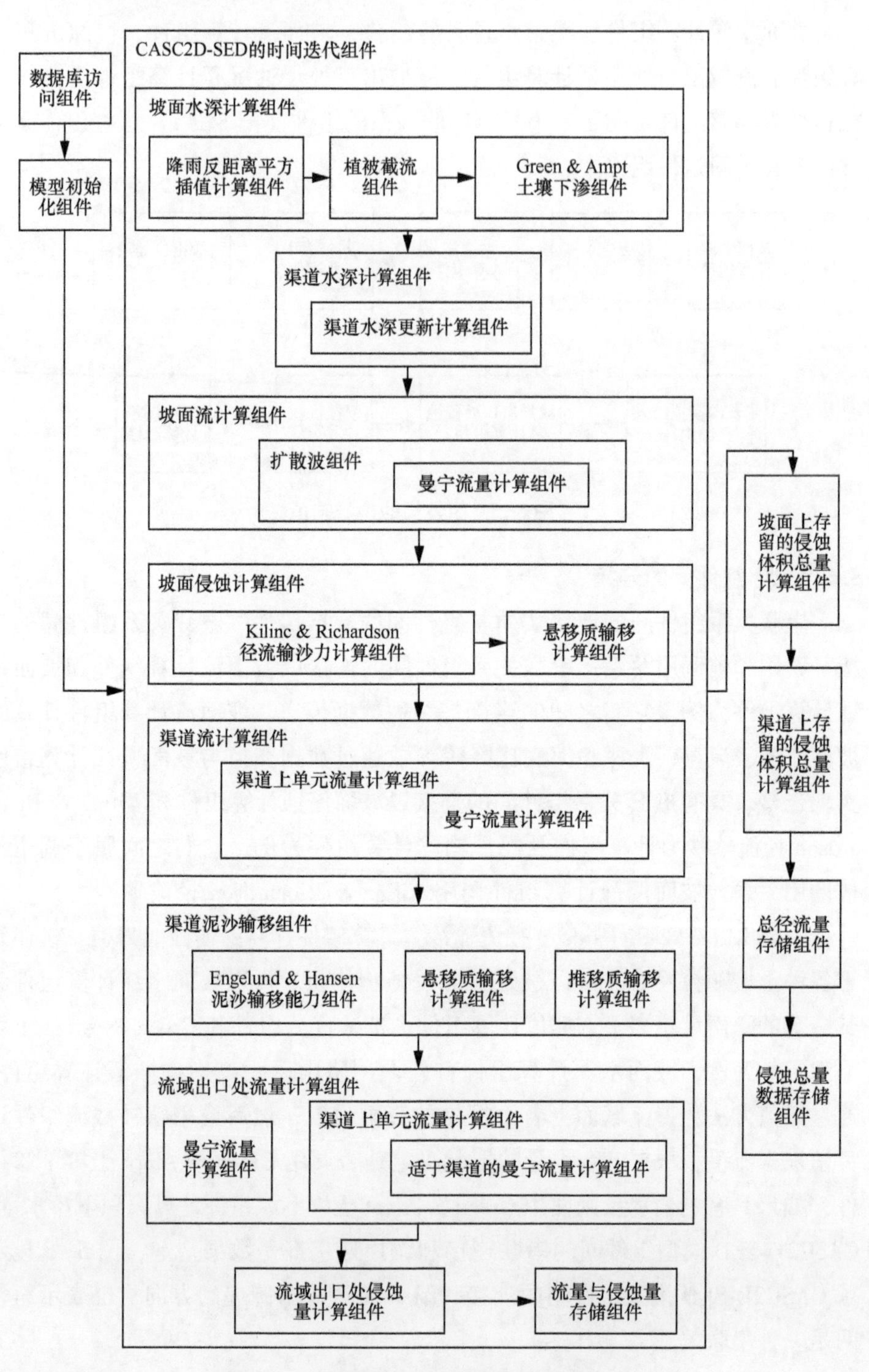

图 5-6　CASC2D-SED 模型组件间的连接

5.6 小　结

本章首先回顾了流域水文模型分解的已有研究成果，然后在此基础上阐述了流域水文模型的子过程划分、模型分解、面向对象建模和细粒度组件封装，最后对 CASC2D-SED 模型进行简单描述，并对其进行了细粒度组件分解与封装。本章的模型分解方法、面向对象建模思想和细粒度组件封装方法为流域水文细粒度建模核心框架的设计奠定了基础。

参考文献

[1] BLIND M, GREGERSEN J B. Towards an open modeling interface (OpenMI) the harmonit project[J]. Advances in geosciences, 2005(4): 69-74.

[2] BRANGER F, BRAUD I, DEBIONNE S, et al. Towards multi-scale integrated hydrological models using the LIQUID® framework. overview of the concepts and first application examples [J]. Environmental modelling & software, 2010, 25(12): 1672-1681.

[3] GREGERSEN J B, GIJSBERS P J A, WESTEN S J P. OpenMI: open modelling interface[J]. Journal of hydroinformatics, 2007, 9(3): 175-191.

[4] KILINCM Y. Mechanics of soil erosion from overland flow generated by simulated rainfall[D]. Collins: Colorado State University, 1972.

[5] KILINC M Y, RICHARDSON E V. Mechanics of soil erosion from overland flow generated by simulated rainfall[D]. Collins: Colorado State University, 1973.

[6] KUMAR M, BHATT G, DUFFY C J. An object-oriented shared data model for GIS and distributed hydrologic models [J]. International journal of geographical information science, 2010, 24(7): 1061-1079.

[7] MAIDMENT D R. Arc hydro: GIS for water resources[M]. New York: ESRI Press, 2002.

[8] MCKINNEY D C, CAI X. Linking GIS and water resources management models: an object-oriented method[J]. Environmental modelling & software, 2002, 17(5): 413-425.

[9] RAHMAN J M, CUDDY S M, WATSON F G R. Tarsier and ICMS: two approaches to framework development [J]. Mathematics and computers in simulation, 2004, 64 (3-4): 339-350.

[10] RAHMAN J M, SEATON S P, PERRAUD J M, et al. It's TIME for a new environmental modelling framework[J]. Pediatrics, 2014, 7(12): 152-155.

[11] YANG W, ROUSSEAU A N, BOXALL P. An integrated economic-hydrologic modeling framework for the watershed evaluation of beneficial management practices[J]. Journal of soil & water conservation, 2007, 62(6): 423-432.

[12]崔修涛, 吴健平, 张伟锋. 插件式 GIS 的开发[J]. 华东师范大学学报(自然科学版), 2005(4): 51-58.

[13]邓斌, 蒋昌波, 阮宏勋, 等. 分布式水文模型中模块分解与组合的理论研究[J]. 水利学报, 2009, 40(10): 1264-1273.

[14]郭庆胜, 马潇雅, 王琳, 等. 基于插件技术的地理信息时空分布与变化特征提取系统的设计与实现[J]. 测绘通报, 2013(4): 18-20.

[15]郭延祥. 并行组合数学模型方式研究及初步应用[D]. 北京: 清华大学, 2010.

[16]姜昌华. 插件技术及其应用[J]. 计算机应用与软件, 2003, 20(10): 10-11.

[17]李致家, 胡伟升, 丁杰, 等. 基于物理基础与基于栅格的分布式水文模型研究[J]. 水力发电学报, 2012, 31(2): 5-13.

[18]李致家, 张珂, 姚成. 基于 GIS 的 DEM 和分布式水文模型的应用比较[J]. 水利学报, 2006, 37(8): 1022-1028.

[19]陆垂裕, 秦大庸, 张俊娥, 等. 面向对象模块化的分布式水文模型 MODCYCLE Ⅰ: 模型原理与开发篇[J]. 水利学报, 2012, 43(10): 1135-1145.

[20]吕爱锋, 王纲胜, 陈嘻, 等. 基于 GIS 的分布式水文模型系统开发研究[J]. 中国科学院研究生院学报, 2004, 21(1): 56-62.

[21]梅德门特. 水利 GIS[M]. 北京: 中国水利水电出版社, 2013.

[22]任立良, 刘新仁. 基于 DEM 的水文物理过程模拟[J]. 地理研究, 2000, 19(4): 369-376.

[23]沈洁, 李致家, 张鹏程. 基于栅格的分布式水文模型应用研究[J]. 人民黄河, 2014(6): 47-50.

[24]汪小林, 邓浩, 王海波, 等. Fortran 地理模型的拆分与服务化封装[J]. 计算机科学与探索, 2011, 5(3): 221-228.

[25]王船海, 杨勇, 丁贤荣, 等. 水文模型与 GIS 二元结构集成方法与实现[J]. 河海大学学报(自然科学版), 2012(6): 605-609.

[26]王中根, 郑红星, 刘昌明. 基于模块的分布式水文模拟系统及其应用[J]. 地理科学进展, 2005, 24(6): 109-115.

[27]吴亮, 杨凌云, 尹艳斌. 基于插件技术的 GIS 应用框架的研究与实现[J]. 地球科学——中国地质大学学报, 2006, 31(5): 609-614.

[28]余叔同, 郑粉莉, 张鹏. 基于插件技术和 GIS 的坡面土壤侵蚀模拟系统[J]. 地理科学, 2010(3): 441-445.

[29]袁再健. 基于GIS的分布式侵蚀产沙模型及其空间尺度转换研究进展[J]. 中国农学通报, 2012, 28(9): 293-296.

[30]张宽地. 坡面径流水动力学特性及挟沙机理研究[D]. 咸阳: 西北农林科技大学, 2011.

[31]张宽地, 王光谦, 吕宏兴, 等. 坡面浅层明流流态界定方法之商榷[J]. 实验流体力学, 2011, 25(4): 67-73.

[32]张宽地, 王光谦, 王占礼, 等. 人工加糙床面薄层滚波流水力学特性试验[J]. 农业工程学报, 2011, 27(4): 28-34.

[33]郑重, 宋君强, 吴建平. 地球科学应用软件框架的研究与发展[J]. 计算机工程, 2007, 33(10): 44-45.

第6章

水文建模数据框架

流域水文建模离不开水文数据的支撑，因此，水文建模数据框架是水文建模框架密不可分的重要组成部分。本章在分析由国际著名水文学专家David R. Maidment教授等人设计的Arc Hydro数据框架的基础上，结合GIS和共享数据模型的理念，建立了一个耦合GIS的具有共享特征的水文建模数据框架。

6.1 水文水利数据框架Arc Hydro的特征

Arc Hydro是由国际著名水文学专家David R. Maidment教授等人设计开发的一个水文水利数据基础框架。Arc Hydro基本框架中的要素包括河网、流域、水体、水文节点及时间序列对象（如流量过程等）。Arc Hydro基本框架对流域要素分离存储并建立要素之间的关联，使各水文要素能够实现交互。Arc Hydro的重要特征可以归结为3个：①Arc Hydro数据框架的一个最基本特征就是建立了水文要素间的关联，特别是建立了水文节点与时间序列对象间的关联，通过水文要素间的关联使得各种独立存储的水文要素成为一个有机的整体；② Arc Hydro以ESRI的面向对象的数据模型Geodatabase作为基础，使得水文要素可以以对象的形式在数据框架中存在；③ Arc Hydro数据框架中的河网使用了线性参照技术，可以实现河网中的对象定位。

6.2 流域水文要素结构

6.2.1 水文网络

水文网络是数据框架的基础，是水文数据框架 Arc Hydro 的骨架，由水文线、水文节点组成的拓扑网络，连接了水流在子流域、水系、河网中的运动关系。水文网络中的水文节点实现了汇流区和水文要素点间的关联。水文网络用 ESRI 的几何网络来表示，其中，水文节点用简单节点要素表示。水文网络作为几何网络，每条水文线的断点都必须有节点，如果没有节点，自动在水文线的端点位置创建水文网络节点。因此，水文网络连接了水文节点、水文线和水文网络节点。水文节点和水文网络节点不同，前者是水文要素连接到水文网络的连接点，而后者是水文线相交所创建的通用节点，目的是保证拓扑网络的完整性。水文线包括水流线和岸线，水流线是水流运动线，水流线必须赋值水流方向；岸线是水体与陆地的交界线。

6.2.2 汇流系统

河流是地形的骨架，缓慢地改变着地表形态。水往低处流是重力下的天然特性，由一个流域的分水岭向流域内汇流，流到沟道、支流，汇入河网，最后流出流域出口。汇流分为坡面汇流和沟道汇流，受地形影响流域内又分为各个子流域，子流域出口汇入河道。汇流网络可以通过 DEM 数据采用 8 方流向算法提取，主要适合陡峭地形，如山地、丘陵地区，对于地势比较平缓的地区不太适用。汇流系统主要采用雨滴模型，描述从雨滴降落到地面、地面漫流、汇流至河道的过程。

6.2.3 水文地理要素

水文地理要素是水文建模的重要基础，是地表水要素的图示表征。刘之平等对水文地理要素进行了详细的阐述。水文地理图层描述的是地表水分要素，包括溪流、江河、湖泊、海岸线、沼泽与湿地等水相关要素，同时也包括水利上的桥梁、建筑物等。水文要素分为水文点要素、水文线要素和水文面要素。水文点要素包括大坝、桥梁、建筑物、监测点、取水点、排水点和用水点。水文线要素包括溪流、渠道、渡槽、管道、水域中心线和水体岸线。水文面要素包括海湾、湖泊、池塘、湿地、水库和洪水淹没区等。

6.3 流域水文模拟中的描述方法及与GIS的集成

6.3.1 拉格朗日法和欧拉法

拉格朗日法和欧拉法是描述水流运动的两种方法。拉格朗日法是引用固体力学的方法，将水体看成由大量质点构成的质点系，将水流场中的水流运动看作由无数水流质点的轨迹线构成。在水流场中，每个水流质点都有其自身的轨迹线，每个水流质点都有其流速、加速度等运动要素的数学方程，通过综合所有水流质点的运动状况，即可得到整个水流的运动状况。拉格朗日法是先从单个质点入手进而建立水流场中流速和加速度的数学方程。该方法在确定水流质点的速度与加速度等运动要素之前，必须事先确定水流质点的轨迹线方程，然而，水流质点的轨迹线方程在数学中的描述是十分困难的。因此，拉格朗日法在水力学中的应用受到了极大的限制。欧拉法是以水流所经过的空间位置为观察对象，观测某个相同时刻某个固定空间位置上水流质点的运动，最后综合所有时刻所有空间位置上的水流情况，进而得到整个水流场的运动情况。欧拉法与拉格朗日法的不同点是它并不关心某个水流质点的运动轨迹，而仅以空间点的流速、加速度为研究对象，并且不考虑各点的流速和加速度属于哪个质点。

6.3.2 流域水文迁移的描述方法及时空离散

在流域水文过程中，既不需要关心水流质点的运动也不需要关心流域水文颗粒的运动轨迹，而只需要知道水文节点、水文网络节点、工程监测点和预设监测点上的流速、流量、水深、侵蚀悬浮物浓度、侵蚀物流量等信息即可。因此，在流域水文过程模型中描述运动主要采用欧拉法。

水文过程和流域水文过程是一种时序连续过程，而分布式水文模拟与流域水文过程模拟不可能对这种运动过程进行连续模拟，而必须对其进行时空离散。在空间上模拟有限位置的水文运动要素和流域水文过程的运动要素，在时间上模拟有限个时间点的运动要素的数据。空间上的离散法最常用的就是网格法，即将空间划分成 $N \times N$ 个网格，模拟每个网格上的水流流速、水深、流量、侵蚀物的浓度、净侵蚀量等运动要素。时间上的离散对应的是模型模拟时间步长，时间步长越短，时间序列离散得越精细。

6.3.3　流域水文物迁移时空离散在 GIS 中的表达

流域水文物的迁移在时空上都是连续的，但是在 GIS 中表达时必须经过时空离散。空间离散是指连续分布的流域水文物在很小的空间单元内认为是均一的，对应 GIS 中的栅格表达方式。而时间离散是指无法记录连续移动的流域水文物任意时刻的信息，只能选择记录一系列时间点上的信息，如果时间间隔设计得比较小就可以描述流域水文物随时间的变化。

流域水文过程中的运动要素包括水流流速、水深、流量、流域水文物流速与流量、流域水文物浓度、净侵蚀量、悬浮泥沙浓度等要素。这些要素在空间上的离散采用栅格表达，而在时间上的离散采用时间序列表描述。流域水文过程模拟中的各运动要素在时空上的表达通过建立栅格与时间序列表间的关联关系来实现，要素时空离散对象间的关联关系通过最常用的关键字段进行关联。

6.4　流域水文数据的概念分类与数据再组织

6.4.1　流域水文模型中要素概念分类

流域水文过程模拟中涉及的要素根据要素几何形状分为点状要素、线状要素和面状要素，根据要素时空特征分为静态要素和动态要素，根据要素空间异质性特征分为均一性要素和空间异质性要素。数据表达方法可分为基于对象模型的表达和基于场模型的表达，对应 GIS 中的矢量模型和栅格模型。

流域水文模拟的输入数据在水文要素部分与 Arc Hydro 中的要素是相似的，但在子流域的基础上进一步分解划分出了坡面单元。一个流域可以划分为流域范围要素、河网要素、坡面要素和节点要素，通过河网和节点将各个子流域（概括为坡面）连接起来。河网要素可以概括为一个水文网络，水文网络包括水文线和水文节点。水文网络使用GIS中的几何网络来表达，但水文网络只是一种较为简单的几何网络，因为水总是从高处向低处流，这决定了水文网络中边的方向。水文节点是不同要素之间连接的点，如果没有水文节点但几何网络需要此处必须有个节点，则在此处建立水文网络节点。水文网络节点是两条水流线相交处所必须创建的通用网络节点。水文线分为水流线和岸线，水流线是指河流或水体运动的线，而岸线是指水陆边界线。

坡面要素包括地形要素、土壤类型和特性要素、土地利用类型要素、地形糙率要素、土地覆盖与管理要素等。通常将土壤特性数据划归到土壤类型数据中，并用数据表文件表达与存储（表6-1）。除了这些基础数据要素之外，“共享数据模型”中还包含一大类动态坡面要素，用于表达模拟中各时间步长的水文要素和流域水文要素，主要包括坡面流速、坡面水深、坡面流量、坡面摩阻比降、坡面侵蚀泥沙流量等。这一大类动态坡面要素全部属于时间序列对象。

表6-1 土壤类型与土壤特性样例表

土壤类型	序号	土壤饱和水力传导度/cm	土壤压力水头/cm	土壤缺水量/(cm^3/ cm^3)	沙粒含量	细沙含量	黏土含量
黄土	1	0.031	2.2	0.8	0.4146%	0.4745%	0.11%
风化土	2	0.159	1.4	0.8	0.576%	0.312%	0.11%
白色裸岩	3	0.054	1.7	0.8	0.548%	0.34%	0.11%
红色裸岩	4	0.054	2.2	0.8	0.441%	0.45%	0.11%

节点要素包括水文网络中的水文节点、水文网络节点、工程设计的监测点及根据模拟需要预设的模拟监测点。这些节点都可以通过关联时间序列对象实现其对应特征的时空表达，如通过将水文节点与流量、流速、侵蚀物流量、净侵蚀量等时间序列对象建立关联，表达该节点对应的水文过程与流域水文过程的时空变化情况。

6.4.2 坡面要素的特性数据剥离与数据结构再组织

6.4.2.1 现有流域水文模型数据结构的不足

现有模型的输入数据和参数数据的强耦合性限制了模型数据输入和参数输入的灵活性。根据已有模型（以 CASC2D-SED 模型为例）在坡面数据组织上的不足，对坡面要素数据进行结构上的调整和再组织。根据表 6-1，土壤类型与土壤特性集中表达组织方式决定了土壤特性在一种土壤类型中是相同的，而实际上土壤特性还与所处的地形位置及其他水文条件不同而具有较大的差异。以土壤含水量为例，虽然是同一种土壤类型，但是根据所处的位置不同而差别很大，特别是在沟壑地形区，沟顶与沟底、阴坡与阳坡其含水量具有很大的差异。随着技术的进步和坡面侵蚀理论的完善，需要的土壤特性参数会更精细、更准确。不更改原有模型的数据组织方式，精细数据也无法输入模型。因此，对模型参数数据的再组织，从参数精细化角度优化模型也具有重要的意义。

6.4.2.2 模型数据结构的再组织原则

模型数据结构的再组织原则是：模型数据的低耦合性设计。模型数据低耦合性设计是指模型输入数据和输入参数的独立化，即各种输入模型的数据和参数都是相互独立、互不影响和单一性要素。以表 6-1 的数据组织为例，土壤饱和水力传导度、土壤缺水量和土壤颗粒组成等依赖于土壤类型，这些数据具有较强的耦合性。降低这种强耦合性的方法是土壤饱和水力传导度、土壤含水量和土壤颗粒组成等全部各自独立、互不影响，不依赖于土壤类型。

6.4.2.3 模型数据结构再组织的实现方式

土壤特性数据（土壤饱和水力传导度、土壤含水量、土壤压力水头、土壤颗粒组成等）、地形糙率（曼宁系数）、植被截留等都属于坡面要素的特性数据。根据以上分析，将土壤特性数据全部与土壤类型分离，全部成为模型独立的参数数据。将植被截留参数和地形糙率参数从土地利用类型中剥离，也成为独立的模型参数。这些独立出来的模型参数作为坡面类的一个属性，根据面向对象的数据模型设计思想，这些属性同时又对应一系列对象。坡面特性数据的剥离并成为独立的模型参数，为模型参数的精细化奠定了基础，从提高模型数据三维精度的角度改进了模型。对流域水文过程模拟涉及对象的特征分析形成了与流域水文模拟相关的数据概念分类（图 6-1）。

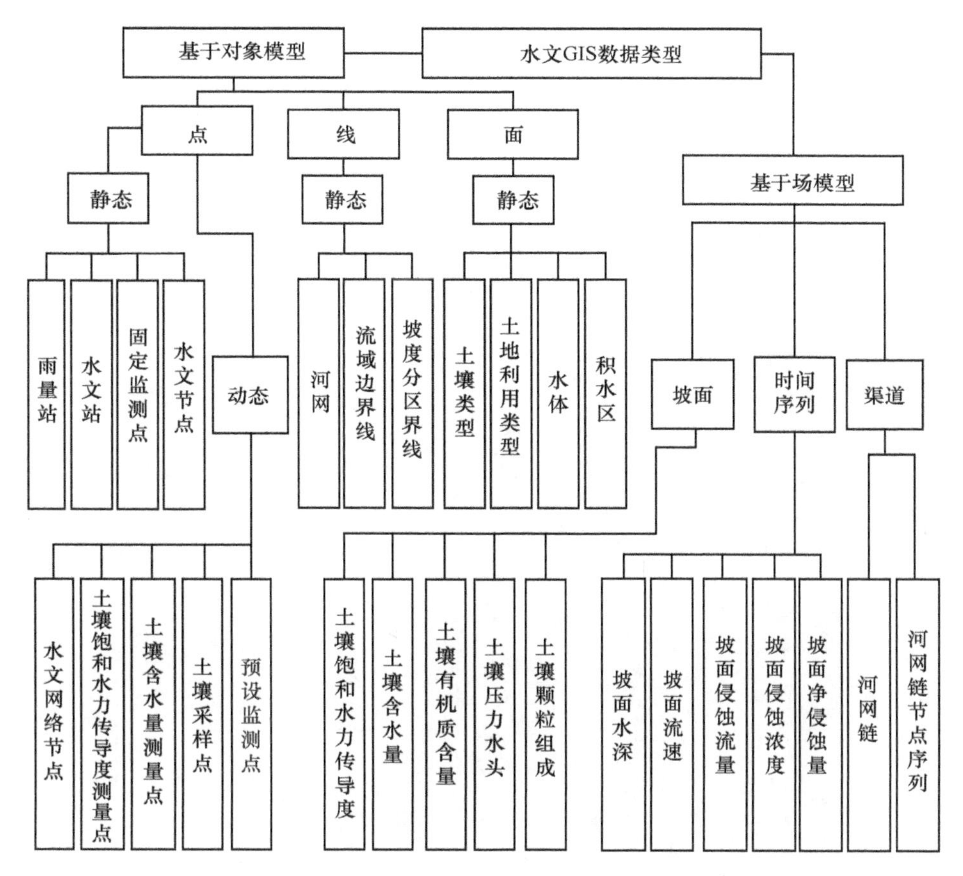

图 6-1 流域水文 GIS 数据概念分类

6.5 GIS 与流域水文过程模拟的“共享数据模型”

6.5.1 流域水文过程模拟的数据框架

Arc Hydro 是一个基础水文数据框架，可以在其基础上结合流域水文过程中的要素进行扩展形成流域水文过程模拟的数据基础框架。不改变 Arc Hydro 数据框架的基础结构和框架思想，将流域水文过程所涉及的水文要素和流域水文要素进行分离独立存储，通过关键字段实现各要素的关联，描述流域水文过程数据的底层数据模型仍使用 ESRI 的面向对象的数据模型 Geodatabase 作为基础。对 Arc Hydro 数据框架的扩展主要包括两点：第一是在数据框架中添加表达流域水文的要素，如坡面侵蚀量、侵蚀物浓度等；第二是为了更精细地表达坡面侵蚀动态信息，在原有水文节点的基础上增加一类预设坡面侵蚀监测点（图 6-2）。这些监测点并非实际存在的工程设计中的监测点，它们只是为了使水土保持研究人员或相关用户更详细地获取坡面侵蚀信息而在模拟运行之初人为添加的系列监测点。这些监测点包含了各个模拟时间步长的水文数据（流量、流速、水深等）和侵蚀数据（侵蚀量、侵蚀物悬浮浓度等）。

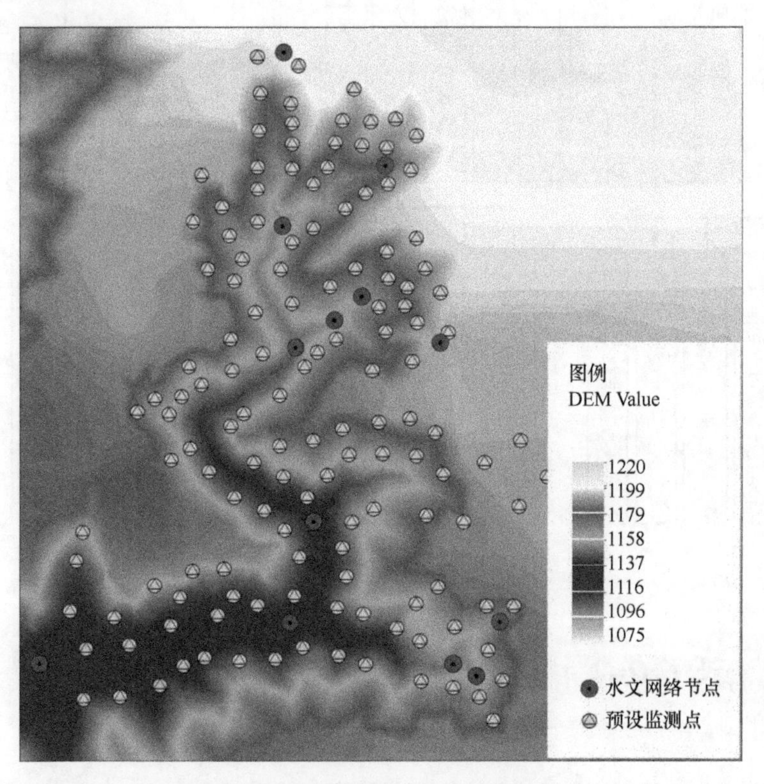

图 6-2　水文网络节点与预设监测点示意

"共享数据模型"的特点体现在共享二字上。GIS 作为流域水文模拟的技术平台，首先是 GIS 可以访问该"共享数据模型"，因此该"共享数据模型"的底层数据模型采用 Geodatabase 数据模型。然后为了使流域水文过程模拟可以高效地访问各种数据，根据流域水文过程模拟数据的概念分类与分析，对流域水文过程模拟涉及的数据进行再组织，建立更高层次上的数据概念模型，特别是欧拉法在数据模型中的体现、时间序列对象的数据组织及对象间的各种关联与拓扑关系等。

6.5.2 “共享数据模型”的结构

流域水文过程模拟涉及多种要素对象，对象具有不同的时空特征，适合的表达方法也不同，因此，“共享数据模型”结构采用了矢栅混合结构，且对象间都具有一定的关系。适合用矢量数据模型表达的要素都基于对象模型，适合栅格模型（场模型）表达的要素基于场模型表达，图6-1也体现了这种数据描述与组织方法。基于矢量模型的要素使用Geodatabase中的特征类描述并使用点线面对象表达与存储，时间序列对象使用Geodatabase中的表对象存储。表达为点线面对象的各种要素间通过关键字段进行关联，并使用辅助关键字描述要素间的数据传递依赖关系。静态要素对象通过关键字段与时间序列对象建立联系。要素对象间的拓扑关系使用Geodatabase中的拓扑类表达。

6.5.3 “共享数据模型”中的对象设计

分析“共享数据模型”中的对象所应该具有的特征属性及其表示方法，使用面向对象设计工具UML进行设计，特别注重对象时空特征的表达及水流和泥沙输移的欧拉表示方法在GIS数据中的实现。对于基于对象模型的静态点对象：雨量站、水文站、流域出口、水文节点、固定监测点只需设置对象ID、名称、位置坐标和水文编码等属性即可。对于基于对象模型的动态点对象：土壤采样点、土壤饱和水力传导度测量点、土壤含水量测量点和预设监测点等除了设置对象ID、名称、位置坐标和水文编码等属性外，还需要设置一些特有属性，如土壤采样点还需增加采样点对应的坡位（坡顶、坡面、坡底）、采样方法、工具、所属的土壤类型等属性。土壤含水量测量点需要增加测量时间（降雨前、降雨后、早中晚的几点钟）、测量点所在坡位、对应的土壤类型、测量工具等属性。动态的点对象中水文节点和预设监测点比较特殊，它们都具有一个时间序列属性，该属性是一个时间表对象，需要有一个时间序列ID字段用于建立与时间序列表对象的关联。线对象使用矢量图层中的简单线要素表示即可。面对象设置对象ID、名称、位置坐标和水文编码等属性即可。

使用场模型表达的对象分为坡面和沟道。沟道使用河网链和河网链节点序列表示。河网链具有序列编码，表达了汇流关系（GIS水文分析中的

Link 具有该功能)。每条河网链对应一个节点序列 (1, 2, …, N)。坡面是一类对象，土壤类型、土地利用类型、土壤饱和水力传导度、土壤含水量、土壤有机质含量等，每个对象对应一个栅格目录中的栅格对象即可。但模拟中产生的动态对象，如每个时间步长模拟的坡面流速栅格、坡面流量栅格和坡面侵蚀流量栅格等使用模拟要素名加时间顺序编码作为栅格名称来表达。这些时间序列栅格数据量很大，不适合永久保存。通过在流域内添加预设监测点记录坡面上这些位置的流速、流深、流量、净侵蚀量、侵蚀物浓度、侵蚀流量等时空特征。预设监测点通常设置在特殊的位置或用户想了解坡面侵蚀情况的位置。通过将侵蚀动态过程增加到预设监测点中，便于侵蚀过程分析、统计与制图等，同时大大降低了数据量，成为流域水文过程数据永久保存的一种较为理想的方案。这些预设监测点以固定的空间位置为参考记录了坡面流、坡面侵蚀的过程，虽然经过了时间离散，但是较好地使用了欧拉运动法表达径流与泥沙输移运动，实现了水文与流域水文数据在 GIS 中的欧拉法描述。

6.5.4 “共享数据模型”中对象间的关系

“共享数据模型”通过几种数据类对象来反映流域水文数据对象和时间序列对象的空间结构。为了进行分布式流域水文模拟，需要将多种参数数据分配到网格元素上。为了追踪水流运动，这些网格元素间必须建立拓扑关系。每个网格元素必须与土壤、土地利用、土地覆盖和时间序列类进行关联，而土壤类型对象又包含水力传导率等属性。分布式流域水文模型的其他参数，如降雨、气温、湿度、太阳辐射、蒸汽压、叶面积指数、植被覆盖度、风速和具有时间依赖的边界条件及模拟的状态变量都是时间序列类的子类。时间序列类的设计是“共享数据模型”设计的关键。

“共享数据模型”是一种面向对象的数据模型，对象间关系包括继承关系、组合关系与关联关系。时间序列对象都是表对象的子类，如径流时间序列对象和侵蚀时间序列对象都是表对象的子类。土壤采样点、土壤含水量测量点、土壤饱和水力传导度测量点、水文站及雨量站等都是点对象的子类。预设监测点除了包含基本属性之外，还包含径流序列和侵蚀序列两个重要属性。径流序列和侵蚀序列本身又是时间序列对象，与预设监测点间属于关联关系。图 6-3显示了几个关键对象间的继承与关联关系。

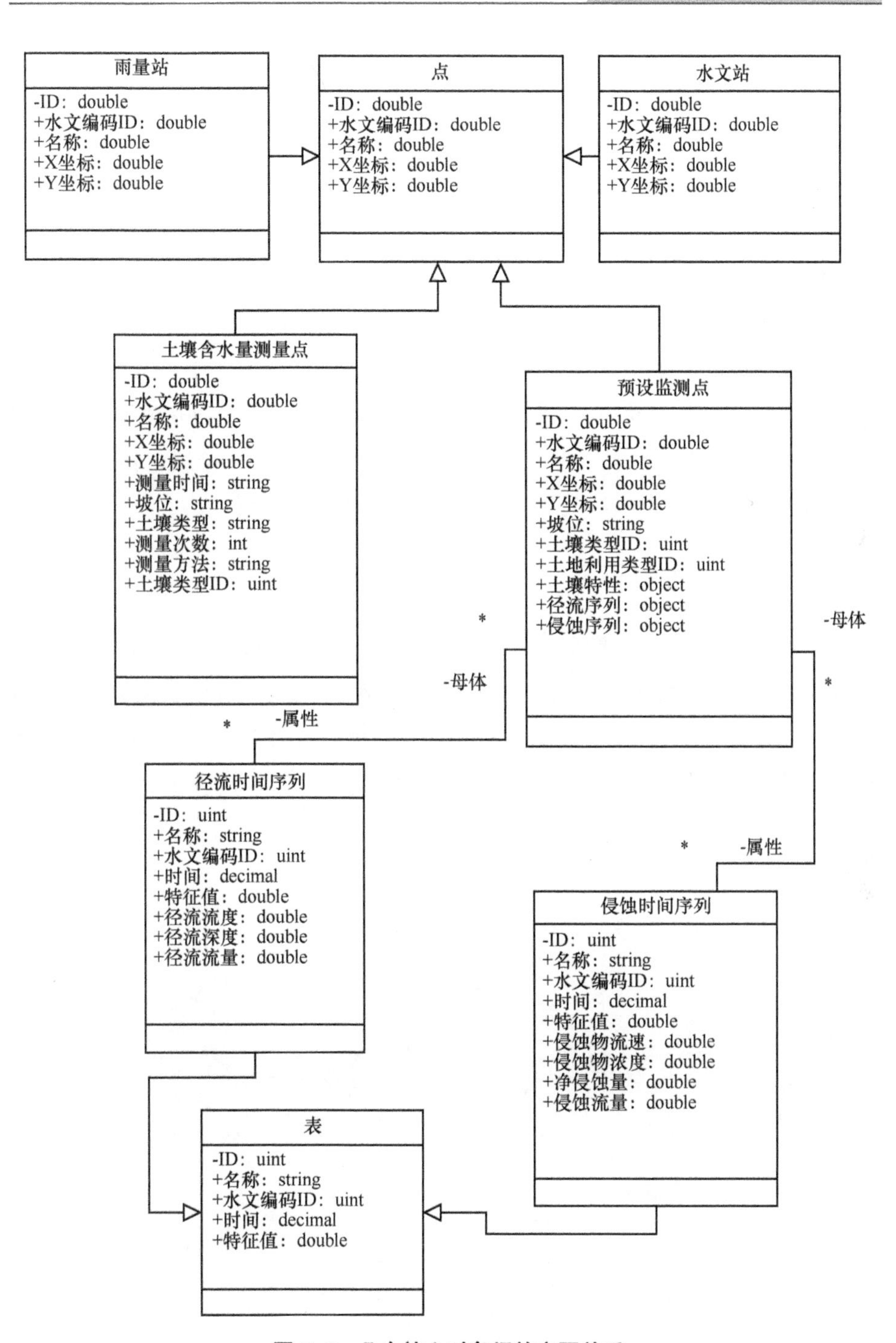

图 6–3　几个核心对象间的主要关系

6.6 “共享数据模型”的设计与实现

该共享数据模型是对 Arc Hydro 数据模型在流域泥沙运动模拟领域的扩展，包括两个方面：模型要素扩展和要素关系扩展。Arc Hydro 数据模型包括 5 类要素，分别是水文边线、水文节点、水体、流域和监测点。为了记录和分析坡面上水文要素的时空特征，增加一类要素：坡面预设监测点，并在水文节点中增加泥沙流量、流速、浓度等要素特征属性，进而实现了 Arc Hydro 数据模型在模型要素方面的扩展。将分级汇流方法引入 Arc Hydro 数据模型，在水文边线和水文节点中增加特征属性：分级汇流的级数。分级汇流的级数从最末端的河网支流开始编码，即最外围支流分级数为 1 级。

6.6.1 “共享数据模型”中的要素分类与存储实现

“共享数据模型”中的要素按照应用方向（水文过程和土壤侵蚀及泥沙输移过程）分为水文要素和侵蚀输沙要素。水文要素与 Arc Hydro 数据模型的要素一致，包括水文边线、水体、流域、水文节点和监测点要素。侵蚀输沙要素包括坡面侵蚀预设监测点要素。图 6-4 显示了“共享数据模型”的要素类型。

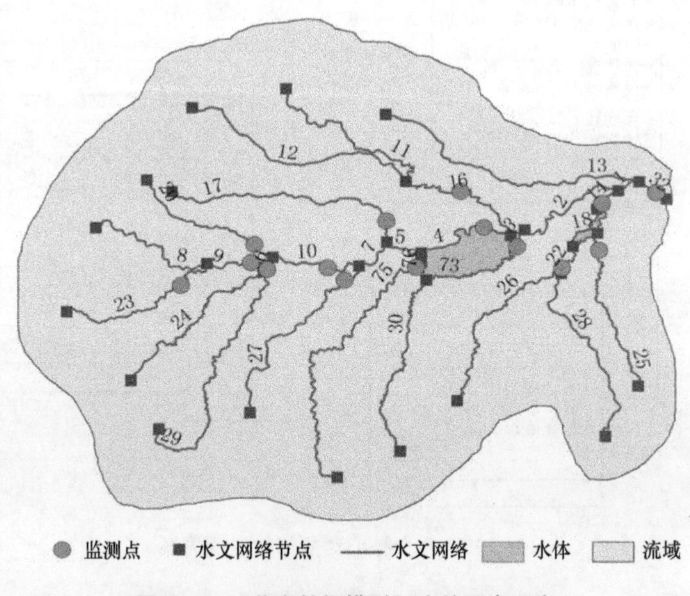

图 6-4 “共享数据模型”中的要素示意

水文节点属性包括水文标识 ID（HydroID）、水文代码（HydroID）、下游水文模拟节点的水文标识（NextDownID）、节点标识（OBJECTID）、水文节点的类型（Data Type）等（表 6-2）。水文网络中的任意一条边线即为一条水文边线。水文边线属性包括水文标识（HydroID）、水文代码（HydroCode）、河段代码（ReachCode）、水文线方向（FlowDir）、水文线类型（Data Type）等（表 6-3）。

表 6-2　水文节点要素的属性基本字段说明

字段名称	数据类型	Allow_nulls	长度	字段含义
OBJECTID	OID	是		水文节点标识 ID
Shape	Geometry	是		点几何要素
HydroID	Integer	是		水文数据库中水文节点要素的唯一标识
HydroCode	String	是	30	要素的永久公有标识
NextDownID	Integer	是		下游水文节点的 ID
LengthDown	Double	是		距流域出口的长度
DrainArea	Double	是		流入该水文节点的上游总汇流面积
Ftype	String	是	30	水文节点的类型

表 6-3　水文边线要素的属性字段说明

字段名称	数据类型	Allow_nulls	长度	字段含义
OBJECTID	OID	是		水文边线标识 ID
Shape	Geometry	是		线几何要素
HydroID	Integer	是		水文数据库中水文边线要素的唯一标识
HydroCode	String	是	30	要素的永久公有标识
ReachCode	String	是	30	河段标识
FlowDir	Integer	是		水流线的水流方向
NextDownID	Integer	是		下游水文节点的 ID
EdgeType	String	是	30	水文边线的类型
JunctionID	Integer	是		节点标识

在表 6-3 中，水文边线的水文线方向字段的值域为 0、1、2 和 3：0 表示水流方向未初始化，1 表示与数字化方向一致，2 表示与数字化方向相反，3 表示水流方向不确定。水文边线的边的类型字段值域为 1 和 2：1 表示水文

边线为水流线（水流方向线，如河流、湖泊中的自定义中心线，表示水流方向），2 表示水文边线为岸线（如河岸线、湖泊岸线等）。

水体、水文节点、水文边线和流域要素具有的属性与 Arc Hydro 数据模型中的定义相同。但是，为了描述完整的模型要素间关系，此处仍阐述其重要特征。水体和流域要素的字段说明如表 6-4 和表 6-5 所示。

表 6-4 水体要素的字段属性说明

字段名称	数据类型	Allow_nulls	长度	字段含义
OBJECTID	OID	是		水体水文标识 ID
Shape	Geometry	是		面几何要素
HydroID	Integer	是		水文数据库中水体要素的唯一标识
HydroCode	String	是	30	要素的永久公有标识
Name	String	是	30	水体名称
JunctionID	Integer	是		水体出口节点标识
AreaSqKM	Double	是		水体面积
Ftype	String	是	30	水体的类型

表 6-5 流域要素的字段属性说明

字段名称	数据类型	Allow_nulls	长度	字段含义
OBJECTID	OID	是		流域水文标识 ID
Shape	Geometry	是		面几何要素
HydroID	Integer	是		水文数据库中流域要素的唯一标识
HydroCode	String	是	30	要素的永久公有标识
DrainID	Integer	是		上游流域 ID
JunctionID	Integer	是		流域出口节点标识
AreaSqKM	Double	是		流域面积
Ftype	String	是	30	流域的类型
NextDownID	Integer	是		流入下一个流域的标识 ID

坡面侵蚀预设监测点是不同于 Arc Hydro 数据模型中水文节点的要素，它同样具有水文标识属性，该属性实现与时间序列对象的关联（见水文模拟的时间序列对象相关内容）。此外，坡面侵蚀预设监测点还具有坡度、土壤特

性、土地利用特性等属性。坡面侵蚀预设监测点的属性字段如表6-6所示。通过坡面上大量预设监测点的水文过程模拟数据表达流域面上的水文过程模拟时空分布情况，虽然不能全部覆盖整个坡面，但是可以表达出坡面水文过程的基本情况，对于坡面水文过程分析十分便利。坡面预设监测点是在模型运行前用户自定义的点，用户根据流域水文过程模拟时空分析的需要，选择系列特征点定义为坡面预设监测点，因此，坡面预设监测点具有很强的代表性。即便在模型运行之后需要了解没有预设监测点位置的水文过程数据，仍可以根据模型计算结果各个时刻的水文模拟栅格数据进行提取。

表6-6　坡面预设监测点的属性字段说明

字段名称	数据类型	Allow_null	字段含义
OBJECTID	OID	是	水文节点标识ID
Shape	Geometry	是	点几何要素
HydroID	Integer	是	数据库中预设监测点要素的唯一标识
JunctionID	Integer	是	预设监测点的节点标识
DrainArea	Double	是	流入该预设监测点的上游总汇流面积
Slope	Double	是	坡面预设监测点处的坡度
Soil_hyd_co	float	是	土壤饱和水力传导度
Soil_water_c	float	是	土壤含水量
Soil_Organic	float	是	土壤有机质含量
Soil_water_h	float	是	土壤湿润层深度
Soil_Coarse	float	是	土壤粗沙含量
Soil_Silver	float	是	土壤细沙含量
Soil_Silty	float	是	土壤粉沙含量
Vegetation_In	float	是	植被截流因子
Manning_Coef	float	是	曼宁系数因子
Soil_Erod	float	是	土壤可蚀性因子
LanduseManage	float	是	土地管理因子
WaterSoil_Ser	float	是	水土保持因子

根据水文要素和侵蚀输沙要素的概念设计和字段设计，在ESRI的Geodatabase中将各类要素存储为对应的要素类，并根据分类情况组织在不同的要素

集中。水文 Geodatabase 包括水文要素集、侵蚀输沙要素集。水文要素集中包括了水文节点要素类、水文边线要素类、水体要素类、流域要素类和监测点要素类。侵蚀输沙要素集目前只包含坡面预设监测点要素类，但可以增加相应的要素类以便更好地表达流域的侵蚀输沙过程。

6.6.2 “共享数据模型”中要素关系的实现

“共享数据模型”中要素的关系通过水文标识与节点标识实现关联。水文网络实现了点要素和线要素与水文网络的关联，水体和汇流区则需要其他方法连入水文网络。水体连入水文网络的方法是将水体的标识 ID（JunctionID）与该水体下游出水口的水文节点水文标识 ID 建立关联，具体方法是水体的标识 ID（JunctionID）赋予下游出水口的水文节点水文标识 ID 值（图 6-5）。汇流区使用类似水体的方法连入水文网络，将汇流区出口处的水文节点的水文标识 ID（HydroID）赋值给汇流区的节点标识 ID（JunctionID）（图 6-6）。汇流区可以是集水区、子流域或流域。

字段名称	数据类型	字段含义
OBJECTID	OID	水文节点标识ID
Shape	Geometry	点几何要素
HydroID	Integer	水文数据库中水文节点要素的唯一标识
HydroCode	String	要素的永久公有标识
NextDownID	Integer	下游水文节点的ID
LengthDown	Double	距流域出口的长度
DrainArea	Double	流入该水文节点的上游总汇流面积
Ftype	String	水文节点的类型

字段名称	数据类型	字段含义
OBJECTID	OID	水体水文标识ID
Shape	Geometry	面几何要素
HydroID	Integer	水文数据库中水体要素的唯一标识
HydroCode	String	要素的永久公有标识
Name	String	水体名称
JunctionID	Integer	水体出口节点标识
AreaSqKM	Double	水体面积
Ftype	String	水体的类型

图 6-5 水体和水文节点的连接示意

字段名称	数据类型	字段含义
OBJECTID	OID	水文节点标识ID
Shape	Geometry	点几何要素
HydroID	Integer	水文数据库中水文节点要素的唯一标识
HydroCode	String	要素的永久公有标识
NextDownID	Integer	下游水文节点的ID
LengthDown	Double	距流域出口的长度
DrainArea	Double	流入该水文节点的上游总汇流面积
Ftype	String	水文节点的类型

字段名称	数据类型	字段含义
OBJECTID	OID	流域水文标识ID
Shape	Geometry	面几何要素
HydroID	Integer	水文数据库中流域要素的唯一标识
HydroCode	String	要素的永久公有标识
DrainID	Integer	上游流域ID
JunctionID	Integer	流域出口节点标识
AreaSqKM	Double	流域面积
Ftype	String	流域的类型
NextDownID	Integer	流入下一个流域的标识ID

图 6-6 水文节点与流域的连接示意

正如 Madiment 教授指出的一样，这种面域的水流向水文节点的拓扑连接关系特别适合于水文地理，当然也就特别适合于流域水文过程模拟。很明显，其他要素也可以通过这种方法连接至水文网络，如监测点要素（水流测量点、流量模拟点、水质采样点等）更可以通过上述方法连接至水文网络。将监测点连接至水文网络的方法是在距离监测点最近的水文边线上建立一个水文节点，并将水文节点的水文标识 ID（HydroID）赋值给监测点的节点标识 ID（JunctionID）。坡面预设监测点无法直接与水文网络连接，只能通过坐标或象元行列实现与坡面的连接。

6.6.3 水文模拟的时间序列对象及其与模型中要素的关联

在本框架的“共享数据模型”中除了特征要素之外，还有一类重要对象，即时间序列对象。时间序列对象是一个包含大量时序数据的大型表格对象，与其相关联的一类表格对象是时间序列数据类型对象。时间序列数据类型对象也存储随时间变化的数据，但是只存储一种数据，如泥沙运动计算结果中的侵蚀流量数据或径流计算结果中的流量数据。水文过程时间序列对象包含了所有径流和泥沙的时序数据。从关系数据库的角度，时间序列对象包含了多列模拟结果数据，而时间序列类型数据对象包含了一列数据，它们之间通过关键字段连接。时间序列数据类型对象存储了水文监测或模拟结果的时序数据，如流域出口节点处的径流和泥沙运动随时间变化的时序数据，即一个时间段内各个时刻的径流数据（各个时刻的流速、流量和水深等）及泥沙数据（各个时刻的泥沙含量、各种粒度大小的泥沙含量和泥沙流量等）。时间序列数据类型对象包含 7 个数据描述属性，依次为类型标识 ID、变量、单位、规律性、时间序列的间隔、数据类型和来源，对应的字段名称依次为 TSTypeID、Var、Units、IsRegular、TSInterval、DataType 和 Origin。此外，时间序列对象还包含 OBJECTID、FeatrueID 等属性，其中，FeatrueID 实现与监测点的关联，其实现方法是将监测点的水文标识 ID（HydroID）赋予时间序列对象的 FeatureID，进而实现二者的关联。

时间序列类型标识是一个整数标识符，表示了时间序列数据类型，在该“共享数据模型”中，时间序列类型标识的域为 1～6，其中，1 表示时间序列数据类型为瞬时值，2 表示时间序列数据类型为累计值，3 表示时间序列数据类型为增量值，4 表示时间序列数据类型为平均值，5 表示时间序列数据类型为最大值，6 表示时间序列数据类型为最小值。时间序列的来源属性表示时间序列值是测量的还是模拟计算的。

为了理解的直观性，用自动雨量计记录的降雨数据说明时间序列对象的特性（表 6-7）。根据表 6-7，降雨时间序列对象具有至少 9 个属性，FeatureID 值为 8，表示其关联的水文监测点或水文节点的水文标识 ID 为 8 的点要素。TSTypeID 值为 4，表示该时间序列对象描述的数值是均值。Var 列表示降雨强度变量（是以 5 分钟为间隔的降雨强度均值，对应了 TSInterval 时间间隔值为 5）。Origin 值为 1，表示数据来源是记录获得的，而不是由计算获得（计算获得的数据来源值为 2）。

表 6-7　降雨时间序列数据类型对象示例

OBJECTID	FeatureID	TSTypeID	Var	Units	IsRegular	TSInterval	DataType	Origin
1	8	4	0	mm/h	是	5	float	1

续表

OBJECTID	FeatureID	TSTypeID	Var	Units	IsRegular	TSInterval	DataType	Origin
2	8	4	21.60	mm/h	是	5	float	1
3	8	4	9.60	mm/h	是	5	float	1
4	8	4	31.20	mm/h	是	5	float	1
5	8	4	21.60	mm/h	是	5	float	1
6	8	4	7.20	mm/h	是	5	float	1
7	8	4	2.40	mm/h	是	5	float	1
8	8	4	2.40	mm/h	是	5	float	1
9	8	4	2.40	mm/h	是	5	float	1
10	8	4	2.40	mm/h	是	5	float	1
11	8	4	19.20	mm/h	是	5	float	1
12	8	4	16.80	mm/h	是	5	float	1
13	8	4	2.40	mm/h	是	5	float	1
14	8	4	2.40	mm/h	是	5	float	1

以水文过程模拟计算结果对应的时间序列对象为例，说明坡面预设监测点对应的水文过程计算所得时间序列对象的内容和特征（表6-8）。在表6-8中，FeatureID值为3，表示该时间序列数据类型表与坡面预设监测点的水文ID值为3。TSTypeID值为1，说明该时间序列对象存储的数据类型是瞬时值。TSInterval值为1，表示该时间序列对象的时间间隔为1分钟。Origin值为2，表明该时间序列对象数据的获取方式是模拟计算，而不是数据测量。

表6-8　侵蚀流量时间序列数据类型示例

OBJECTID	FeatureID	TSTypeID	Var	Units	IsRegular	TSInterval	DataType	Origin	M_Time
1	3	1	0.00001	m^3/s	是	1	float	2	100
2	3	1	0.00001	m^3/s	是	1	float	2	101
3	3	1	0.00002	m^3/s	是	1	float	2	102
4	3	1	0.00003	m^3/s	是	1	float	2	103
5	3	1	0.00006	m^3/s	是	1	float	2	104
6	3	1	0.00015	m^3/s	是	1	float	2	105

续表

OBJECTID	FeatureID	TSTypeID	Var	Units	IsRegular	TSInterval	DataType	Origin	M_Time
7	3	1	0.00034	m^3/s	是	1	float	2	106
8	3	1	0.00073	m^3/s	是	1	float	2	107
9	3	1	0.00182	m^3/s	是	1	float	2	108
10	3	1	0.004	m^3/s	是	1	float	2	109
11	3	1	0.00702	m^3/s	是	1	float	2	110
12	3	1	0.01043	m^3/s	是	1	float	2	111

时间序列对象与水文网络的连接通过关联字段来实现，具体方式是：时间序列对象通常是某一个空间位置的时序数据，因此，时间序列对象与水文网络的连接通过水文节点或监测点与时间序列对象的连接来实现。具体实现过程是将水文节点或监测点的水文标识 ID（HydroID）赋值给时间序列对象的 FeatureID，图 6-7 显示了它们之间的连接关系和方法，箭头表示字段赋值。

字段名称	数据类型	Domain	长度
OBJECTID	OID		
FeatureID	Integer		
TSTypeID	Integer		
Var	Double		
Units	String		30
TSInteval	Integer	TSIntervalType	
DataType	Integer	TSDataType	
Origin	Integer	TSOrigin	

字段名称	数据类型	字段含义
OBJECTID	OID	水文节点标识ID
Shape	Geometry	点几何要素
HyroID	Integer	水文数据库中水文节点要素的唯一标识
HydroCode	String	要素的永久公有标识
NextDownID	Integer	下游水文节点的ID
LengthDown	Double	距流域出口的长度
DrainArea	Double	流入该水文节点的上游总汇流面积
Ftype	String	水文节点的类型

图 6-7　时间序列对象与水文节点的连接示意

6.6.4　“共享数据模型”的实现：水文过程模拟时空数据库

水文过程模拟时空数据库是在 Arc Hydro 数据库基础上扩展而成的，主要是增加了坡面预设监测点要素、土壤特性分离出来的单因子栅格数据、土地利用数据中分离出来的单因子栅格数据、单独的坡度数据及与流域输沙相关的时间序列对象。图 6-8 显示了水文过程模拟时空数据库的要素及其说明。受图幅的限制，水文过程模拟时空数据库中的有些元素并未在图 6-8 中绘出，如径流时间序列与径流监测点要素的关联类及水体要素及其与水文节点的关联类等。

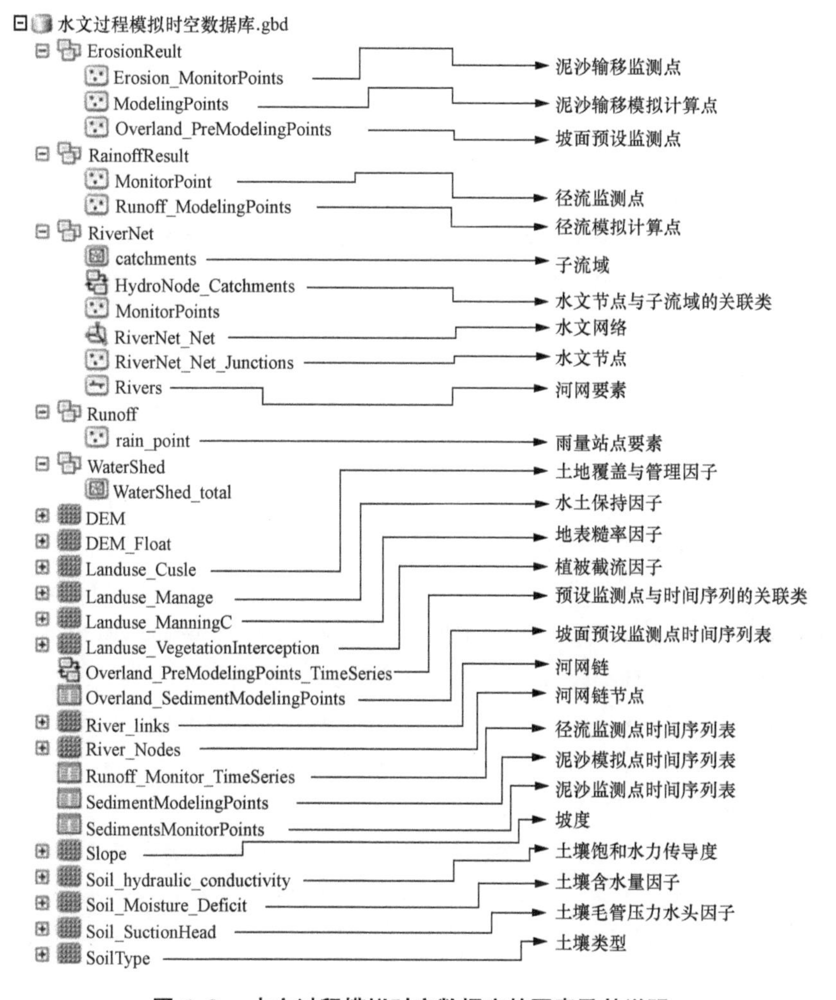

图 6-8　水文过程模拟时空数据库的要素及其说明

6.7 小 结

本章借鉴水利数据框架 Arc Hydro、PIHMgis 的“共享数据模型”、水文模型与 GIS 的二元结构集成方法及面向对象的 ESRI Geodatabase 数据模型，结合流域水文过程模拟 CASC2D-SED 模型，构建了水文模型数据框架，为水文模型整体框架的构建提供了基础。

参考文献

[1]BLIND M，GREGERSEN J B. Towards an open modeling interface（OpenMI）the harmonit project[J]. Advances in geosciences，2005(4)：69-74.

[2]BRANGER F，BRAUD I，DEBIONNE S，et al. Towards multi-scale integrated hydrological models using the LIQUID® framework. overview of the concepts and first application examples [J]. Environmental modelling & software，2010，25(12)：1672-1681.

[3]GREGERSEN J B，GIJSBERS P J A，WESTEN S J P. OpenMI：open modelling interface[J]. Journal of hydroinformatics，2007，9(3)：175-191.

[4]KUMAR M，BHATT G，DUFFY C J. An object-oriented shared data model for GIS and distributed hydrologic models[J]. International journal of geographical information science，2010，24(7)：1061-1079.

[5]LEAVESLEY G H，RESTREPO P J. The modular modeling system（MMS），user's manual [R]. U. S. geological survey，open-file report，1996：96-151.

[6]LEAVESLEY G，MARKSTROM S，FREVERT D，et al. The watershed and river systems management program[C]//A Decision Support for Water and Environmental-Resource Management：Agu Fall Meeting，2004.

[7]LEE G，KIM S，JUNG K，et al. Development of a large basin rainfall-runoff modeling system using the object-oriented hydrologic modeling system（OHyMoS）[J]. KSCE journal of civil engineering，2011，15(3)：595-606.

[8]MAIDMENT R D. Arc hydro：GIS for water resources[M]. New York：ESRI Press，2002.

[9]MARKSTROM S L，FREVERT D，LEAVESLEY G H. The watershed and river systems management program[C]//Proceedings of the 2005 Watershed Management Conference，Williamsburg，2005.

[10]MCKINNEY D C，CAI X. Linking GIS and water resources management models：an object-o-

riented method[J]. Environmental modelling & software, 2002, 17(5): 413-425.
[11]RAHMAN J M, CUDDY S M, WATSON F G R. Tarsier and ICMS: two approaches to framework development [J]. Mathematics and computers in simulation, 2004, 64 (3-4): 339-350.
[12]RAHMAN J M, SEATON S P, PERRAUD J M, et al. It's TIME for a new environmental modelling framework[J]. Pediatrics, 2014, 7(12): 152-155.
[13]YANG W, ROUSSEAU A N, BOXALL P. An integrated economic-hydrologic modeling framework for the watershed evaluation of beneficial management practices[J]. Journal of soil & water conservation, 2007, 62(6): 423-432.
[14]崔修涛，吴健平，张伟锋．插件式 GIS 的开发[J]．华东师范大学学报(自然科学版)，2005(4)：51-58.
[15]邓斌，蒋昌波，阮宏勋，等．分布式水文模型中模块分解与组合的理论研究[J]．水利学报，2009，40(10)：1264-1273.
[16]符素华，张卫国，刘宝元，等．北京山区小流域土壤侵蚀模型[J]．水土保持研究，2018，8(4)：114-120.
[17]郭庆胜，马潇雅，王琳，等．基于插件技术的地理信息时空分布与变化特征提取系统的设计与实现[J]．测绘通报，2013(4)：18-20.
[18]郭延祥．并行组合数学模型方式研究及初步应用[D]．北京：清华大学，2010.
[19]姜昌华．插件技术及其应用[J]．计算机应用与软件，2003，20(10)：10-11.
[20]李致家，胡伟升，丁杰，等．基于物理基础与基于栅格的分布式水文模型研究[J]．水力发电学报，2012，31(2)：5-13.
[21]李致家，张珂，姚成．基于 GIS 的 DEM 和分布式水文模型的应用比较[J]．水利学报，2006，37(8)：1022-1028.
[22]廖义善，卓慕宁，李定强，等．基于 GIS 黄土丘陵沟壑区分布式侵蚀产沙模型的构建——以蛇家沟小流域为例[J]．泥沙研究，2012(1)：7-13.
[23]刘前进，蔡强国，方海燕．基于 GIS 的次降雨分布式土壤侵蚀模型构建——以晋西王家沟流域为例[J]．中国水土保持科学，2008，6(5)：21-26.
[24]陆垂裕，秦大庸，张俊娥，等．面向对象模块化的分布式水文模型 MODCYCLE Ⅰ：模型原理与开发篇[J]．水利学报，2012，43(10)：1135-1145.
[25]吕爱锋，王纲胜，陈嘻，等．基于 GIS 的分布式水文模型系统开发研究[J]．中国科学院研究生院学报，2004，21(1)：56-62.
[26]梅德门特．水利 GIS[M]．北京：中国水利水电出版社，2013.
[27]祁伟，曹文洪，郭庆超，等．小流域侵蚀产沙分布式数学模型的研究[J]．中国水土保持科学，2004，2(1)：16-22.

[28]任立良，刘新仁．基于 DEM 的水文物理过程模拟[J]．地理研究，2000，19(4)：369-376.

[29]沈洁，李致家，张鹏程．基于栅格的分布式水文模型应用研究[J]．人民黄河，2014(6)：47-50.

[30]汪小林，邓浩，王海波，等．Fortran 地理模型的拆分与服务化封装[J]．计算机科学与探索，2011，5(3)：221-228.

[31]王船海，杨勇，丁贤荣，等．水文模型与 GIS 二元结构集成方法与实现[J]．河海大学学报(自然科学版)，2012(6)：605-609.

[32]王中根，郑红星，刘昌明．基于模块的分布式水文模拟系统及其应用[J]．地理科学进展，2005，24(6)：109-115.

[33]吴亮，杨凌云，尹艳斌．基于插件技术的 GIS 应用框架的研究与实现[J]．地球科学——中国地质大学学报，2006，31(5)：609-614.

[34]余叔同，郑粉莉，张鹏．基于插件技术和 GIS 的坡面土壤侵蚀模拟系统[J]．地理科学，2010(3)：441-445.

[35]袁再健．基于 GIS 的分布式侵蚀产沙模型及其空间尺度转换研究进展[J]．中国农学通报，2012，28(9)：293-296.

[36]郑重，宋君强，吴建平．地球科学应用软件框架的研究与发展[J]．计算机工程，2007，33(10)：44-45.

第7章

水文建模计算框架

以水文物理过程模型 CASC2D-SED 的分解与细粒度封装为基础，遵循面向对象的设计原则，采用面向对象的依赖注入设计模式建立流域水文过程的细粒度建模核心框架。通过引入依赖注入模式和反射机制，实现了该建模框架中组件的即插即用特性。在框架实现中，使用 C#语言设计开发流域水文过程模拟框架的细粒度 . NET 组件库。基于 . NET 的接口和依赖注入设计模式实现组件间及组件和框架容器间的交互。

7.1 流域水文过程细粒度建模框架的基础结构

流域水文过程细粒度建模框架包括“数据框架”和“模型引擎框架”。数据框架指数据的存储模型、数据库及其组织结构。模型引擎是指模型的计算部分，不包含模型的数据。模型引擎和数据共同构成了模型，模型是引擎的实例。当一个引擎完成数据输入和模型初始化之后，就认为是一个模型，如计算坡面径流的引擎，当引擎完成降雨、土壤特性、土地利用特性及边界条件等的读取，那么就成为坡面径流模拟处理模型。因此，流域水文过程细粒度建模核心框架的具体内容包括流域水文过程模拟“共享数据模型”、流域水文过程模拟时空数据库、组件库（包括细粒度组件和中粒度组件）、细粒度和中粒度组件间相互嵌套组合的契约及组件间的数据通信协议。使用依赖注入设计模式完成细粒度组件和中粒度组件嵌套组合的契约设计。以 Arc Hydro

的基础数据框架为基本结构，根据流域水文相关数据类型的特征完成流域水文模拟的数据框架设计。基于 ArcGIS 的 Geodatabase 设计流域水文数据的存储方案，形成流域水文过程模拟的基本数据框架。

流域水文过程的细粒度建模核心框架的设计采用了较多的面向对象设计模式，以便于框架的便捷扩展与维护，最重要的是该流域水文过程的细粒度建模框架采用了最新的依赖注入设计模式和反射机制，使框架扩展具有更大的灵活性。该建模框架采用最新的面向对象设计模式：依赖注入设计模式，该模式可以很好地支持流域水文过程模型的结构不确定性研究。依赖注入模式的运用使得细粒度组件的替换及扩展极为便利，详细内容见 7.4 节。流域水文细粒度建模框架的结构分为 4 个层次，自底向上依次为流域水文模拟时空数据库、流域水文数据框架、流域水文组件库和流域水文模拟框架容器（图 7-1）。

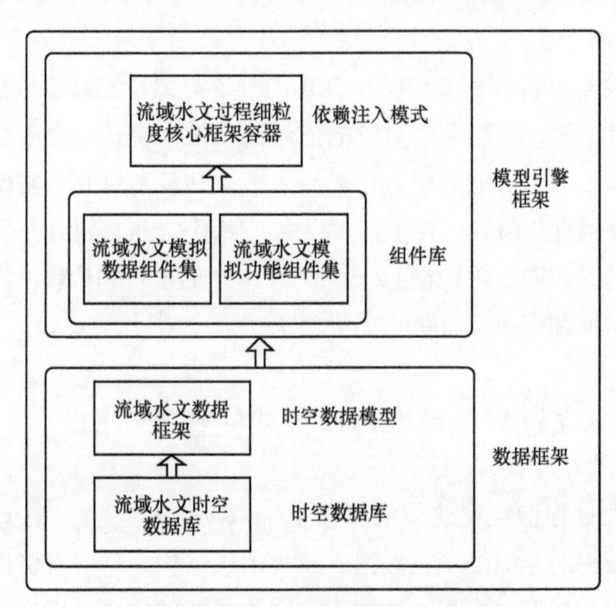

图 7-1　流域水文过程建模核心框架基础结构

过程组件（如坡面流模拟组件、坡面侵蚀模拟组件等，通常是中粒度组件）和细粒度组件（如径流迁移泥沙能力组件等）之间是一种嵌套关系或称复合关系，该嵌套关系通过依赖注入模式实现二者的低耦合设计。过程组件之间存在水文过程固有的串联关系，通过预先定义接口契约实现关联和数据交换。

7.2　流域水文过程建模的模型引擎框架

模型引擎框架是模型计算部分的软件组织结构、组件接口及采用的软件设计模式等。流域水文过程建模的模型引擎框架涉及内容包括面向对象的设计模式、细粒度组件封装策略、组件间的通信协议和软件的反射机制。流域水文过程建模框架的物理组成包括框架容器、组件库和时空数据库，框架容器负责动态链接库的加载（包括编译期加载和运行期加载，无须扩展的 DLL 采用编译期加载，需要动态扩展的 DLL 采用运行期加载）与调用。用户加载自定义 DLL 时，框架容器采用反射机制动态获取用户自定义 DLL 中的对象和接口；用户不加载自定义 DLL 时，框架调用默认的 DLL。组件库包含了细粒度组件和中粒度组件，部分中粒度组件通过依赖注入模式实现组件的嵌套调用。时空数据库保存模型所需的所有数据，包括模型运行结果数据。模型引擎框架是模型引擎复用的重要工具。为了实现流域水文过程模型引擎良好的可复用性，该模型引擎基于面向对象的设计原则和相应的面向对象设计模式。流域水文过程建模的模型引擎框架内容在本章 7.4 至 7.8 节的详细研究和阐述。

7.3　流域水文细粒度建模框架的面向对象设计原则

流域水文过程建模框架必须能便捷地被该领域建模所复用。面向对象建模是一种很好的复用方法，面向对象的建模框架必然采用面向对象的设计模式。面向对象的设计模式包含了多个面向对象的设计原则，开闭原则是面向对象设计的总原则。为了满足开闭原则，可通过依赖倒置原则、组合优先原则、变化封装原则、里氏替换原则及迪米特法则等来实现。

7.3.1　面向对象设计原则

7.3.1.1　开闭原则

Bertrand Meyer 于 1988 年提出了著名的软件设计原则：开闭原则（Open-Closed Principle，OCP）。开闭原则是指软件实体对扩展开放，对修改封闭。用户需求变化是软件设计中最常见的情况，软件设计必须能够适应需求的变化。软件的新需求应该能够通过扩展新功能即可满足，而不必修改已有运行正常的代码，即在不影响现有模块的情况下扩展软件功能以满足新的需求。策略模式和模板方法模式是实现开闭原则的最常用方法，两种模式所解决的问题比较类似，并且可以互换使用。但是，模板方法模式使用集成解决问题，而策略模式使用委托来解决问题。

7.3.1.2 依赖倒置原则

依赖倒置原则是指高层模块不应该依赖底层模块，高层模块和底层模块都应该依赖于抽象，抽象不应该依赖于细节，细节应该依赖抽象。依赖倒置原则大大降低了高层对底层模块变动的依赖性。通俗地讲，依赖倒置原则就是通过在高层模块和底层模块间增加抽象的中间接口层，接口层由高层定义，底层模块来实现高层模块定义的接口，从而实现底层模块依赖高层模块的反转，即依赖倒置。

7.3.1.3 组合优先原则

组合与封装都是实现软件扩展的方式。继承常常是软件扩展的主要方式，但是，往往导致继承滥用。继承滥用在实现软件扩展的同时，也使得软件的可维护性变差，可能成为一个不可维护的庞然大物。究其原因，这是由继承破坏类的封装特性导致的。组合将软件分解成多个互相不依赖的子元件，因此，比继承有更少的耦合。总之，在软件扩展时，优先使用组合，而不是类继承，即便需要继承，也尽可能只继承抽象类。

7.3.1.4 变化封装原则

变化封装原则（Principle of Encapsulation of Variation，EVP）是对开闭原则的进一步解释，根据变化装封原则，软件设计时，对可能发生变化的部分进行仔细的评估，尽可能多地找出可变因素，对这些可变因素进行汇总、分析，最后实现可变因素的单独封装。

7.3.1.5 里氏替换原则

1998 年 Barbara Liskov 女士发表了著名的里氏替换原则（LSP），用一句话讲就是子类必须能够替换掉它们的父类，这也是软件更新时必须遵循的原则。

7.3.1.6 迪米特法则

迪米特法则是指尽可能地减少类间通信，如果类间不必直接通信，那么类间不应该发生直接的相互作用。如果其中一个类需要调用另一个类的方式，必须通过第三者转发调用。迪米特法则的基本思想是尽可能地减小类间的耦合性，低耦合设计更利于软件的复用。

7.3.2 流域水文过程建模框架的面向对象设计

流域水文过程的面向对象建模应遵循面向对象设计的基本原则，主要包括开闭原则、依赖倒置原则、组合优先原则、变化封装原则、里氏替换原则和迪米特法则。该流域水文过程建模框架遵循了依赖倒置原则，所有的组件（细粒度组件、中粒度组件、粗粒度组件）的调用及相互间的数据传递等功能全部通过接口完成，即实现了所有组件全部依赖抽象的接口。接口定义了组件的属性和实现的方法，只要定义了相应接口的组件都可以用于替换框架中的已有组件，实现了流域水文过程建模框架的便捷扩展。组合/聚合优先原则是指在框架的分级体系中，组件间的关系尽可能地使用组合/聚合关系而不采用继承关系。继承关系虽然可以实现软件的扩展，但是却破坏了类的封装特性。该流域水文过程建模框架采用了组合/聚合优先原则，因此，在该框架的扩展过程中保持了较好的可维护性。变化封装原则是从软件工程实现的角度对开闭原则的进一步解释，它要求在做系统设计时，对系统所有可能变化的部分进行评估和分类，每一个可变因素都进行单独封装。该设计原则对于该流域水文过程建模框架尤为适用，该流域水文过程建模框架一个重要应用方面就是研究流域水文过程模型的不确定性。导致模型不确定性的各个因素都可视为可变因素，对这些可变因素的单独封装十分有利于模型不确定性研究。里氏替换原则是指子类必须能够替换掉它们的父类。虽然继承从一定程度上破坏了类的封装特性，但是使用继承对软件系统进行扩展也是一种不可或缺的方式。流域水文过程模拟新方法与已有模型集成的方法可以通过从已有类中继承并在子类中添加该新方法。该集成方法既可以测试流域水文模拟新方法在流域水文过程模拟中的适用性，也可以提高现有流域水文模型的模拟能力。本书设计的流域水文过程建模框架通过使用依赖注入，使用接口调用另一个组件接口的方法，所有调用全部使用接口，实现了松耦合设计。

7.4 流域水文建模框架的核心设计模式

7.4.1 依赖注入模式

依赖注入是一种新的面向对象设计模式，是由具有软件开发教父之称的

Martin Fowler 在 2004 年提出。依赖注入是指一个组件（调用组件）需要另一个组件（被调用组件）的协助时，调用组件并不创建被调用组件的实例，而是由框架完成被调用组件的实例化，并将实例化的被调用者对象注入调用组件需要的位置。几乎所有的轻量级框架都采用了依赖注入设计模式。

7.4.2 框架的依赖注入模式设计

本书设计的流域水文过程建模框架也采用了依赖注入设计模式。依赖注入设计模式极大限度地减少了组件间或模块间的耦合关系。只要替换者实现了相应的接口，流域水文过程模型中的某一数学模拟方法可以非常方便地替换。依赖注入设计模式的使用为流域水文过程模型的结构不确定性研究提供了极大的便利，同时更是提供了一种灵活的流域水文模型的建模方案。

在流域水文过程模拟中，坡面流模拟组件需要曼宁公式组件的协助，此时，通常的做法是在坡面流模拟组件中实例化曼宁公式组件，导致了二者的强耦合关系。为了实现二者的解耦，采用依赖注入设计模式，具体如图 7-2 所示。

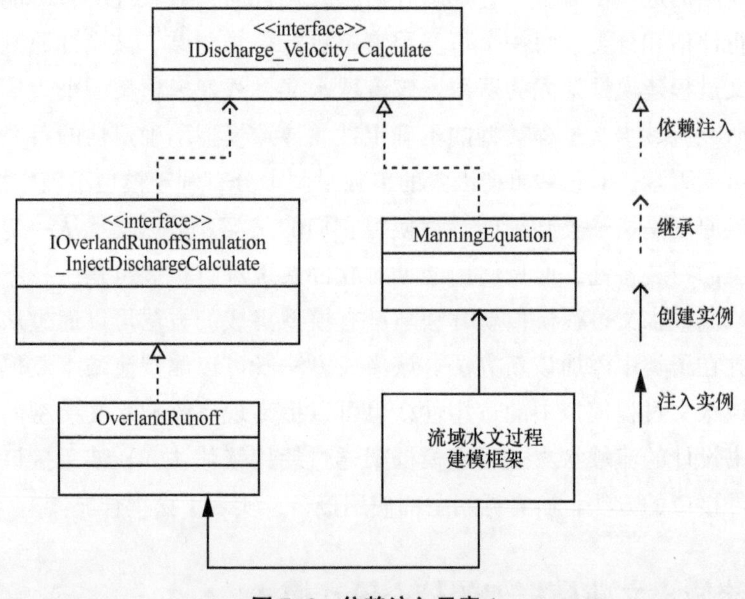

图 7-2 依赖注入示意 1

根据图 7-2，曼宁公式组件通过接口和接口注入实现对坡面流组件的协助。曼宁公式组件实现了流量流速关系计算接口，而坡面流组件 OverlandRunoff 通过实现一个将流量流速关系计算接口注入自身的 IOverlandRunoffSimulation_Inject-

DischargeCalculate 接口来完成对曼宁公式计算的协助请求，而不是通过在自身中实例化曼宁公式组件对象来实现。通俗地讲，就是在坡面流组件内部只有曼宁公式计算接口，该接口与外部对象相连，坡面流组件对象和曼宁公式组件对象是分离的，二者只是一种抽象依赖。从一定程度上实现了二者的解耦。另外一个例子就是坡面输沙对象需要径流输沙能力对象的协助（图 7-3），二者也是通过接口依赖实现解耦的。

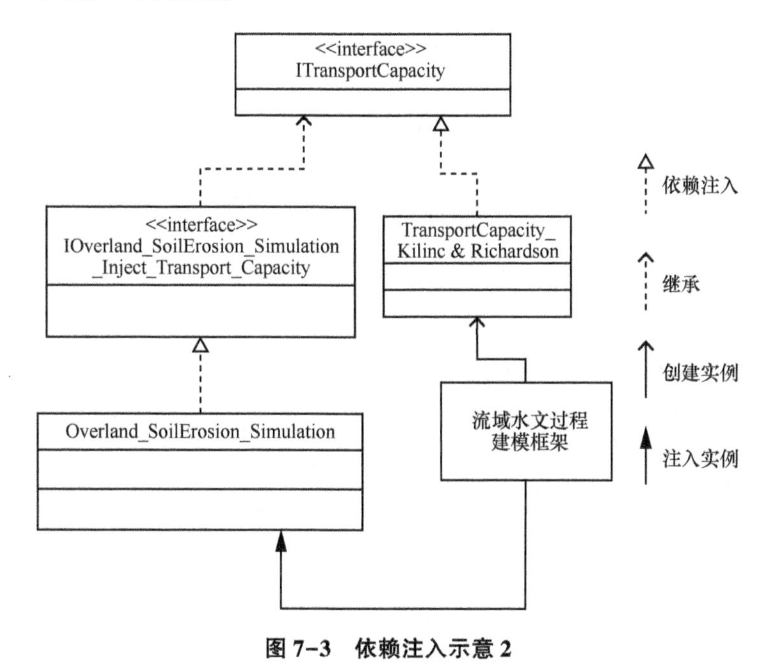

图 7-3 依赖注入示意 2

虽然前面已经对坡面流对象与曼宁公式对象间的协助及坡面侵蚀对象和径流输沙能力对象之间的协助使用依赖注入的方法进行了描述。为了对框架依赖注入设计模式有个整体的认识，以坡面流模拟对象与坡面侵蚀模拟对象的链接及二者的嵌套组合为例，阐述依赖注入模式在框架中的实现情况。图 7-4给出了组件创建、接口依赖、组件复合的描述。在该示例中涉及 5 个对象，分别是曼宁公式对象、坡面流对象、径流输沙能力对象、坡面侵蚀对象、过程上下文对象（一个过程上下文对象包括多个过程对象，这里只是示意）。这 5 个对象的实例创建全部由框架完成，任何对象都不直接创建其他对象。对象需要其他对象的协助时，通过事先定义的接口调用框架创建的实例对象。坡面流对象与曼宁公式对象间的协助及坡面侵蚀对象与径流输沙能力对象间的协助 7.4.2 小节已经进行了阐述。过程上下文对象需要坡面流对象和坡面侵蚀对象的协助（实际上需要更多对象的协助，在此不再一一列出），同样是通过接口依赖将坡面流对象和坡面侵蚀对象复合嵌套在一起。图 7-4 说明了3 个重要内容，第一是所有对象的实例都由框架来创建；第二是对象间的协助通过注入被调用者对象的接口来实现；第三是组件复合嵌套也是通过注入被嵌套组件的接口来实现。除了对象需要其他对象的协助之外，对象之间还存在固有的串联关系，从模型计算的角度，其实质上就是数据依赖，如坡面侵蚀模拟对象需要坡面流模拟对象计算结果的数据，因此，坡面侵蚀模拟对象与坡面流模拟对象是一种数据依赖。这种依赖关系通过获取坡面流模拟对象的数据交换接口来实现，属于组件间的通信，详细见 7.6 节。

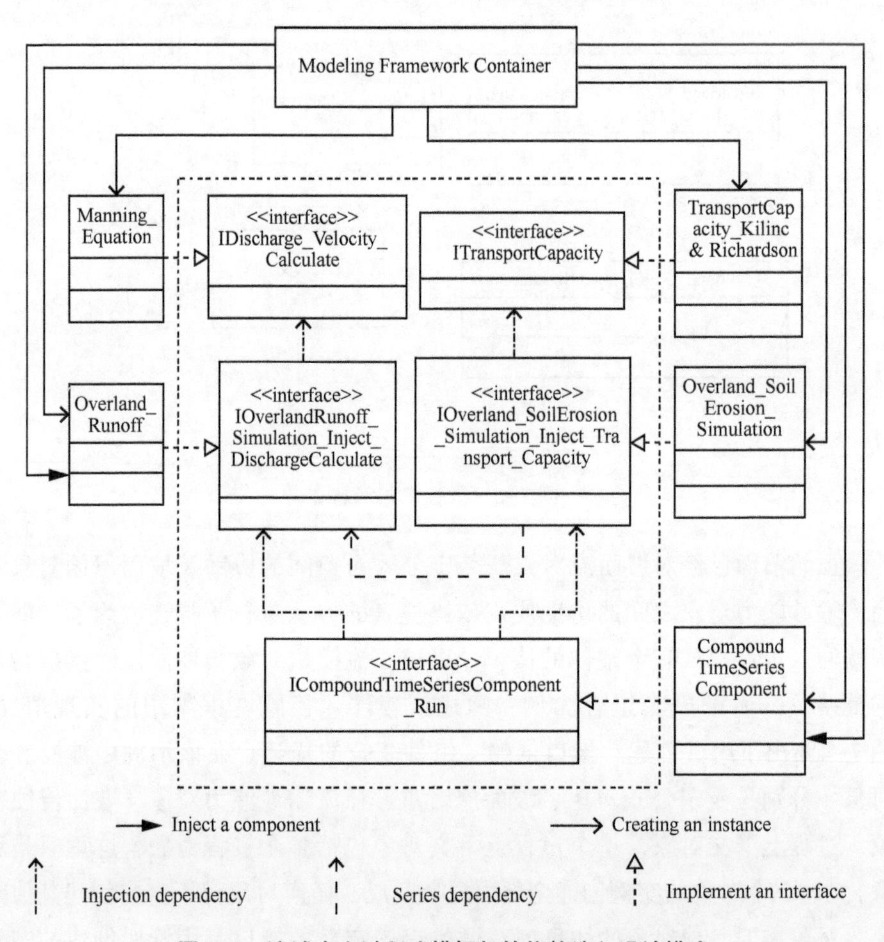

图 7-4 流域水文过程建模框架的依赖注入设计模式

7.5　流域水文细粒度建模框架的核心组件库

7.5.1　框架中的组件分类

整个集成框架基于组件设计，因此无论是数据访问还是功能实现全部由组件完成。框架中的组件根据其扮演的角色分为数据组件和功能组件。数据组件主要是实现数据的内存存储，而功能组件则完成各种模拟计算及数据访问与交换。

7.5.2　数据组件

数据组件主要完成保存从数据库中读取的数据及实现功能组件间的数据交换，因此，数据组件可以进一步细分为存储用于模型初始化的数据组件和用于临时保存模拟计算结果的组件。流域水文过程模型中的数据组件主要包括土壤特性组件集、土地利用组件集、地形组件集及降雨组件等。数据中间件组件主要完成各个模拟时间步长数据的存储，但同时它也完成数据的传递功能，因此，它是一种兼有数据组件和功能组件特性的组件。

7.5.3　功能组件

功能组件完成流域水文过程模拟的各个子过程，如坡面水深计算、土壤下渗计算、坡面流计算、坡面侵蚀计算及侵蚀物的迁移计算等，除此之外，功能组件还完成地形的水文分析、地形要素的分形尺度变换及数据实时交换等功能。因此，流域水文过程模拟中的功能组件主要包括坡面水深计算组件、坡面流计算组件（计算坡面水深、流速、流量）、坡面侵蚀计算组件、沟道汇流计算组件、侵蚀物迁移计算组件及用于数据分析处理的 DEM 水文分析组件、坡度分形变换组件和流路分形变换组件。

7.5.4　框架中的组件及组合关系

根据流域水文过程模型分解的结果，流域水文过程模型包括的对象分为过程对象和数据对象。过程对象和数据对象在流域水文过程建模框架中对应过程组件和数据组件。数据组件主要为模型提供输入数据，而过程组件实现流域水文各个子过程的模拟计算。

在面向对象建模中，模型所有内容都是对象，因此，整个流域水文过程模型也是一个对象，只不过它是一个庞大的复合组件，包含了大量细粒度组件和中粒度组件。复合组件是指组装了多个组件而形成的中粒度组件或粗粒度组件，组件间存在继承关系、组合关系、关联关系等。根据水文模型的分解结果，数据组件间的关系如图 7-5 所示，过程组件的关系如图 7-6 所示。在分级系统中，最底层的组件是细粒度组件，细粒度组件通过组合形成中粒度组件。根据面向对象的组合优先设计原则，该框架的分级体系中，组件间尽可能地采用了组合关系，而尽量避免继承关系。

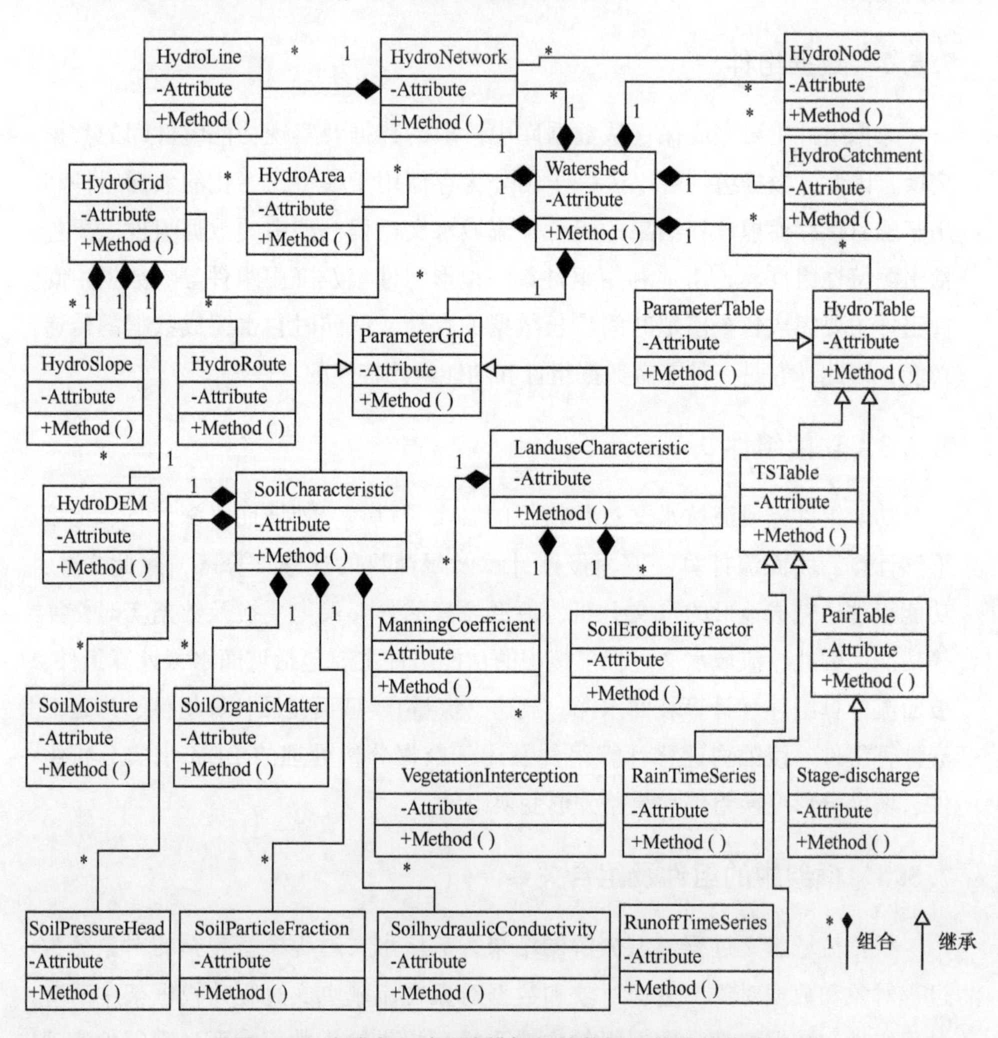

图 7-5 流域水文过程建模框架的数据组件及其关系

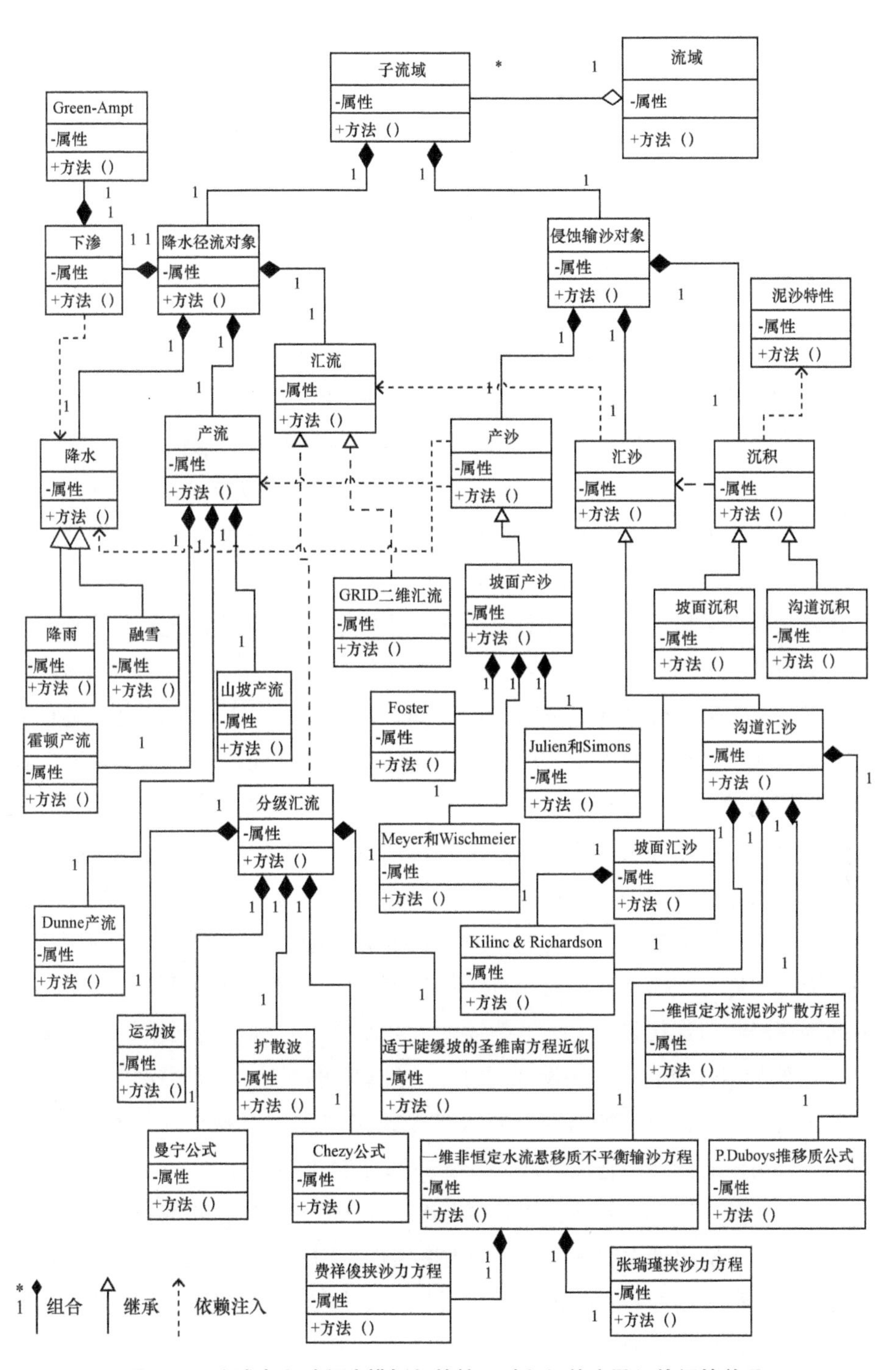

图 7-6　流域水文过程建模框架的核心过程组件库及组件间的关系

根据图 7-5，设计的数据组件库具有两大特征：第一，由于流域水文过程模型是分布式模型，在此考虑到土壤特性参数和土地利用参数数据的空间异质性，全部采用空间数据表达，而不是根据土壤类型和土地利用类型采用表格描述，每一个土壤特性就是一个栅格对象，每一个土地利用特性也是一个栅格对象；第二，使用时间序列表描述水文运移的欧拉运动观。

7.5.5 上下文组件（语境组件）

在流域水文过程模拟中，连续的过程事件必须经过时间离散，时间离散间隔即为模拟时间步长。流域水文过程模拟中的过程对象都在模拟时间内以模拟时间步长为时间间隔重复执行，称为过程对象的时间迭代。如果将流域划分成多个子流域，则对每个子流域进行分别计算，称为子流域的空间迭代。在时间迭代中的每个过程对象又以时间串联的形式进行执行。为了管理过程对象的串联执行、过程对象的时间迭代和子流域的空间迭代，框架设计了4 种迭代复合组件：模型上下文组件、时间上下文组件、过程上下文组件和空间上下文组件。

时间上下文组件完成过程对象的时间迭代，过程上下文组件完成过程对象的串联执行，而空间上下文组件完成空间对象的空间迭代。为了模型的运行，框架还设计了一种模型上下文组件，完成模型配置、数据库连接、时间上下文组件的调用和模型输出等。流域水文过程模拟通过模型上下文组件的一个简单的一次迭代即可完成。模型上下文组件包含了模型的所有组件。由于流域水文过程模拟具有固有的串联特性及数据的读取与输入执行顺序，模型上下文组件管理模型中所有组件的顺序列表，该顺序列表只执行一次。组件间存在嵌套与迭代关系，本书阐述的流域水文过程细粒度建模框架借鉴了OMS 框架的组件复合与迭代设计理念。子过程组件的一次时间迭代对应一个模拟时间步长的计算，所有时间步长的模拟形成了子过程组件的时间迭代。各个复合组件的内容及它们之间的嵌套关系如图 7-7 所示。一个过程对象组件又复合了多个细粒度组件，如坡面汇流组件嵌套了曼宁公式细粒度组件。

过程上下文组件中嵌套了多个细粒度组件，因此，过程上下文组件是4 种复合组件中最复杂的一种。细粒度建模框架必须能够替换或更新被嵌套的细粒度组件，这是框架的基本特征。但是过程上下文组件的这种嵌套关系给被嵌套的细粒度组件的更新和替换增加了难度。为了实现被嵌套组件的方便更新与替换，必须实现过程上下文组件和被嵌套细粒度组件的解耦，解耦的方法从软件工程的角度寻找。过程上下文组件和被嵌套细粒度组件的关系不可能绝对解除，最好的解耦方式是过程上下文组件和被嵌套组件的对象依赖变成抽象的接口依赖。抽象接口依赖在最大程度上实现了二者的解耦。抽象接口依赖可以通过面向对象的依赖倒置原则实现，依赖注入模式是最佳的实现方法。

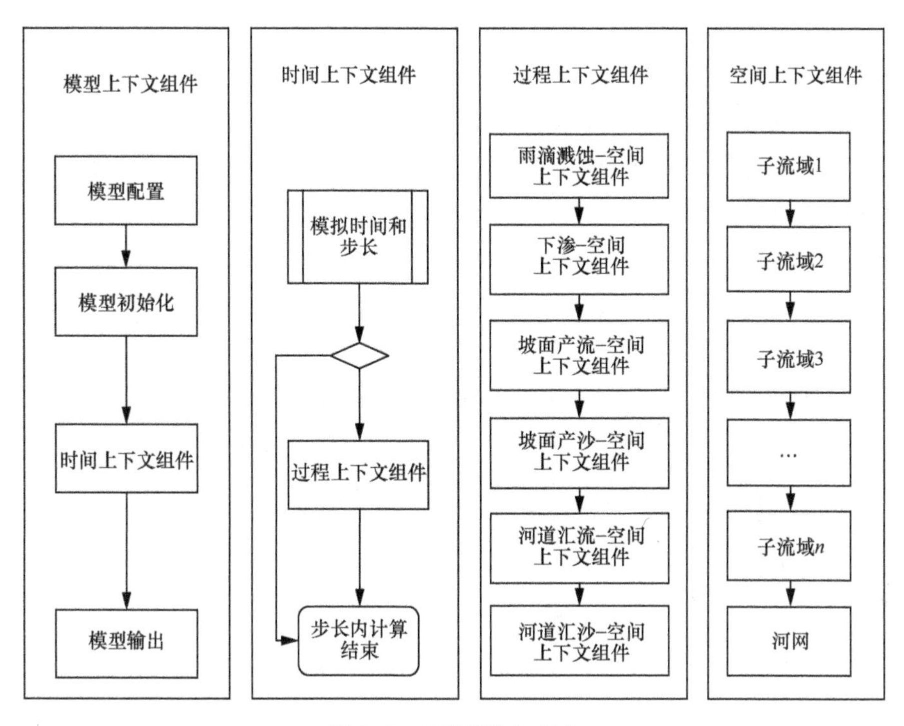

图 7-7 组件嵌套与复合

7.6 模型引擎框架容器、协议与组件间通信

7.6.1 模型引擎框架容器

框架容器包含所有接口的定义（图 7-8），无论是框架默认组件还是用户自定义组件都必须通过实现框架容器定义的接口完成特定任务，这也是框架协议的内容。框架容器还负责动态链接库的加载、接口的调用、注入对象的实例化等工作。具体讲，框架容器负责 DLL 的加载方式和加载时间，如

5.3 节所阐述的内容，框架涉及的组件以 DLL 的形式存在，框架在使用时调用 DLL，完成模型的创建。该框架中的 DLL 分为两种：一种是静态的、不可由用户改变的 DLL；另一种是可以被用户自定义的 DLL 所替换的新 DLL 或称新组件。框架容器还负责注入对象（被嵌套对象）的实例化工作，即依赖注入模式的实现执行部分由框架容器负责。框架容器也可以以模型组件的形式存在，即框架容器也是一个组件，一个庞大的复合组件。框架容器通过接口调用完成组件的连接和数据交换。框架容器通过动态加载用户自定义的 DLL 实现框架的扩展，具体实现方法是：通过反射机制，遍历 DLL 中的各种类型（如类、方法和接口等），根据框架容器定义的特定接口，通过遍历获取，进而调用获得的自定义 DLL 中的接口，实现用户自定义方法替换模型已经存在方法的目的。

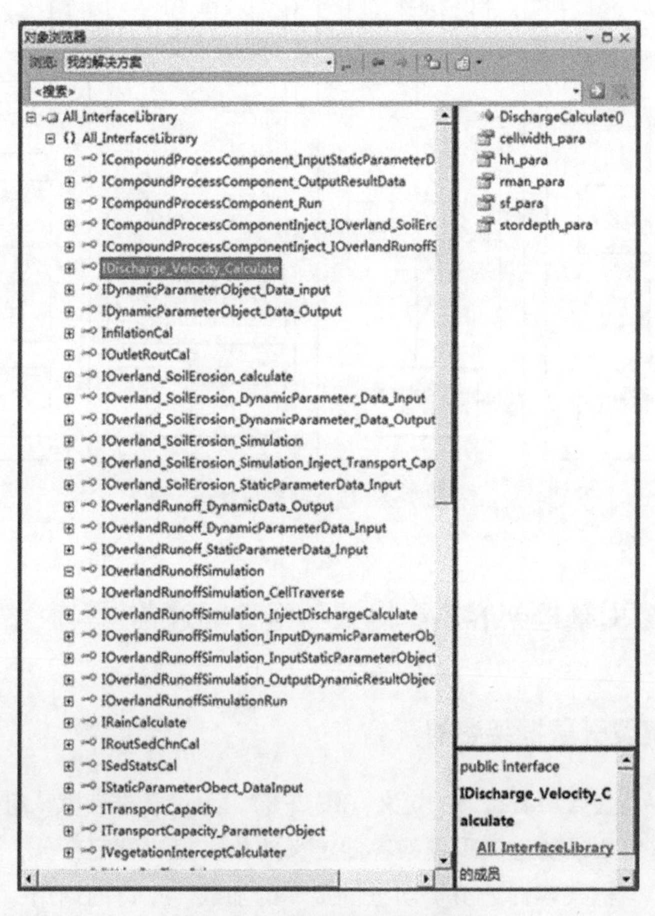

图 7-8　框架涉及的所有接口

7.6.2　模型引擎框架协议

流域水文过程模拟中，各个子过程间具有很强的数据依赖，因此，对应的组件间存在大量数据交换。流域水文过程建模框架定义两个基本协议：① 模型配置阶段，所有的模型输入和参数必须制定；② 模型运行阶段，组件的所有输入输出数据必须声明，通过元数据管理来实现数据声明。除了基本协议之外，还必须定义另一种协议：串联组件间的数据传递协议。子过程组件之间不存在嵌套关系（调用和被调用关系），而是一种串联关系。这种串联关系必须通过事先定义的锲约来表达，实际实现中可以通过事先定义的接口来实现。

7.6.3　组件间通信

根据对参数的分类，静态参数在模型初始阶段传递，而动态参数则必须是模型运行期间动态交换。组件间通信指的是动态参数交换。组件间的通信包括两种：第一，子过程组件和其嵌套组件（被调用组件）间的通信；第二，各子过程组件间的通信。第一种情况，子过程组件已经将其嵌套组件（被调用组件）的接口注入自身之中，只需通过接口查询就可以调用被嵌套组件的任何属性和方法。第二种情况，根据事先定义的数据交换协议实现数据交换，如坡面侵蚀模拟对象需要坡面流对象的数据，则坡面流模拟对象必须实现事先约定的数据交换接口，坡面侵蚀模拟对象只需调用这个事先约定的接口即可实现数据的交换。组件具有多个接口，通过其名称接口实现依赖注入对象，然后通过接口查询（也称为接口转换）获得数据交换接口进而实现数据的动态交换。

7.7　基于反射和 XML 的框架动态扩展机制

7.7.1　反射机制

计算机领域的反射与自然现象的反射（如光的反射）完全不同，1982 年 Smith 最早提出反射的概念，指出反射是一种使程序可以访问和修改其自身行为和状态的能力。1987 年 Patrie Mates 进一步研究和总结了反射的概念和特点，并实现了反射技术与面向对象软件设计的结合。反射没有一个标准的概念，反射的实质就是通过解析程序的元数据获得程序的详细信息，包括程序所在的命名空间，程序包含的字段、属性和方法，并调用程序的方法等。通过程序的反射机制，程序员可以在程序运行阶段解析、运行和扩展程序。实现反射机制的语言包括 C#和 Java 等。以 . NET 为例，在 . NET 中应用程序包含几个部分：程序集、模块、类型、方法、属性和事件等。程序的这些部分可以通过 System. Reflection 命名空间的几个类来解析程序元数据。通过反射机制，动态读取程序集，如 DLL 文件（. DLL），然后通过 System. Reflection 命名空间的几个类来解析程序，创建程序中某个类的实例，并使用 MethodInfo 对象的 Invoke 方法调用实例的方法。总之，通过反射机制可以实现程序的动态扩展，即在程序运行时扩展程序的功能，而不需要重新编译源程序。

7.7.2 XML 概述

XML 的英文全称是 Extensible Markup Language，中文名称是可扩展标记语言。1998 年 W3C 正式批准了 XML 的标准定义。XML 的设计宗旨是网络数据传输，因为网络上传输的数据较小，XML 灵活的层次化数据结构非常适合网络传输。现在 XML 的另一个重要应用是软件配置，XML 作为配置文件具有很多优势。XML 配置文件就是一个 XML 文档。XML 文档中包含许多组成部分，其中，XML 元素是最重要的元素，它存储了实际有用的信息。XML 由开始标记、元素中的数据和结束标记构成。开始标记由放在尖括号中的元素名称构成，而结束标记由放在尖括号中的左斜线加元素名称构成，如<Runoff Component>Runoff Simulation</Runoff Componet>。元素也可以包含其他元素，如子元素，但是只能有一个根元素。XML 不是本书的研究核心，XML 的详细信息请参阅相关文档。

7.7.3 框架的动态扩展机制

依赖注入模式实现了框架中组件对象间的解耦。组件间的耦合关系是不可能完全剔除的，但是可以降低它们之间的耦合关系。依赖注入模式使得组件对象间是一种抽象的接口依赖，而不是实例对象依赖，在很大程度上实现了组件对象间的解耦。这种接口依赖使得框架可以极为方便地替换已有组件从而实现框架的便捷扩展。另外，.NET 的反射机制使得程序可以在运行时解析组件对象并运行其方法。基于依赖注入模式和反射机制，可以完成框架的动态扩展。为了应用的方便，使用 XML 来存储和配置替换组件信息。因此，动态扩展的具体步骤可总结为以下几步：第一，对新组件进行单独封装，保存在 DLL 中（DLL 文件）；第二，使用 XML 记录 DLL 文件的位置及组件的一些详细描述信息；第三，根据 XML 文档中的信息，通过.NET 的反射机制将单独封装在 DLL 中的组件解析出来；第四，将解析出来的组件通过其实现的接口替换框架中的已有组件。通过以上 4 个步骤实现了框架的动态扩展。

框架动态扩展的具体实现方式：①框架容器根据用户需要加载自定义组件判断 DLL 的调用，如果用户加载了自定义的组件，框架容器则调用自定义组件；②调用自定义组件时，通过.NET 的反射机制解析用户加载的组件（以 DLL 的形式存在），遍历 DLL 中的各种类型要素，试图在该 DLL 中获取框架预设的接口，如果找到该接口和对应的对象，则实例化该对象，并调用该接口；③根据在 DLL 中遍历得到的接口，框架容器实现将此接口注入需要它协助的组件中。通过以上 3 个步骤实现了用户自定义组件替换框架中默认组件的方法，进而实现了框架的扩展。

7.8　模型引擎框架的物理设计与实现

根据 7.7 节，模型引擎框架包括模型引擎容器和模型组件库，因此，分别开发模型引擎框架容器和模型组件库。根据流域水文过程模型的细粒度分解，设计相应的细粒度组件。使用面向对象的设计方法和面向对象的设计语言 C#在 Visual Studio 2010 平台下实现流域水文过程模型组件的开发，实现流域水文过程建模的细粒度框架核心组件库。组件间的嵌套调用全部基于接口方式实现，很好地实现了面向对象设计的依赖倒置原则和依赖注入设计模式。以坡面产汇流和坡面侵蚀输沙为例，在坡面汇流组件中嵌套曼宁公式组件，在坡面侵蚀输沙组件中嵌套 Kilinc & Richardson 侵蚀输沙组件。从传统观念上，坡面流模拟组件依赖曼宁公式组件，但在设计中使用依赖注入的设计模式，使坡面流模拟组件和曼宁公式组件都依赖于流量计算接口，曼宁公式组件实现了流量计算接口，而坡面流组件实现了将流量计算接口注入坡面流组件内部的接口。同样的，坡面侵蚀组件依赖于 Kilinc & Richardson 侵蚀输沙组件，但在设计上通过使二者都依赖于抽象的迁移能力接口，改变了二者的强耦合关系。

该框架除了框架容器和时空数据库之外主要是组件库，由 20 个 DLL 构成，这些 DLL 包含了框架所涉及的各种细粒度组件和中粒度组件。其中，中粒度组件嵌套了细粒度组件，其自身是不可以直接被调用的，必须由框架容器创建被嵌套或被注入的细粒度对象实例，并将该实例注入中粒度组件进而协同中粒度组件完成特定功能。图 7-9 显示了本框架设计开发的所有 DLL 文件，DLL 封装了框架涉及的所有组件。

图 7-9　框架包含的 DLL

7.8.1　细粒度组件的设计与实现

细粒度组件不涉及依赖注入模式的使用，因此，不需要设计用来注入其他对象的接口，只需要设计数据输入接口、激发计算的接口及输出数据接口即可。基于 .NET 开发生成 .NET 组件，将细粒度组件保存在 DLL 文件中。数据输入、结果输出也可以放在计算接口中，通过属性访问。以曼宁公式细粒度组件的设计为例，首先定义流量与流速的关系计算接口，然后使该组件继承该接口即可，也就是实现该接口，该接口中的属性设为读写，为数据输入输出提供通道。图 7-10 显示了曼宁公式细粒度组件的设计，该组件实现了流速流量关系计算接口，并把属性和方法全部置于该接口之下。

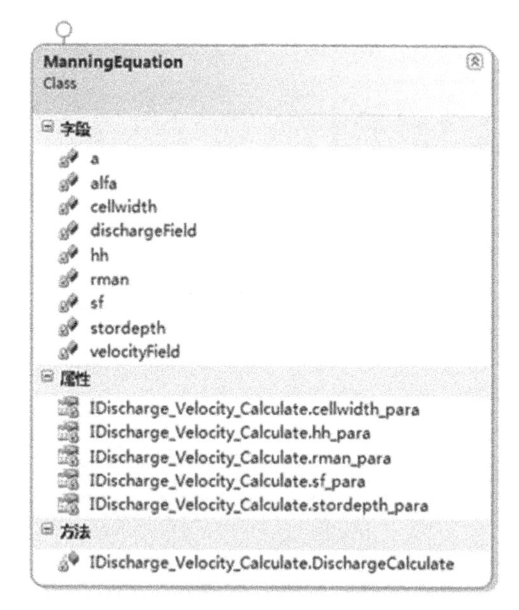

a 曼宁组件对象的实现类图

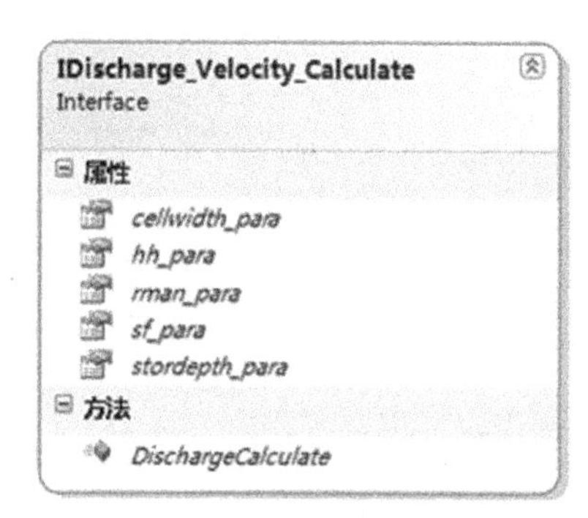

b 曼宁组件的接口

图 7-10　曼宁公式细粒度组件

流域水文模拟中的组件可能需要很多的参数，以属性出现可能会在数据读写中漏掉几个，因此，增加一个参数对象，所有参数封装在参数对象中。以参数对象的形式传递参数效率也更高。径流迁移泥沙的能力细粒度组件就采用了此种方法。Kilinc & Richardson 径流迁移泥沙能力计算需要 12 个参数，参数较多，将其置于一个 Kilinc & Richardson 径流迁移泥沙能力参数接口（ITransportCapacity_ParameterObject）中，Kilinc & Richardson 径流迁移泥沙能力参数对象（TransportCapacity_ParameterClass）继承该接口。Kilinc & Richardson 径流迁移泥沙能力对象需要的参数通过参数接口以参数对象的形式传入。图 7-11 显示了 Kilinc & Richardson 侵蚀输沙组件实现的接口和类。

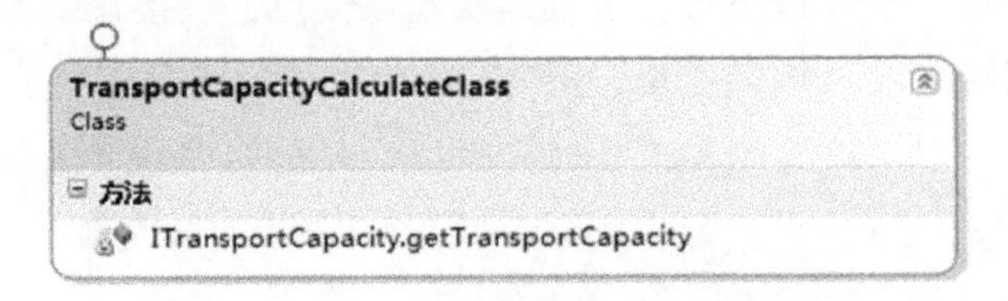

a Kilinc & Richardson径流迁移泥沙能力计算组件类

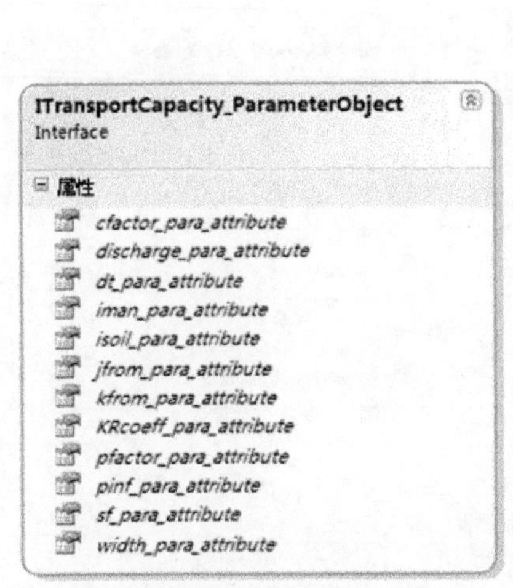

b Kilinc & Richardson所需参数对应接口

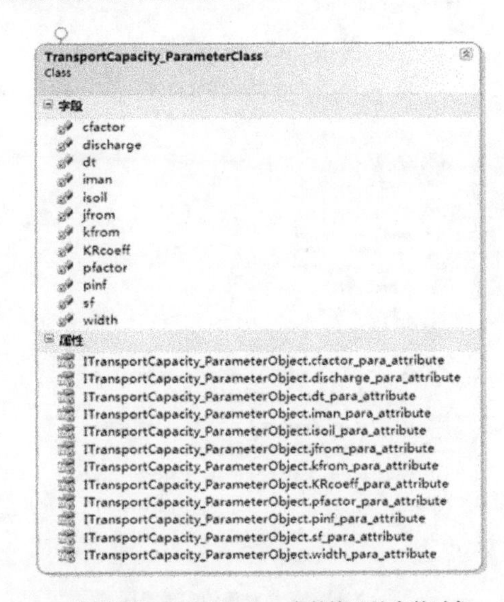

c 实现Kilinc & Richardson参数接口的参数对象

图 7-11　Kilinc & Richardson 侵蚀输沙组件实现的组件与类

7.8.2　子过程组件的设计与实现

子过程组件通常是一个中粒度组件，组件本身涉及多个计算内容，可能包含多个细粒度组件。因此，子过程组件存在嵌套细粒度组件的情况，因此，必须设计注入细粒度组件对象的接口。以坡面侵蚀模拟过程组件为例，该组件需要径流迁移泥沙能力组件的协助，径流迁移泥沙能力组件以 Kilinc & Richardson 径流迁移泥沙能力细粒度组件为例。坡面侵蚀模拟过程组件需要接收坡面流模拟组件传递过来的动态参数，当然还要接收静态参数，然后在 Kilinc & Richardson 径流迁移泥沙能力细粒度组件的协助下完成坡面侵蚀计算。因此，坡面侵蚀模拟过程组件需要设计 5 个接口，分别是静态参数输入接口、动态参数输入接口、对象名称接口、注入 Kilinc & Richardson 径流迁移泥沙能力细粒度组件的接口（图 7-12）和坡面侵蚀计算接口。静态参数接口接收模拟中不变的参数，如象元大小、坡度、曼宁系数、渠道特性、土壤参数、土地覆盖管理因子和模拟时间步长等。静态参数包括这么多参数，因此，将其封装在静态参数类接口（图 7-13）中，由坡面侵蚀静态参数对象实现该接口。动态参数是模拟中每个模拟步长间都发生变化的参数，如坡面水深、坡面流速、坡面流量和摩阻比降等，封装在动态参数接口（图 7-14）中，由坡面侵蚀动态参数对象实现该接口。对象名称接口用于识别坡面流对象，并用于将其注入过程上下文组件中。注入 Kilinc & Richardson 径流迁移泥沙能力细粒度组件的接口用于注入径流迁移泥沙能力对象。完成以上接口的调用后，最后调用坡面侵蚀计算接口完成坡面侵蚀模拟。图 7-15 显示了坡面侵蚀计算的结果对象，图 7-16 显示了坡面侵蚀计算接口，图 7-17 显示了完整的坡面侵蚀组件属性与方法等信息。

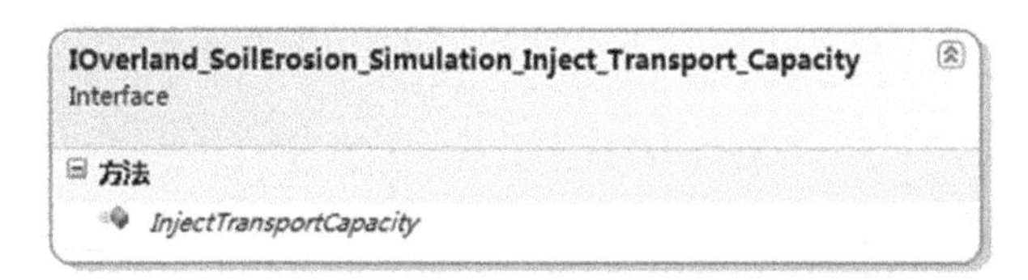

图 7-12 注入 Kilinc & Richardson 径流迁移泥沙能力对象的接口

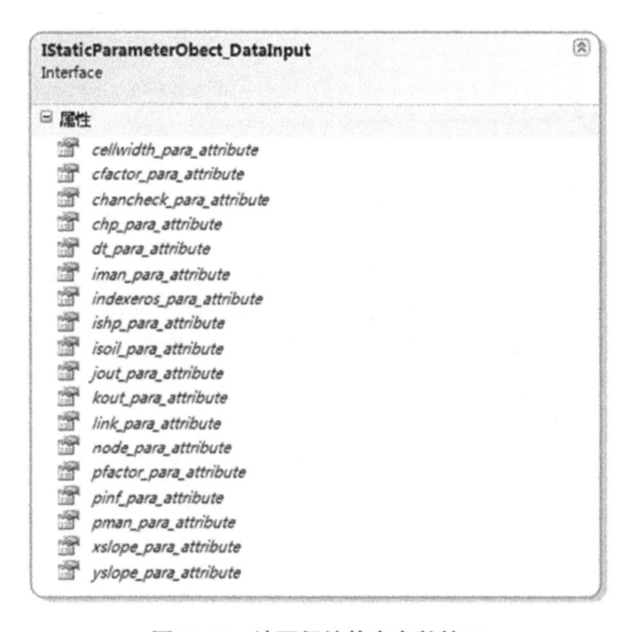

图 7-13 坡面侵蚀静态参数接口

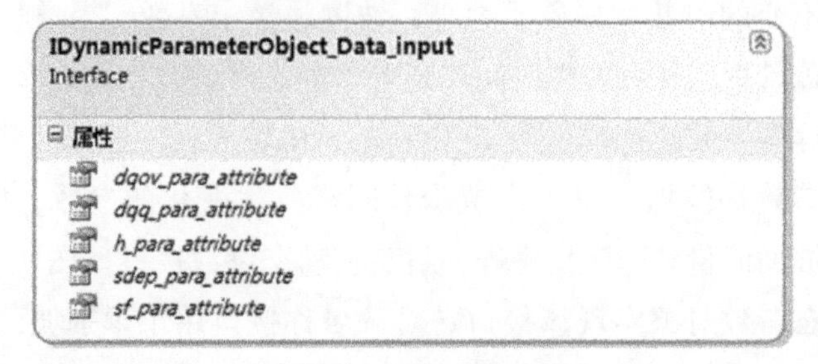

图 7-14　动态参数接口

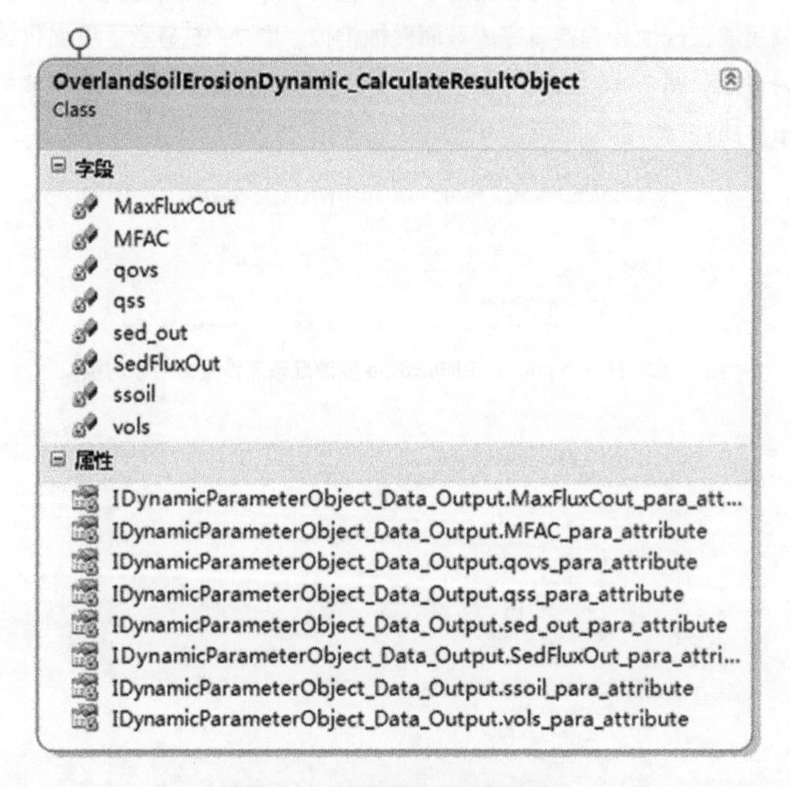

图 7-15　动态参数计算接口对象

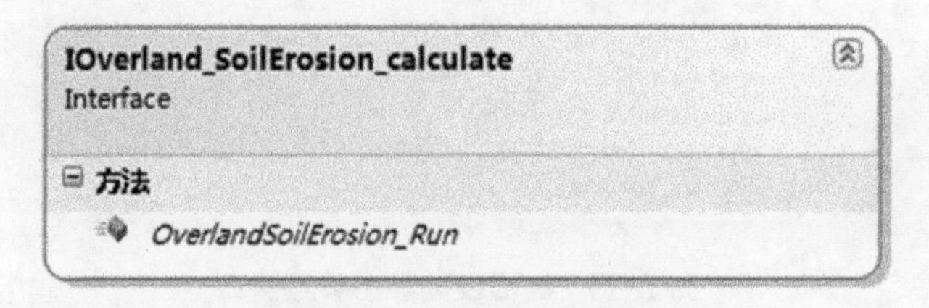

图 7-16　坡面侵蚀计算接口

图 7-17　坡面侵蚀模拟过程组件的类图

7.8.3　上下文组件的设计与实现

上下文组件包括空间上下文组件、过程上下文组件、时间上下文组件和模型上下文组件。过程上下文组件是子过程组件的复合，完成子过程组件的连接。时间上下文组件是对过程上下文组件的时间迭代，根据模拟时间和模拟步长决定迭代的次数。空间上下文组件是对空间分散的各个子流域的复合。上下文组件都嵌套其他组件，设计上都采用依赖注入设计模式，通过接口来实现与框架创建的实例之间的联系。因此，都需要设计注入其他对象的接口，而且可能还需要设计多个接口来分别实现多个对象的注入。以过程上下文组件为例，通过接口传入静态参数（图 7-18），注入坡面流模拟（图 7-19）、坡面侵蚀模拟（图 7-20）等对象，最后运行过程上下文组件（图 7-21）。

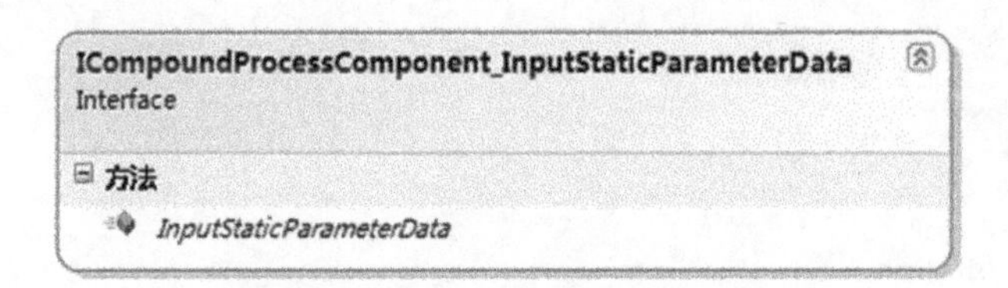

图 7-18　上下文组件的静态参数接口

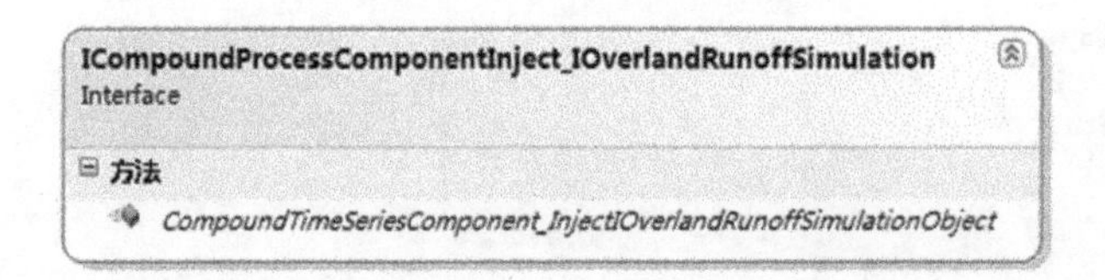

图 7-19　上下文组件用于注入坡面流对象的接口

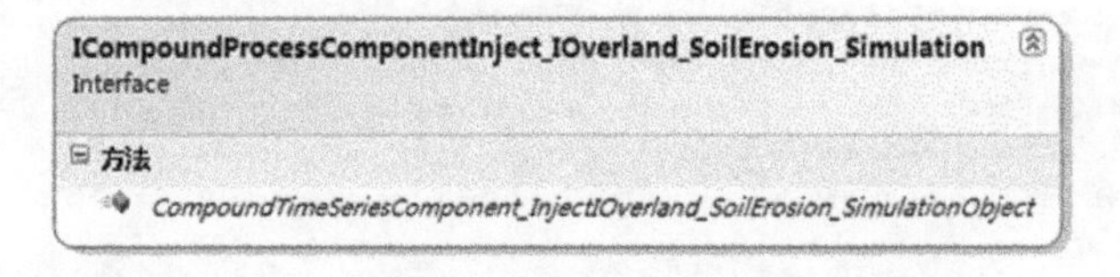

图 7-20　上下文组件用于注入坡面侵蚀对象的接口

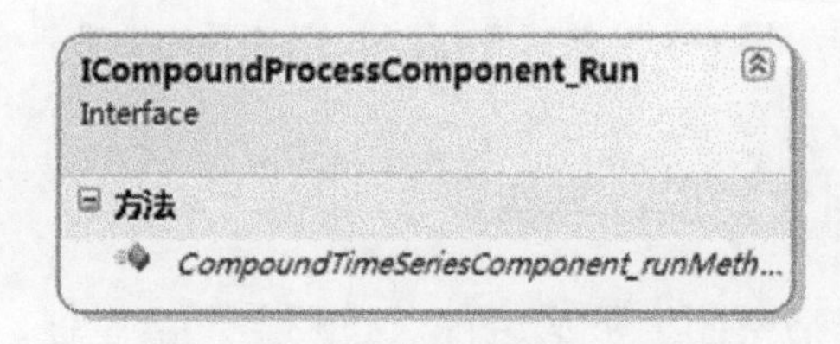

图 7-21　上下文组件的执行接口

7.9 小 结

本章在第 5 章模型分解的基础上，借鉴水利数据框架 Arc Hydro、PIHMgis 的“共享数据模型”、水文模型与 GIS 的二元结构集成方法，以及面向对象的 ESRI Geodatabase 数据模型，结合流域水文过程模拟 CASC2D-SED 模型，使用依赖注入设计模式研究设计了一个流域水文过程细粒度建模框架。由于框架采用了依赖注入设计模式和 C#的反射机制，框架中的细粒度组件可以在模型运行时被替换，用于替换的组件通过反射结构来实现替换框架中的现有组件，只需替换组件具有框架规定的接口。基于以上特点，该框架可以用于快速构建新的流域水文过程模型，同时可以用于流域水文模型结构的不确定性研究。

本书建立的框架具有动态扩展特性，框架的扩展特性是构建各种新模型的基础，也可以用于促进模型结构不确定性研究。框架扩展的实现在第 6 章介绍。

参考文献

[1] ARGENT R M, GRAYSON R B, PODGER G M, et al. E2-A flexible framework for catchment modelling[C]//MODSIM 05 International Congress on Modelling and Simulation, Melbourne, 2005, 10(3): 594-600.

[2] BAND L E, TAGUE C L, BRUN S E, et al. Modelling watersheds as spatial object hierarchies: structure and dynamics[J]. Transactions in GIS, 2000, 4(3): 181-196.

[3] BRANGER F, BRAUD I, DEBIONNE S, et al. Towards multi-scale integrated hydrological models using the LIQUID® framework. overview of the concepts and first application examples [J]. Environmental modelling & software, 2010, 25(12): 1672-1681.

[4] BULYGINA N S, NEARING M A, STONE J J, et al. DWEPP: a dynamic soil erosion model based on WEPP source terms [J]. Earth surface processes and landforms, 2007, 32 (7): 998-1012.

[5] COOK F J, JORDAN P W, WATERS D K, et al. WaterCAST - whole of catchment hydrology model an overview[C]//18th World IMACS Congress and MODSIM09 International Congress on Modelling and Simulation, Cairns, 2009: 3492-3499.

[6] DANID O, LI J C A, LLOYD W, et al. A software engineering perspective on environmental

modeling framework design: the object modeling system[J]. Environmental modelling & software, 2013, 39(1): 201-213.

[7]FORMETTA G, ANTONELLO A, FRANCESCHI S, et al. Hydrological modelling with components: a GIS-based open-source framework[J]. Environmental modelling & software, 2014, 55: 190-200.

[8]FRITZSON P. Principles of object-oriented modeling and simulation with modelica 2.1[M]. Piscataway: Wiley-IEEE Computer Society Press, 2003.

[9]GREGERSEN J B, GIJSBERS P J A, WESTEN S J P. Developing natural resource models using the object modeling system: feasibility and challenges[J]. Advances in geosciences, 2005, 4(4): 29-36.

[10]JABER F H, SHUKLA S. MIKE SHE: model use, calibration, and validation[J]. Transactions of the ASABE, 2012, 55(4): 1479-1489.

[11]KANG K M, RIM C S, YOON S E, et al. Object-oriented prototype framework for tightly coupled GIS-based hydrologic modeling[J]. Journal of Korea Water Resources Association, 2012, 45(6): 597-606.

[12]KNEIS D. A lightweight framework for rapid development of object-based hydrological model engines[J]. Environmental modelling & software, 2015, 68: 110-121.

[13]KRALISCH S, KRAUSE P. JAMS - a framework for natural resource model development and application[C]//Iemss Third Biannual Meeting, Burlington, 2006.

[14]LEE G, KIM S, JUNG K, et al. Development of a large basin rainfall-runoff modeling system using the object-oriented hydrologic modeling system (OHyMoS)[J]. KSCE journal of civil engineering, 2011, 15(3): 595-606.

[15]LIANG X, LETTENMAIER D P, WOOD E F, et al. A simple hydrologically based model of land surface water and energy fluxes for general circulation models[J]. Journal of geophysical research atmospheres, 1994, 99(D7): 14415-14428.

[16]LING B. Object-oriented representation of environmental phenomena: is everything best represented as an object? [J]. Annals of the Association of American Geographers, 2007, 97(2): 267-281.

[17]METCALFE P, BEVEN K, FREER J. Dynamic TOPMODEL: a new implementation in R and its sensitivity to time and space steps[J]. Environmental modelling & software, 2015, 72: 155-172.

[18]NEITSCH S L, AMOLD J G, KINIRY J R, et al. SWAT 2009 理论基础[M]. 郑州：黄河水利出版社, 2011.

[19]OBLED C, ZIN I. TOPMODEL: basic principles and a test case[J]. La houille blanche-re-

vue internationale de l'eau, 2004(1): 65-77.

[20]PERRAUD J M, SEATON S P, RAHMAN J M, et al. The architecture of the E2 catchment modelling framework[C]//MODSIM 05 International Congress on Modelling and Simulation, Melbourne, 2005: 690-696.

[21]TAGUE C L, BAND L E. RHESSys: regional hydro-ecologic simulation system- an object-oriented approach to spatially distributed modeling of carbon, water, and nutrient cycling[J]. Earth interactions, 2004, 8(19): 145-147.

[22]TUCKER G E, LANCASTER S T, GASPARINI N M, et al. An object-oriented framework for distributed hydrologic and geomorphic modeling using triangulated irregular networks[J]. Computers & geosciences, 2001, 27(8): 959-973.

[23]VARGA M, BALOGH S, CSUKAS B. An extensible, generic environmental process modelling framework with an example for a watershed of a shallow lake[J]. Environmental modelling & software, 2016, 75: 243-262.

[24]WAGENER T, BOYLE D P, LEES M J, et al. Using the object modeling system for hydrological model development and application [J]. Advances in geosciences, 2005, 4 (3): 75-81.

[25]WANG J, HASSETT J M, ENDRENY T A. An object oriented approach to the description and simulation of watershed scale hydrologic processes[J]. Computers & geosciences, 2005, 31(4): 425-435.

[26]WASHIZAKI H, YAMAMOTO H, FUKAZAWA Y. A metrics suite for measuring reusability of software components[C]//Proceedings of the 9th International Software Metrics Symposium (METRICS' 03) IEEE, Washington, 2003: 211-223.

[27]陈昊，南卓铜．水文模型选择及其研究进展[J]．冰川冻土，2010，32(2)：397-404.

[28]陈暘，雷晓辉，蒋云钟，等．分布式水文模型 EasyDHM 在海河阜平流域的应用[J]．南水北调与水利科技，2010，8(4)：111-114，132.

[29]董磊华，熊立华，万民．基于贝叶斯模型加权平均方法的水文模型不确定性分析[J]．水利学报，2011，42(9)：1065-1074.

[30]郭俊，周建中，周超，等．概念性流域水文模型参数多目标优化率定[J]．水科学进展，2012，23(4)：447-456.

[31]郭生练，郭家力，郭海晋，等．鄱阳湖区流域水文模型比较研究[J]．水资源研究，2014，3(6)：486-493.

[32]韩京成，黄国和，李国强，等．基于贝叶斯理论的 SLURP 水文模型参数不确定性评估及日径流模拟分析[J]．水电能源科学，2013(12)：19-23.

[33]胡彩虹，王金星．流域产汇流模型及水文模型[M]．郑州：黄河水利出版社，2010.

[34]霍文博，李致家，李巧玲．半湿润流域水文模型比较与集合预报[J]．湖泊科学，2017(6)：1491-1501.

[35]江净超，朱阿兴，秦承志，等．分布式水文模型软件系统研究综述[J]．地理科学进展，2014，33(8)：1090-1100.

[36]雷晓辉，蒋云钟，王浩，等．分布式水文模型 EasyDHM(Ⅱ)：应用实例[J]．水利学报，2010，41(8)：893-899，907.

[37]雷晓辉，蒋云钟，王浩．分布式水文模型 EasyDHM[M]．北京：中国水利水电出版社，2010.

[38]雷晓辉，廖卫红，蒋云钟，等．分布式水文模型 EasyDHM(Ⅰ)：理论方法[J]．水利学报，2010(7)：786-794.

[39]李红霞，张新华，张永强，等．缺资料流域水文模型参数区域化研究进展[J]．水文，2011，31(3)：13-17.

[40]李兰．有物理基础的 LILAN 分布式水文模型[M]．北京：科学出版社，2013.

[41]刘军志，朱阿兴，秦承志，等．分布式水文模型的并行计算研究进展[J]．地理科学进展，2013，32(4)：538-547.

[42]刘军志．分布式水文模型的子流域——基本单元双层并行计算方法[D]．北京：中国科学院大学，2013.

[43]陆垂裕，秦大庸，张俊娥，等．面向对象模块化的分布式水文模型 MODCYCLE Ⅰ：模型原理与开发篇[J]．水利学报，2012(10)：1135-1145.

[44]陆垂裕，王浩，王建华，等．面向对象模块化的水文模拟模型——MODCYCLE 设计与应用[M]．北京：科学出版社，2016.

[45]罗鹏，宋星原．基于栅格式 SCS 模型的分布式水文模型研究[J]．武汉大学学报(工学版)，2011，44(2)：156-160.

[46]芮孝芳．论流域水文模型[J]．水利水电科技进展，2017，37(4)：1-7，58.

[47]宋晓猛，占车生，夏军，等．流域水文模型参数不确定性量化理论方法与应用[M]．北京：中国水利水电出版社，2014.

[48]田雨，雷晓辉，蒋云钟，等．水文模型参数敏感性分析方法研究评述[J]．水文，2010，30(4)：13-16，62.

[49]王健，吴发启．流域水文学[M]．北京：科学出版社，2014.

[50]王婕，刘翠善，刘艳丽，等．基于静态和动态权重的流域水文模型集合预报方法对比[J]．华北水利水电大学学报(自然科学版)，2019，40(6)：32-38.

[51]王中根，刘昌明，黄友波．SWAT 模型的原理、结构及应用研究[J]．地理科学进展，2003，22(1)：79-86.

[52]谢平．流域水文模型：气候变化和土地利用/覆被变化的水文水资源效应[M]．北京：

科学出版社, 2010.
[53]徐宗学, 程磊. 分布式水文模型研究与应用进展[J]. 水利学报, 2010, 41(9): 1009-1017.
[54]徐宗学. 水文模型: 回顾与展望[J]. 北京师范大学学报(自然科学版), 2010, 46(3): 278-289.
[55]郑大鹏. 基于MapWinGIS的分布式水文模型构建与应用[D]. 南京: 南京大学, 2012.
[56]周婷婷. 流域水文模型研究的若干进展[J]. 中国科技期刊数据库 工业C, 2016(1): 187.

第8章

水文建模计算框架扩展

在构建水文建模框架的基础上，融入坡度降尺度方法和其他径流输沙力模型，对基础框架进行扩展。探讨了建模框架的柔性扩展机制，通过探讨建模框架的扩展方法，将加深对基于建模框架构建新的水文模型的理解。

8.1 框架在模型结构方面的扩展

流域水文模型结构的不确定性研究是目前的研究重点和难点。研究的难点在于两个方面：第一，模型结构的辨识难度较大且缺乏判别模型结构是否需要改进的指标；第二，缺乏支持模型结构改进的软件设计思想和技术，软件框架是一种支持模型结构改进的技术，但流域水文模型框架很少，而且框架的组件粒度较大，对模型结构改进的支持有限。因此，亟须一种能够很好地支持流域水文模型结构改进的细粒度建模框架。

目前，坡面流模拟和坡面侵蚀输沙模拟仍然没有完美的解决方案，已有的模拟方案都在很大程度上进行了概化。特别是对坡面流剥蚀土壤和对土壤颗粒的输移机制，国际上学者们并没有达成一致认识，对坡面流剥蚀土壤和泥沙输移机制的认识需要更多、更深入的理论和实验研究。流域水文过程的细粒度建模框架将坡面流剥蚀与数值模拟封装成细粒度的组件，寻求最好地满足特定研究区和特定研究目标的坡面流侵蚀输沙模拟方案，在一定意义上，可以促进流域水文过程模型的研究。

8.1.1 坡面径流侵蚀计算方法

坡面径流侵蚀可分为坡面薄层水流侵蚀和坡面细沟侵蚀。坡面薄层水流侵蚀主要发生在坡度较缓、雨强较小或植被覆盖较好的坡面上。在坡面的下部，随着坡度的增加和水流的侵蚀，往往产生细沟侵蚀。WEPP 和 EUROSEM 是两个国际著名的土壤侵蚀模型，以这两个模型为例，参照中国黄土高原特定研究区的坡面侵蚀计算的特有方法探讨坡面流侵蚀计算方法。

根据泥沙动力学的基本假设，坡面径流通过作用在土壤颗粒上的切应力对土壤颗粒产生侵蚀，还会因为坡面径流的紊流扰动增加对土壤的侵蚀作用。缓坡面的薄层径流对泥沙切应力的贡献不如坡面径流紊动的贡献大，输沙制紊会减小对土壤的侵蚀作用。因此，坡面径流对土壤的剥蚀率与径流输沙率呈反比。基于此，侵蚀与输沙具有如下关系：

$$\frac{D_f}{D_c}+\frac{Q_s}{T_c}=1。\tag{8-1}$$

式中，D_f 为坡面径流对土壤的实际侵蚀率，D_c 为坡面径流侵蚀力，Q_s 为坡面径流输沙率，T_c 为坡面径流输沙能力。

EUROSEM 模型没有使用坡面径流侵蚀能力的概念，直接通过坡面径流输沙能力 T_c 和坡面径流输沙率的差值进行计算。EUROSEM 模型对薄层水流和细沟流的坡面侵蚀速率的计算都采用以下公式：

$$D_f=\beta\omega v_s(T_c-G)。\tag{8-2}$$

式中，ω 为坡面水流宽度（m），v_s 为泥沙沉积速度（m/s），β 为坡面径流侵蚀效率系数，G 为径流输沙率。WEPP 模型使用了坡面径流侵蚀力的概念，坡面侵蚀速率的计算采用以下公式：

$$D_f=D_c\left(1-\frac{G}{T_c}\right)。\tag{8-3}$$

式中，参数含义同上。

坡面径流输沙能力存在不同的计算公式，也就是说存在认识上的差异。EUROSEM 模型使用的坡面径流输沙力公式包括薄层水流的输沙能力和细沟流的输沙能力。薄层水流的计算公式如下：

$$T_c=\frac{b}{\rho_s q}\left[(\Omega-\Omega_c)^{0.7/n}-1\right]^n。\tag{8-4}$$

式中，n 取值为5，b 值根据泥沙粒径计算得到，Ω 是水流功率，Ω_c 为临界水流功率。b 的计算公式如下：

$$b = (19 - d_{50}/30)/10^4。\tag{8-5}$$

式中，d 是泥沙粒径（mm）。水流功率 Ω 的计算公式为

$$\Omega = \frac{(uS)^{3/2}}{h^{2/3}}。\tag{8-6}$$

式中，S 是坡度，u 是平均流速（m/s），h 是坡面水深（m）。临界水流功率的计算公式如下：

$$\Omega_c = \frac{(uS_c)^{3/2}}{h^{2/3}}。\tag{8-7}$$

式中，S_c是临界坡度，其计算公式为

$$S_c = 0.5y_c(\rho_s - 1)gD_{50}。\tag{8-8}$$

式中，y_c 是相应雷诺数对应的 Shields 的临界剪切流速。

EUROSEM 模型使用的细沟径流输沙力公式为

$$T_c = c(\omega - \omega_{cr})^{\eta}。\tag{8-9}$$

式中，ω 为单位水流功率；ω_{cr} 为临界水流功率；c、η 是泥沙颗粒相关系数。WEPP 模型采用水流切应力计算水流输沙能力，WEEP 的水流输沙能力计算公式如下：

$$T_c = k_t\tau_f^{2/3}。\tag{8-10}$$

式中，k_t 是输沙能力系数；τ_f 是坡面径流作用在土壤颗粒上的径流切应力。

雷廷武根据黄绵土的特性，研究得出黄绵土的径流输沙率公式为

$$T_c = 10^{A+\frac{B\cdot e^{[a+b\log(\omega)]}}{1+e^{[a+b\log(\omega)]}}}。\tag{8-11}$$

式中，$a=0.845$，$b=0.412$，$A=-34.47$，$B=38.61$；ω 是水流功率(g/s)，其计算公式为

$$\omega = \rho g S_x q,\tag{8-12}$$

$$q = \nu \cdot h。\tag{8-13}$$

式中，q 是单宽流量（m^2/s）。

从以上阐述可以看出，国际上对坡面径流的水流输沙能力并没有统一的认识，因此给坡面侵蚀产沙模拟带来了一定程度上的模型结构不确定性。

8.1.2 框架在坡面径流侵蚀计算方面的扩展

不同学者对坡面径流输沙能力的认识不同，导致构建的坡面侵蚀输沙模

拟模型也不同，从而产生了坡面侵蚀输沙模型的结构不确定性。为坡面侵蚀输沙复合组件设计坡面径流输沙能力接口，由各种坡面径流输沙能力公式封装成的细粒度组件只要实现了坡面径流输沙能力接口，都可以通过依赖注入集成到坡面侵蚀输沙模型之中，进而实现框架在坡面径流侵蚀计算方面的扩展（图 8-1）。虚线加空三角箭头表示组件对象实现了接口，实线加双线箭头指创建组件对象的实例，而虚线加双线箭头表示接口依赖（一个接口依赖另一个接口，一个接口是另一个接口的参数）。实线加黑三角箭头表示将实例注入另一个组件。图 8-1 中框架创建坡面侵蚀输沙模拟组件，该组件需要径流输沙能力组件的协作，方法是坡面输沙模拟组件具有一个注入径流侵蚀输沙能力接口，而径流输沙能力组件都实现了这个接口。因此，框架通过在动态创建径流输沙能力组件的实例，并将其注入坡面侵蚀输沙组件实例中，实现框架的扩展。因为细粒度的径流输沙能力组件不需要在流域水文模拟系统编译阶段集成，而是通过在模型系统运行时使用反射特性解析径流输沙能力组件，所以，流域水文过程细粒度建模框架可以在任何时间随时替换径流输沙能力组件，测试各种径流输沙能力组件在各种研究区的适用性，促进流域水文过程模型结构不确定性的研究。

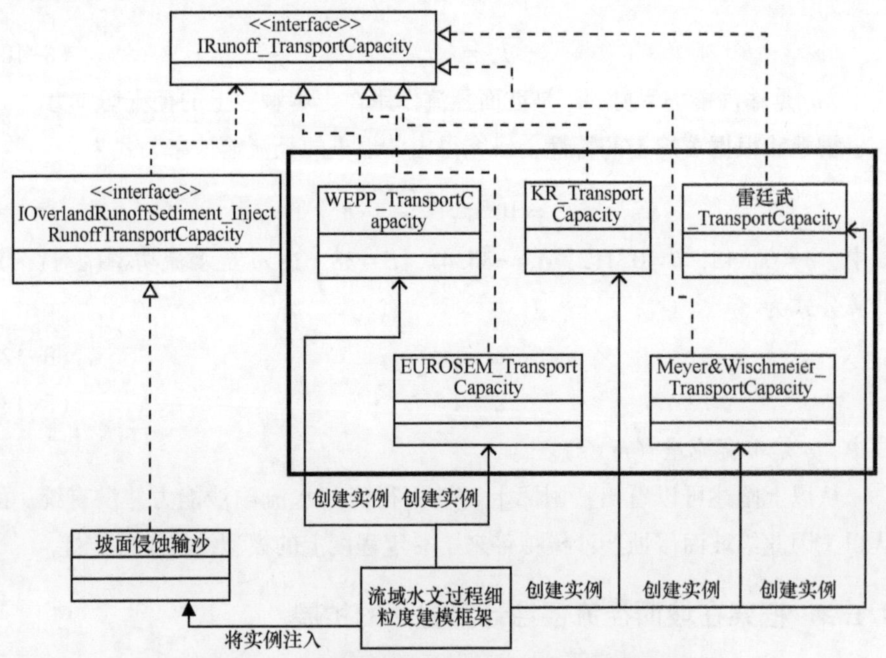

图 8-1　框架在坡面径流输沙计算方面的扩展

8.2 框架在模型参数方面的扩展

8.2.1 土壤特性数据变换扩展

全流域的土壤特性数据采集难度很大，因此，常需要对现有的数据进行处理变换。流域水文过程的细粒度建模核心框架已经实现了对土壤特性参数的独立封装，因此只需增加土壤特性参数的变换组件即可实现框架在土壤特性参数变换方面的扩展。作为土壤特性之一的土壤水力传导度数据采集难度很大，有学者使用分形方法实现了土壤水力传导度参数的变换，因此，可以设计开发对应的土壤水力传导度分形变换组件来实现变换（图 8-2）。

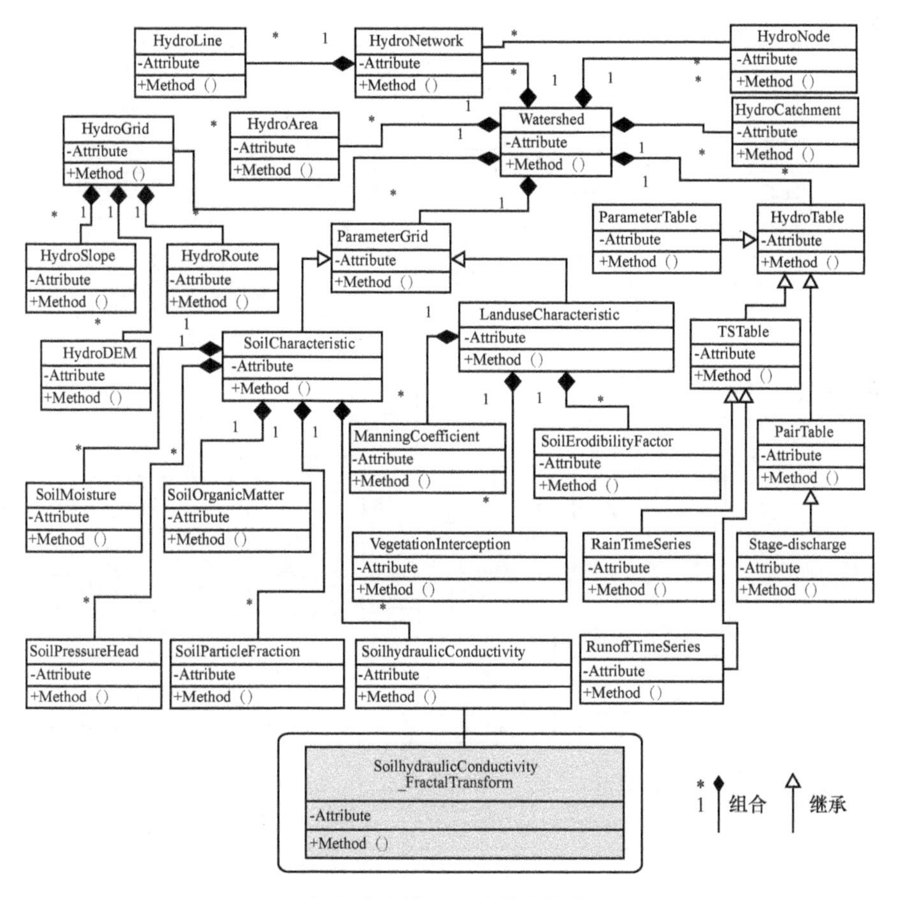

图 8-2 框架在土壤侵蚀特性变换方面的扩展

8.2.2 坡度参数变换扩展

坡度对流域水文过程模拟具有重要影响，而通过 DEM 获取的坡度受分辨率的影响坡度发生了较大的衰减。因此，坡度的尺度变换研究受到国内外学者的广泛关注，其中，以分形坡度变换最为突出。因为，分形坡度变换利用了地形的自然特性——分形特征。根据已有的坡度变换方法，对流域水文过程建模框架进行扩展，使得流域水文过程模型可以利用现有的坡度变换成果，同时也可以测试坡度变换方法在流域水文过程模拟中的适用性。流域水文过程建模的核心框架已经将坡度作为单独的细粒度组件分离，因此，可以直接设计独立的变换组件实现坡度变换。通过数据交换的形式将变换后的坡度数据输入模型，如图 8-3 呈现了框架的坡度变换扩展。

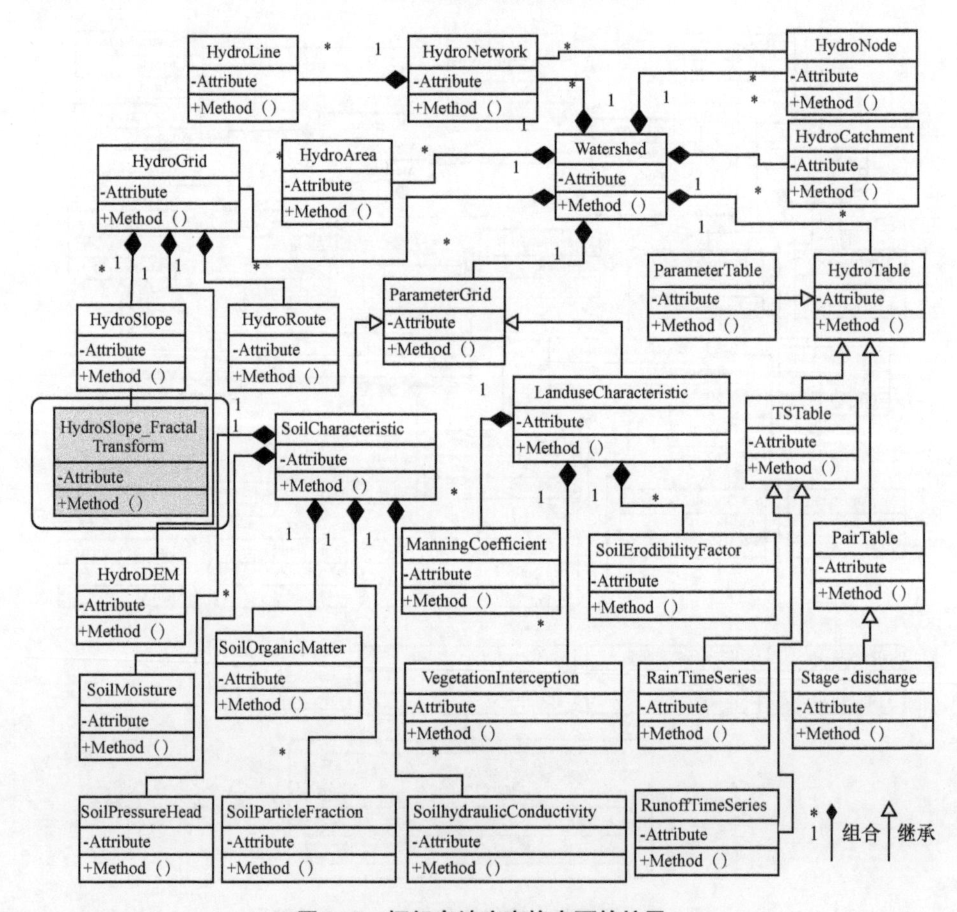

图 8-3 框架在坡度变换方面的扩展

坡度计算是流域水文过程模拟研究的基础，且坡度是流域水文过程模拟的关键控制因素。尽管有多种坡度计算方法且不同的算法产生不同的结果，但是最明显的结果是坡度随着 DEM 象元大小呈反方向变化。由粗分辨率 DEM 估算的坡度被认为严重低估了地形的真实坡度。

水文模拟和流域水文模拟中，坡度和径流路径是对立参数。随着 DEM 分辨率的降低，坡度变缓，径流路径变短。坡度变缓导致模拟流速变慢，洪峰滞后，而径流路径变短导致洪峰提前。坡度与径流路径是一对矛盾对立参数。

本集成框架将地形坡度和径流路径参数从 DEM 中分离，将坡度与径流路径作为单独的参数输入模型，而不是直接依赖于 DEM 提取。基于此结构设计可以固定坡度或径流路径二者之一，进而可以研究坡度和径流路径在水文模拟 DEM 尺度效应中的作用强弱进行对比。

通过无人机 DEM 可以获得很高的 DEM 分辨率（可达到亚米级），进而可以提取十分精确的坡度数据。对原始的无人机 DEM 进行空间重采样得到粗分辨率的 DEM，并提取粗分辨下的坡度和径流路径。将粗分辨率下计算的坡度用无人机原始 DEM 提取的精确坡度进行替换，在保持坡度基本不变的情况下研究流路对尺度的影响程度。相反，使用高分辨率下提取的径流路径和粗分辨率下的坡度进行流域水文过程模拟来研究坡度的影响程度。在流域水文过程模型中用经过分形降尺度变换后的坡度替换粗分辨率下提取的坡度，可用于研究坡度分形降尺度变换方法的适用性。

8.2.3　分形与地统计基础

8.2.3.1　分形与分维

自然界中的自相似性现象十分普遍，如日月星辰的分布、植物的枝干根系叶脉、地貌形态、岸线的轮廓等。自然界的自相似性多为统计自相似，即不是严格意义上的自相似，存在一个尺度范围称为无标度区，超过这个范围则不再具有自相似性。自相似性是分形的基本特征。

自然界中的很多地物特性无法使用传统几何的一维、二维和三维等整数维进行精确描述，如海岸线到底有多长就无法使用一维来准确度量。因此，引入分维数的概念，使用小数维进行描述，这就是分维。分形维数的测量已经有了较多的研究方法，更多分形内容请参考分形理论等相关文献，在此不做赘述。

8.2.3.2 半变异函数

半变异函数是地质统计学中的特有函数。半变异函数分析区域变量结构的工具，也是研究对象非均质性描述的手段。通过计算研究对象在不同方向上的变异函数可以获得不同方向的结构。区域化变量 $Z(x)$ 在点 x 和 $x+h$ 处的值 $Z(x)$ 和 $Z(x+h)$ 差的方差的一半称为区域化变量 $Z(x)$ 的半变异函数［公式（8-14）和公式（8-15）］，表示为 $r(h)$，则 $2r(h)$ 就是变异函数，二者有时并不严格区分。变异函数的相关详细内容请参考统计文献，在此不再赘述。

$$r(h) = \frac{1}{2}Var[z(x) - z(x+h)], \tag{8-14}$$

$$r(x,h) = \frac{1}{2}E[z(x) - z(x+h)]^2 - \frac{1}{2}\{E[z(x)] - E[z(x+h)]\}^2。 \tag{8-15}$$

8.2.4 坡度分形降尺度方法的改进

8.2.4.1 径流模拟中的坡度与尺度问题

坡度是流域水文过程模拟的重要地形参数，坡度具有明显的尺度效应。因此，坡度的尺度效应对流域水文过程模拟预测具有重要影响。坡度的尺度效应是流域水文模拟 DEM 尺度效应的重要原因。坡度的尺度效应研究已经有了大量的研究成果。但是，目前很少看到坡度尺度变换与流域水文模型的集成研究。鉴于此，首先探讨坡度的分形降尺度方法，然后设计开发分形降尺度组件，实现坡度分形降尺度方法与流域水文过程模拟的集成，以求能初步解决尺度对流域水文模型的影响。在分布式流域水文模型中，坡面流模拟常用运动波或扩散波来模拟，它们的动力方程式分别为

$$i_0 - i_f = 0, \tag{8-16}$$

$$\frac{\partial y}{\partial x} = i_0 - i_f。 \tag{8-17}$$

式中，i_0 是指河底比降，i_f 是摩阻比降。河底比降指沿水流方向单位水平距离河床高程差，其值为坡度的正切函数值。河底比降是坡度的一种，同样具有明显的尺度效应。因此，坡面流动力方程中的河底比降计算必须考虑地形尺度效应的影响。在由地形数据计算河底比降时使用经过坡度变换后的数据，这样可以初步解决坡度的尺度效应问题。

8.2.4.2 平均坡度的分形尺度变换

已有大量研究证明，地球表面形态在无标度区间内具有分形特征。但是Andrle 和 Abrahams 发现斜坡面不具备自相似性，因此，分形特性在非常小的尺度发生中断。目前已经有多种计算地形分形维数的方法，主要包括计算线状地物分形维数的两脚规测量法、象元计数法及变异函数法等。地球表面的很多现象都具有空间自相关性，变异函数法也是根据这一点来建立样点距离对数，与样点距离内所有高程值的均方差对数的线性回归关系，这种方法可用于计算一个区域的分形维数，回归拟合线的斜率即为分形维数。根据变异函数，两点间的高程与它们距离的关系可表述为

$$(z_p - z_q)^2 = kd^{(4-2D)}。 \tag{8-18}$$

式中，z_p和z_q分别是p点和q点的地面高程，d是p、q采样点间的距离，k是常数，D是分形维数。对上式两边求平方根再同时除以d，可得下式：

$$\frac{(z_p - z_q)}{d} = \alpha d^{(1-D)}。 \tag{8-19}$$

式中，α是系数，$\alpha = \pm 0.5\,k$；其他参数同上。上式左边是地形坡度，用符号θ代替，上式可写成

$$\theta = \alpha d^{(1-D)}。 \tag{8-20}$$

这个公式表明如果地形具有分形特征，那么坡度是测量尺度的函数。基于公式（8-20）可以使用粗分辨率的DEM提供更好的坡度估算。因为地形是不可微的，基于分形变换得到的坡度称“分形坡度”是不合理的。当使用地形的分形属性来实现由粗分辨率数据获得较好的坡度估计时，称这种坡度为“尺度变换坡度”。上式与Korcak分形集关系相似。海岸线的长度可表示为

$$N = \beta t^{1-D}。 \tag{8-21}$$

式中，N是对象的统计个数，t是线性尺子，D是分形维数，β是系数。地球表面的许多对象可以用这个公式描述。

8.2.4.3 逐个象元坡度的分形变换

使用坡度变换公式（8-20）可以对粗分辨率DEM提取的坡度进行变换，获得与较高DEM分辨率下提取坡度的近似统计特征。但是，由于分形维数表示的是一个地理区域范围内的一个单一值，无法对每个象元的坡度值进行变换进而获得坡度的空间格局（空间分布）。为了利用公式（8-20）对每个象元进行坡度变换，Zhang等提出了一种通过使用$N \times N$的滑窗扫描坡度栅格并

利用公式（8-20）对每个象元的坡度进行变换的方法。Zhang 的坡度分形降尺度方法建立在一定的理论假设基础之上，他的理论假设包括每个子区域中分形维数和分形系数保持不变；子区域内的坡度随着尺度而变化；尽管 DEM 分辨率不同，但子区域内的高程标准差却变化很小，因此假定子区域内高程标准差不变。同时 Zhang 直接利用了其他学者建立的分形维数与高程标准差的回归公式，存在一定的局限性。

郭兰勤使用 Zhang 的方法研究了黄土高原沟壑区中低分辨率下的坡度分形降尺度方法。他的具体实现方法是：在具有高分辨率 DEM 的样例区（建模区）选取部分子区域，通过抽样法获取子区域的分形维数，通过区域统计获取子区域的高程标准差，然后建立分形维数与高程标准差的回归关系，利用建立的分形维数与高程标准差的回归公式对检验区的坡度进行分形降尺度变换。这种通过建模区建立的回归公式直接应用到其他区域，实现坡度降尺度变换也存在一定不足：一是各子区域分形维数与高程标准差的回归公式是不同的，即建模区分形维数与高程标准差的关系与检验区二者的关系肯定有差别，二是分形维数与高程标准差的关系并非十分显著。

8.2.4.4 最陡坡度分形降尺度方法

Zhang 等提出的坡度分形降尺度方法适合于子区域内平均坡度的变换，但是对于子区域内的最陡坡度（基于著名的 D8 算法）变换却完全不适用。针对 Zhang 等提出的子区域坡度分形变换方法的不足，Pradhan 改进了 Zhang 的坡度分形降尺度方法，Pradhan 指出公式（8-20）中 d 是固定不变的，而实际上基于 D8 算法的坡度计算中 d 却是变化的。在 D8 算法中，计算中心象元与周边 8 个相邻象元的坡度，取最陡的坡度作为该象元的坡度。中心象元与上、下、左、右四个象元的坡度等于它们的高差除以象元大小，而中心象元与左上角、左下角、右上角、右下角 4 个象元的坡度则等于它们的高差除以象元大小的 1.414 倍（对角距离）。Pradhan 在坡度分形降尺度变换及对分形系数的计算中考虑了 d 的变化，研究了子区域内的最陡坡度变换方法。Zhang 和 Pradhan 进行分形变换的理论假设是滑窗中的分形维数不随 DEM 分辨率而变化，但是张传才在 2016 年研究了 DEM 的分形维数的尺度效应，结果显示：DEM 分形维数也具有尺度效应，也就是说，Zhang 和 Pradhan 的理论假设之一——DEM 分形维数不变性假设有待商榷，当然 DEM 分形维数的计算方法不同导致的结果也可能不同，因此，这块内容有待进一步研究。

8.2.4.5　坡度分形降尺度方法的改进

前一节已经指出分形维数与高程标准差的关系并非十分显著，那么通过分形维数与标准差的回归关系和高程标准差的尺度不变性来确定分形维数存在一定局限。此外，直接利用其他区域建立分形维数与高程标准差的关系来计算也是不准确的，因为区域不同回归公式的系数不同。再者，郭兰勤利用高分辨率 DEM 建立回归方程的方法就必须要具有相似地形特征区域的高分辨率 DEM。鉴于这些限制，考虑能否通过增加区域大小直接计算子区域的分形维数，并验证变换效果。基于以上分析，首先在研究区选取一个较大的子区域（图 8-4，见书末彩插），研究子区域内行维数、列维数及对角维数和决定系数的情况，进而寻求直接由粗分辨率子区域数据计算分形维数，并在此基础上进行坡度分形降尺度变换。行维数是指抽样点全部在象元矩阵的行上选取，如果抽样点全部在列上选取得到的分形维数就是列维数，抽样点全部在对角方向选取计算得到的分形维数即为对角维数。

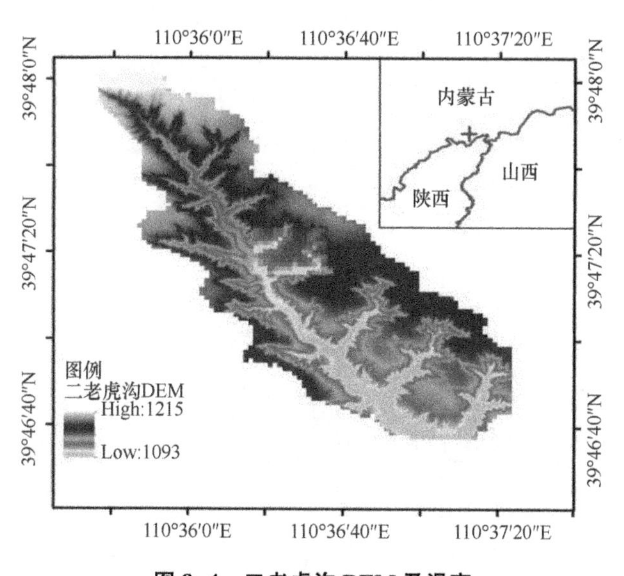

图 8-4　二老虎沟 DEM 及滑窗

（1）数据探索

分形维数就是抽样点距离对数与该距离内所有高程值的均方差对数的回归拟合线的斜率，决定系数 R^2 可用于判定拟合的效果。变异函数的变程说明高程点的值只有在一定的距离范围内才存在空间相关关系，即空间自相似性。另外，不同区域变异函数的变程也是不同的。因此，对空间上高程值的分形特征进行探索十分必要。

在研究区选取一个子窗口，分别探索行高程值、列高程值和对角高程值的均方差与距离的线性回归关系。按照行、列和对角 3 个方向，分别统计距离与距离内所有高程均方差（表 8-1 至表 8-3），并进行统计制图和分析（图 8-5 至图 8-10）。根据表 8-1、表 8-2、图 8-5、图 8-6、图 8-7 和图 8-8，距离对数和该距离内所有高程值的均方差的对数并非在整行上都具有很好的线性关系，而是在局部呈较好的线性关系。

表 8-1 滑窗内第 1、第 2 行距离与高程均方差统计

第 1 行距离与高程均方差				第 2 行距离与高程均方差			
距离/m	高程标准差	距离对数	高程均方差对数	距离/m	高程标准差	距离对数	高程均方差对数
30	6. 500 00	3. 401 20	1. 871 80	30	4. 000 00	3. 401 20	1. 386 29
60	10. 208 93	4. 094 34	2. 323 26	60	5. 354 13	4. 094 34	1. 677 87
90	9. 721 11	4. 499 81	2. 274 30	90	5. 315 07	4. 499 81	1. 670 55
120	8. 921 88	4. 787 49	2. 188 51	120	5. 418 49	4. 787 49	1. 689 82
150	8. 178 56	5. 010 64	2. 101 52	150	5. 627 31	5. 010 64	1. 727 63
180	10. 000 00	5. 192 96	2. 302 59	180	7. 907 63	5. 192 96	2. 067 83
210	9. 377 50	5. 347 11	2. 238 31	210	7. 399 32	5. 347 11	2. 001 39
240	10. 132 46	5. 480 64	2. 315 74	240	8. 883 33	5. 480 64	2. 184 18
270	10. 613 67	5. 598 42	2. 362 14	270	9. 491 58	5. 598 42	2. 250 40
300	10. 838 41	5. 703 78	2. 383 10	300	9. 916 18	5. 703 78	2. 294 17
330	10. 688 78	5. 799 09	2. 369 19	330	9. 496 71	5. 799 09	2. 250 95
360	10. 373 50	5. 886 10	2. 339 25	360	9. 783 45	5. 886 10	2. 280 69
390	10. 051 14	5. 966 15	2. 307 69	390	9. 490 33	5. 966 15	2. 250 27

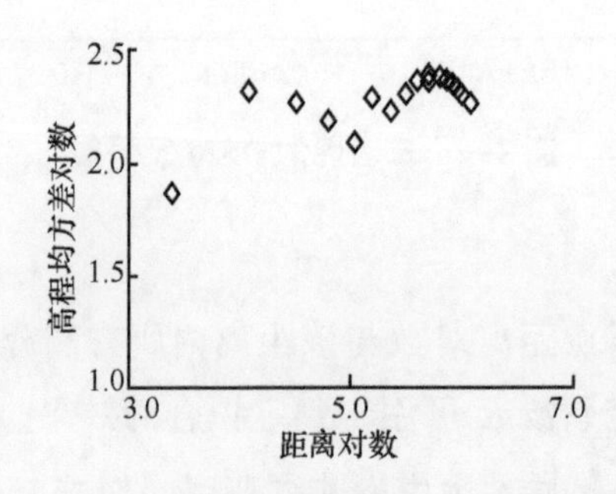

图 8-5 第 1 行距离对数与高程均方差对数的关系

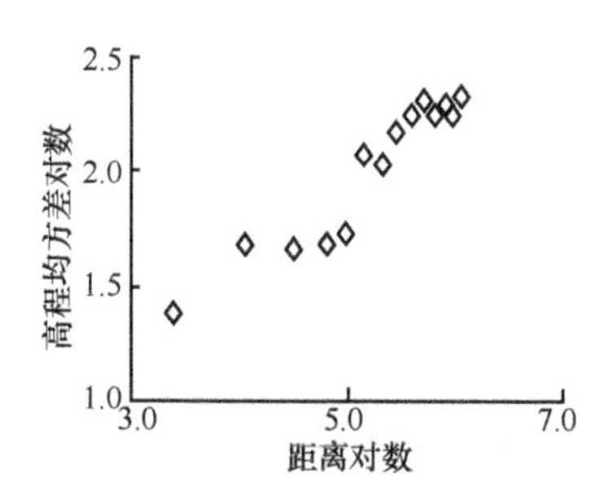

图 8-6　第 2 行距离对数与高程均方差对数的关系

表 8-2　滑窗内第 5、第 6 行距离与高程均方差统计

第 5 行距离与高程均方差				第 6 行距离与高程均方差			
距离/m	高程标准差	距离对数	高程均方差对数	距离/m	高程标准差	距离对数	高程均方差对数
30	2.500 00	3.401 20	0.916 29	30	4.500 00	3.401 20	1.504 08
60	2.054 80	4.094 34	0.720 18	60	7.348 47	4.094 34	1.994 49
90	1.870 83	4.499 81	0.626 38	90	8.789 20	4.499 81	2.173 52
120	2.607 68	4.787 49	0.958 46	120	9.537 30	4.787 49	2.255 21
150	9.616 25	5.010 64	2.263 45	150	9.753 92	5.010 64	2.277 67
180	14.534 97	5.192 96	2.676 56	180	11.605 77	5.192 96	2.451 50
210	7.822 24	5.347 11	2.056 97	210	12.358 57	5.347 11	2.514 35
240	17.932 66	5.480 64	2.886 62	240	12.769 56	5.480 64	2.547 06
270	18.646 45	5.598 42	2.925 66	270	12.464 35	5.598 42	2.522 87
300	18.005 05	5.703 78	2.890 65	300	12.391 01	5.703 78	2.516 97
330	17.240 74	5.799 09	2.847 28	330	12.072 41	5.799 09	2.490 92
360	16.703 82	5.886 10	2.815 64	360	11.822 15	5.886 10	2.469 98
390	16.586 20	5.966 15	2.808 57	390	11.943 10	5.966 15	2.480 15

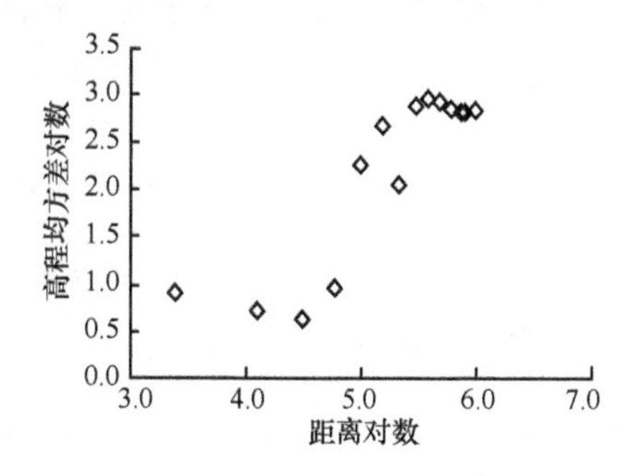

图 8-7　第 5 行距离对数与高程均方差对数的关系

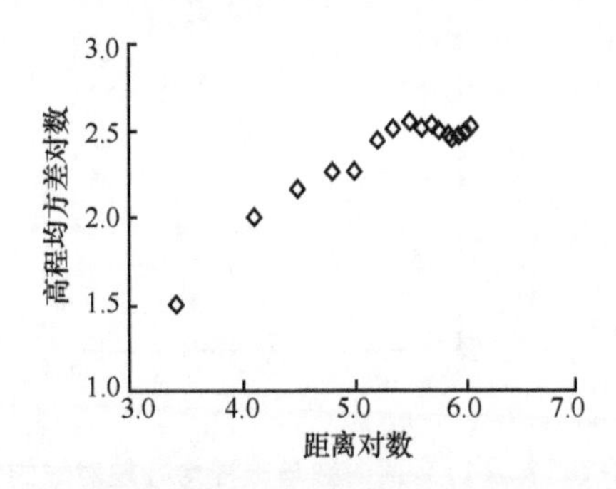

图 8-8　第 6 行距离对数与高程均方差对数的关系

根据表 8-3、图 8-9 和图 8-10，距离对数和该距离内所有高程值的均方差的对数并非在整个对角线上都具有很好的线性关系，而是在局部呈现较好的线性关系。根据以上分析，使用固定大小的滑窗（如 3×3 或 5×5 等）扫描粗分辨率 DEM，进而对距离对数和距离内所有高程值均方差对数做线性回归来求分形维数的方法存在较大的误差，决定系数 R^2 较小。因此，可以采用在滑窗内动态搜索数据点的方法，使得距离对数和距离内所有高程值均方差对数的线性回归拟合度达到较高水平（如决定系数 R^2 达到 0.8 以上）。通过滑窗内动态寻找拟合点获得局部较高的线性回归拟合度，从而提高局部分形维数的精度，使得由坡度分形降尺度方法计算的坡度数据精度得到提高。抽样点全部在一行上得到的分形维数为行维数，抽样点全部位于列上得到的分形维数称为列维数，抽样点全部落在对角线上得到的分形维数为对角维数。通过滑窗内动态搜索行上抽样点计算获得该滑窗中心点的最佳行维数，同理计算获得该滑窗内的最佳列维数和最佳对角维数。

表 8-3　滑窗内对角距离与高程均方差统计

左上右下对角距离与高程均方差				右上左下对角距离与高程均方差			
对角距离/m	高程均方差	对角距离对数	高程标准差对数	对角距离/m	高程均方差	对角距离对数	高程标准差对数
42.426 42	6.500 00	3.747 77	1.871 80	42.426 42	5.000 00	1.609 44	1.609 44
84.852 84	5.715 48	4.440 92	1.743 18	84.852 84	10.708 25	2.371 01	2.371 01
127.279 26	7.826 24	4.846 38	2.057 48	127.279 26	14.922 72	2.702 88	2.702 88
169.705 68	9.620 81	5.134 07	2.263 93	169.705 68	16.267 76	2.789 19	2.789 19

续表

左上右下对角距离与高程均方差				右上左下对角距离与高程均方差			
对角距离/m	高程均方差	对角距离对数	高程标准差对数	对角距离/m	高程均方差	对角距离对数	高程标准差对数
212.132 10	9.374 91	5.357 21	2.238 04	212.132 10	15.466 81	2.738 70	2.738 70
254.558 52	10.793 04	5.539 53	2.378 90	254.558 52	15.466 81	2.738 70	2.738 70
296.984 94	11.207 56	5.693 68	2.416 59	296.984 94	16.361 16	2.794 91	2.794 91
339.411 36	11.232 67	5.827 21	2.418 83	339.411 36	16.936 34	2.829 46	2.829 46
381.837 78	11.541 66	5.945 00	2.445 96	381.837 78	17.127 76	2.840 70	2.840 70
424.264 20	12.324 13	6.050 36	2.511 56	424.264 20	17.390 98	2.855 95	2.855 95

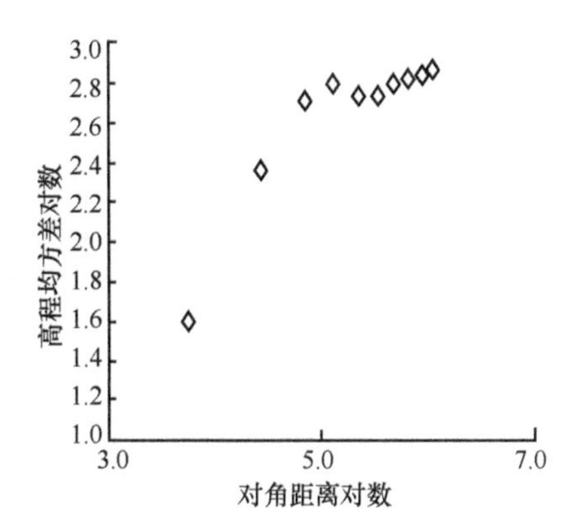

图 8-9 左上右下对角距离对数与高程均方差对数的关系

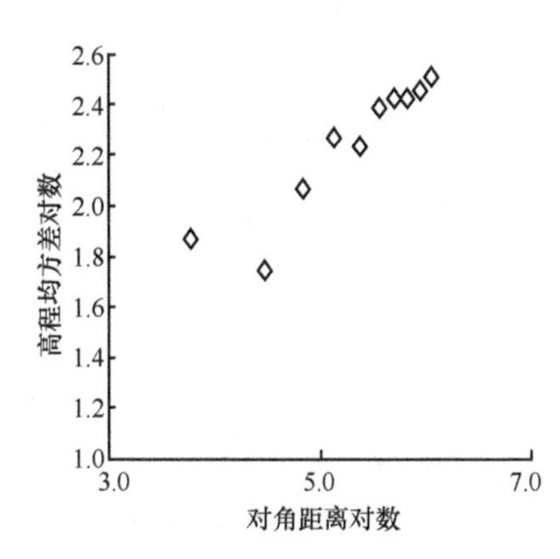

图 8-10 右上左下对角距离对数与高程均方差对数的关系

（2）动态搜索拟合点方法

根据上节分析，通过在固定滑窗内随机选取抽样点进而计算该滑窗内地形局部分形维数的方法存在较大误差，线性拟合的决定系数 R^2 较小。鉴于此，设计一个滑窗内动态寻找最佳拟合点集的方法，使得线性回归拟合精度达到最佳。为了使滑窗内可以动态选择最佳拟合点集，必然舍弃部分抽样点，因此，滑窗不易设计得过小。基于动态搜索拟合点方法使用的滑窗至少为5×5，可选 9×9、11×11、13×13 等大小的滑窗。为了使计算的分形维数能表达滑窗中心点分形特征，搜索的拟合点必须包含滑窗中心点。如果 9×9 滑窗内动态搜索拟合点无法达到理想的拟合精度，则应该增大滑窗大小。

1）以滑窗中心点对应的行维数、列维数及对角维数来表示滑窗中心点维数

以 5×5 滑窗为例阐述滑窗中心点的列维数、行维数和对角维数的计算。图 8-11 是研究区内的一个滑窗内数据，图中每个矩形框表示一个采样距离。列维数的计算过程如下：①获取中心点对应列的高程值；②统计采样距离分别为 1、2、3、4 个单位对应高程值的均方差；③用距离的对数和距离内所有点的高程值均方差的对数做线性回归分析，拟合线的斜率即为该滑窗中心点的分形维数。采样方式如图 8-11 所示。

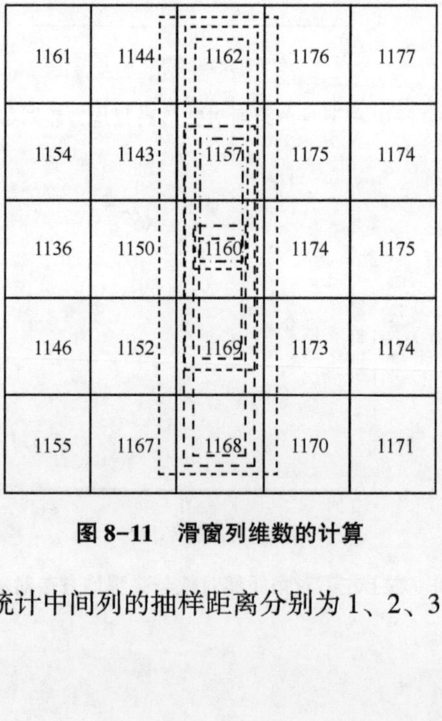

1161	1144	1162	1176	1177
1154	1143	1157	1175	1174
1136	1150	1160	1174	1175
1146	1152	1169	1173	1174
1155	1167	1168	1170	1171

图 8-11　滑窗列维数的计算

根据图 8-11，统计中间列的抽样距离分别为 1、2、3、4 个单位对应高程

值的均方差，该栅格分辨率为 30 m，即 1 个单位为 30 m。将抽样距离的对数与距离内所有高程值的均方差对数点绘于图上（图 8-12），对距离的对数与距离内所有高程值的均方差对数做线性回归分析（图 8-13）。根据图 8-13，列维数计算的决定系数为 0.8023，二者表明较好的相关关系。

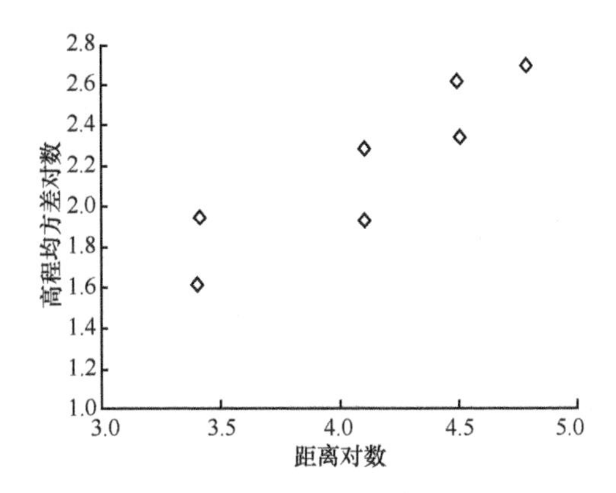

图 8-12 距离对数与高程均方差对数的关系

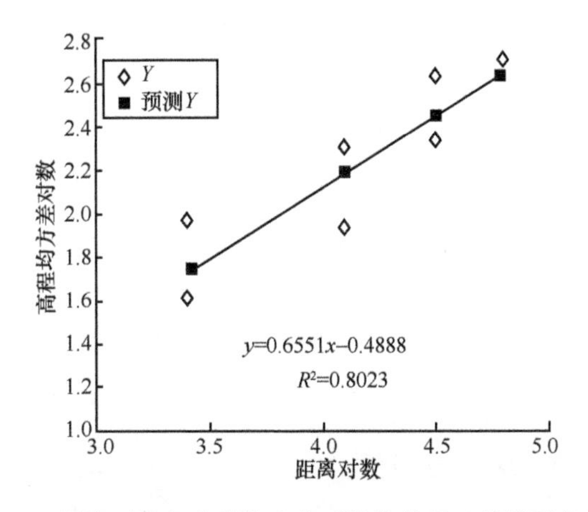

图 8-13 距离对数与高程均方差对数的关系（线性回归分析）

同理，可以获得该滑窗中心点的对角维数，采样方式如图 8-14 所示，对计算结果统计制图（图 8-15、图 8-16）。根据图 8-15 和图 8-16，对角线上距离对数与距离内高程值均方差的对数线性关系不显著，通过排除异常点可以提高决定系数大小。该实例选择的滑窗较小，具体计算时可以选择较大的滑窗（如 11×11、13×13 等）以便获得较好的回归效果。

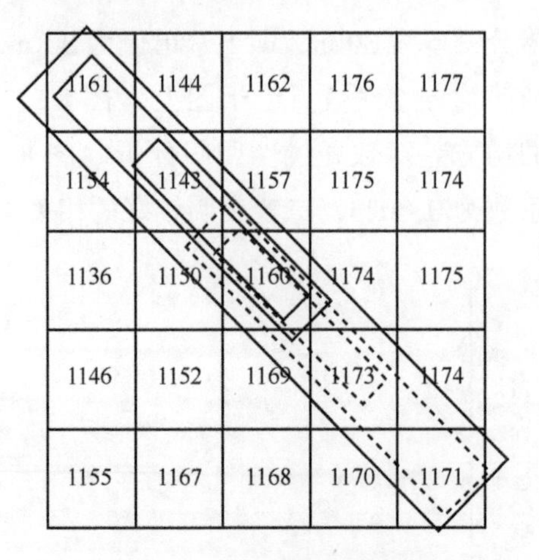

图 8-14　对角维数计算示意

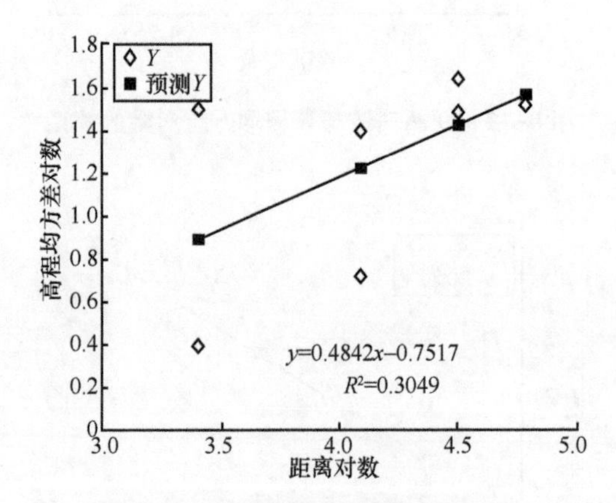

图 8-15　对角维数（不排除异常点）

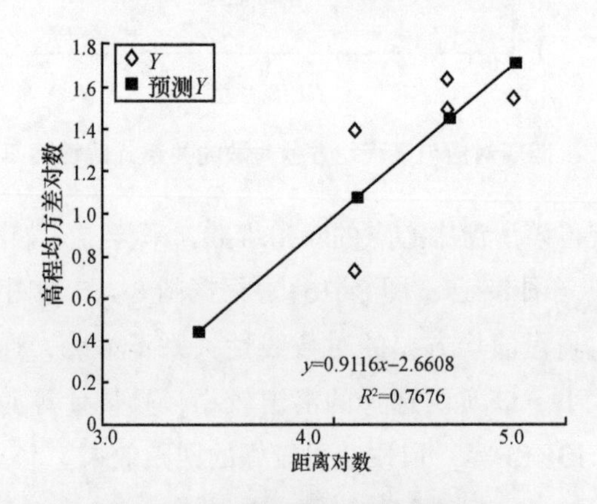

图 8-16　对角维数（排除异常点）

2）以过滑窗中心点的水流路径通过的高程点为采样点计算滑窗中心点维数

如图 8-17 所示，通过滑窗中心点的水流路径对应的地形分形维数的计算方法与行列维数和对角维数计算方法相同，只是高程抽样点的选取不同。该方法按照水流路径选取高程点进而计算分形维数来表示滑窗中心点分形维数，与 D8 算法中水流路径吻合，适合以水文模拟为目的的坡度分形降尺度。

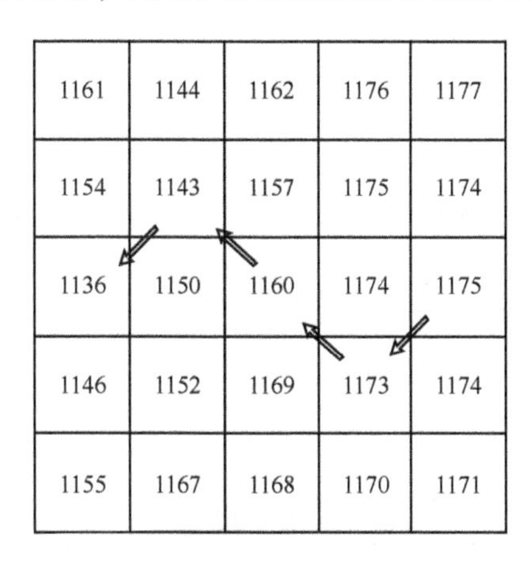

图 8-17　径流路径上地形分形维数的计算

8.2.5　坡度分形降尺度的算法与实现

8.2.5.1　坡度分形降尺度算法设计

距离对数与该距离内所有高程值的均方差对数进行线性回归分析的拟合线的斜率为分形维数，如果回归分析的决定系数偏小，则会带来较大误差。通过移动滑窗，再次计算分形维数和决定系数，如果决定系数还是偏小，则再次移动滑窗。滑窗移动的方法为首次向左移动一个象元距离，若决定系数偏小，滑窗以原始位置中心开始向右移动一个象元，再次计算决定系数，若仍然偏小，则滑窗向上移动一个象元距离并计算分形维数和决定系数，若决定系数仍偏小，则滑窗从原始中心向下移动一个象元距离，再次通过回归分析计算分形维数和决定系数，若决定系数仍然偏小，则滑窗按照左右上下的顺序移动 2 个象元大小，分别计算分形维数和决定系数。若决定系数仍未达到要求，则再次移动滑窗，直到原始滑窗中心点象元到达移动后滑窗的边缘，即待计算分形维数的象元必须落在滑窗内部。根据中心象元必须在滑窗内的约束条件，如果滑窗无论如何移动，计算的回归决定系数都不能达到要求，则选取最大决定系数对应的分维数表示中心象元的分形维数。

8.2.5.2 坡度分形降尺度组件设计

坡度分形降尺度组件以 DEM 或单独的坡度栅格为对象进行输入，通过组件的 DEM 属性或输入坡度属性在组件内部实现坡度的分形变换，变换完成后的坡度数据保存在组件的属性中。然后使用组件的输出功能将变换后的坡度栅格数据实现物理保存（保存至硬盘）。输出的结果以流向坡度栅格和 X、Y 方向的河底比降栅格两种格式输出。该组件的输入参数除了 DEM 或坡度数据外，还包括滑窗大小、坡度分形变换的目标分辨率等属性。图 8-18 是坡度分形降尺度组件的类图，显示了组件的属性和方法等信息。图中“+”表示公有属性和方法，外部程序可以访问，“-”表示私有属性和方法，组件外部的程序无法访问，这是组件封装的基本特性。根据图 8-18，有 3 个方法是私有方法，分别是抽取 X、Y 方向河底比降的方法、计算分形维数的方法和计算高程标准差的方法，这 3 个私有方法为坡度转换方法在组件内部调用。

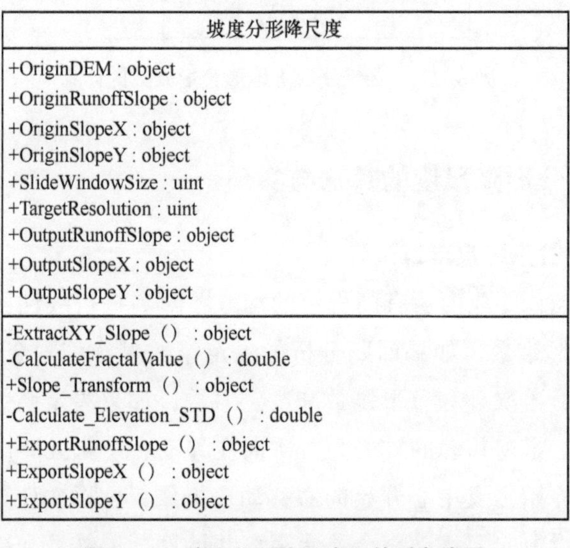

图 8-18 坡度分形降尺度组件对象类图

8.2.5.3 基于动态滑窗的最陡坡度分形降尺度

以内蒙古准格尔旗沙圪堵镇的二老虎沟小流域 DEM 为例，使用设计开发的坡度分形降尺度组件进行 30 m 分辨率坡度到 10 m 目标分辨率坡度的分形降尺度变换（图 8-19 至图 8-21，见书末彩插）。验证分形降尺度方法的有效性，同时验证组件的可用性。

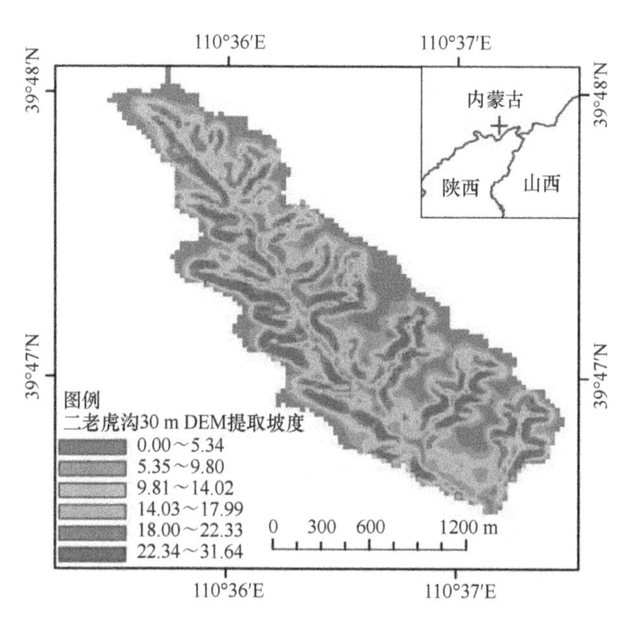

图 8-19　二老虎沟原始地形坡度

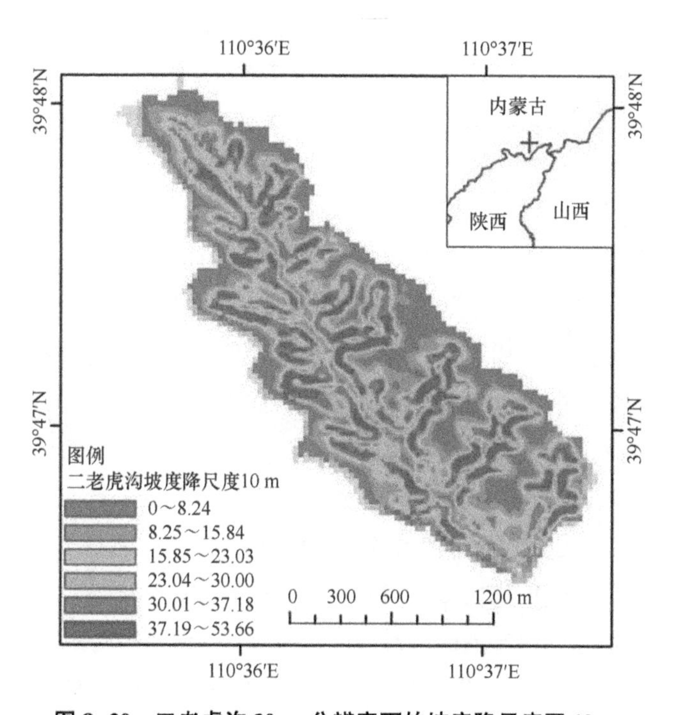

图 8-20　二老虎沟 30 m 分辨率下的坡度降尺度至 10 m

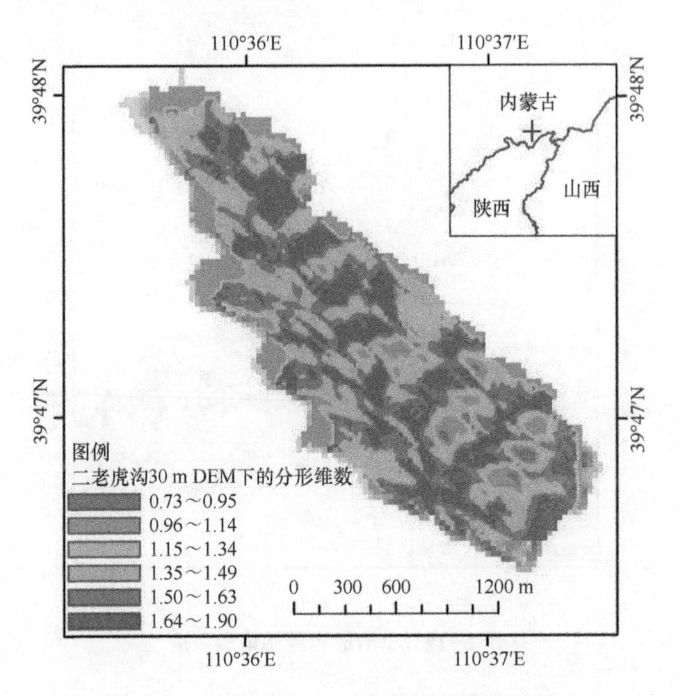

图 8-21　二老虎沟 30 m 分辨率下的分形维数

图 8-19 和图 8-20 对二老虎沟的流向坡度进行变换，可以简单对比变换前后的结果。在流域水文模拟中，二维网格离散后需要计算 X 向和 Y 向的河底比降（坡度的一种），因此，应该对河底比降进行坡度变换。河底比降等于象元高差与象元大小的比值，也是 X 向坡度和 Y 向坡度的正切值。使用开发的河底比降计算软件分别计算二老虎沟 10 m 和 30 m 分辨率下的 X 向河底比降和 Y 向河底比降。使用开发的坡度分形降尺度软件对二老虎沟 30 m 分辨率下的 X、Y 向坡度进行分形降尺度变换，并在 ArcGIS 中制图（图 8-22 至图 8-27，见书末彩插）。

因计算河底比降时不考虑 X 向和 Y 向高程差的大小，因此存在负值，负值只说明了高度落差的方向。河底比降值的绝对值的正切值是相应的 X 向和 Y 向的坡度。河底比降值等于 1，表示该向的百分度坡度等于 45°。根据图 8-22至图 8-27，绿色和红色表示河底比降大的区域，黄色表示河底比降小的区域。红色和绿色分布在沟坡上，说明沟坡上河底比降较大，黄色分布在坡顶，说明坡顶河底比降较小，与实际地形相符。以 X 向河底比降变换为例，根据图 8-24、图 8-26，黄色区域坡度较小，变换前河底比降范围为-0.09～0.16，变换后河底

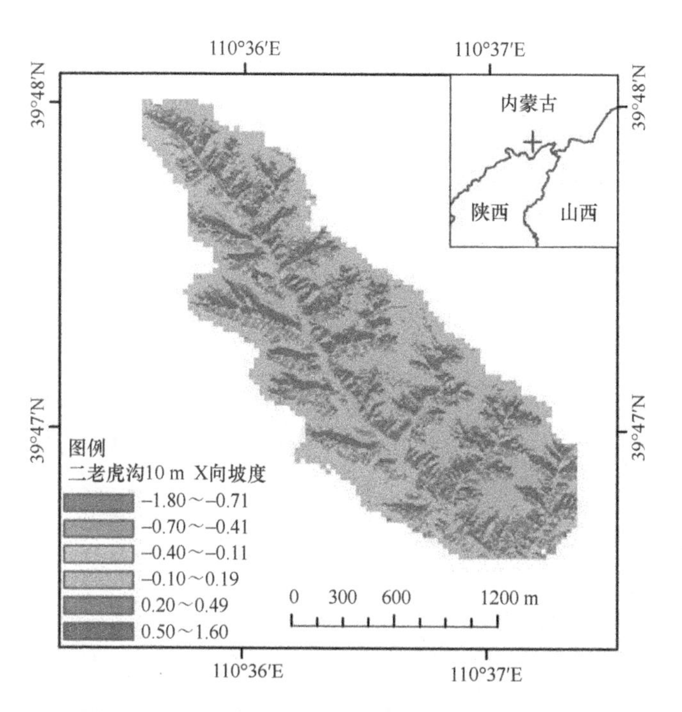

图 8-22 二老虎沟 10 m 分辨率下的 X 向河底比降

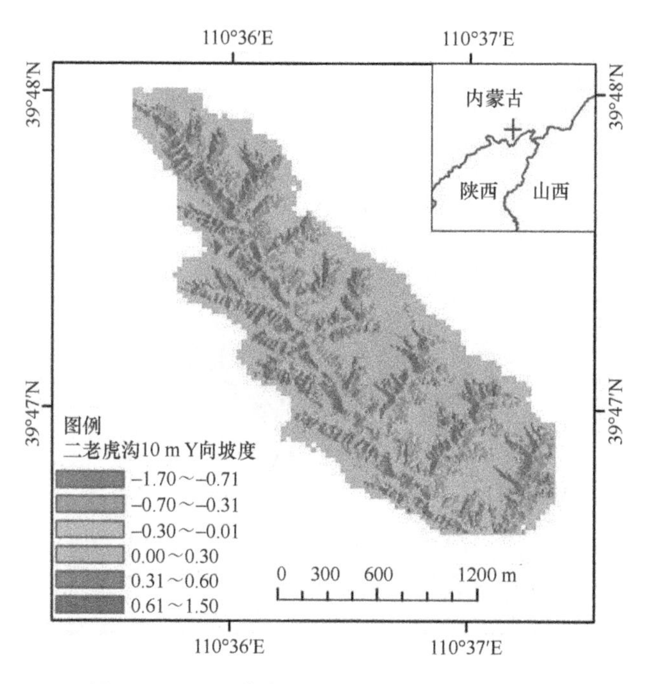

图 8-23 二老虎沟 10 m 分辨率下的 Y 向坡度

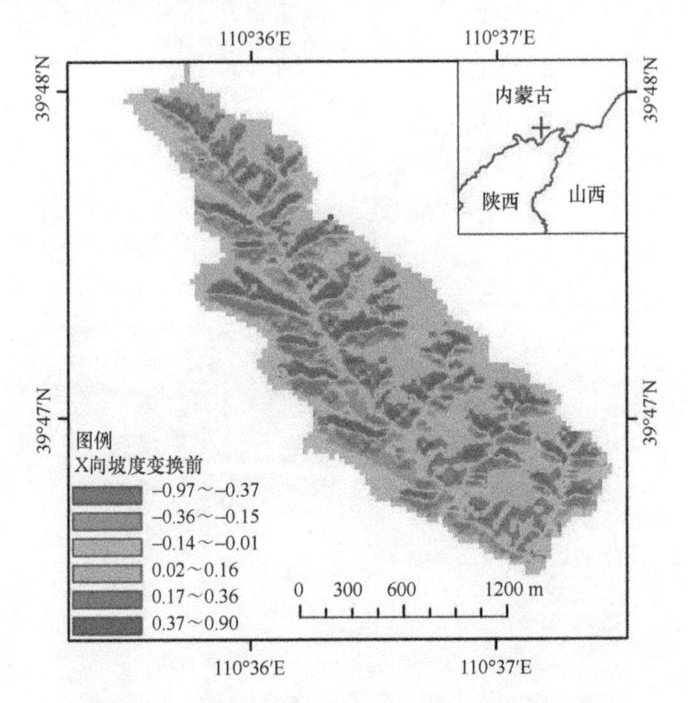

图 8-24 二老虎沟 30 m 分辨率下的 X 向坡度变换前

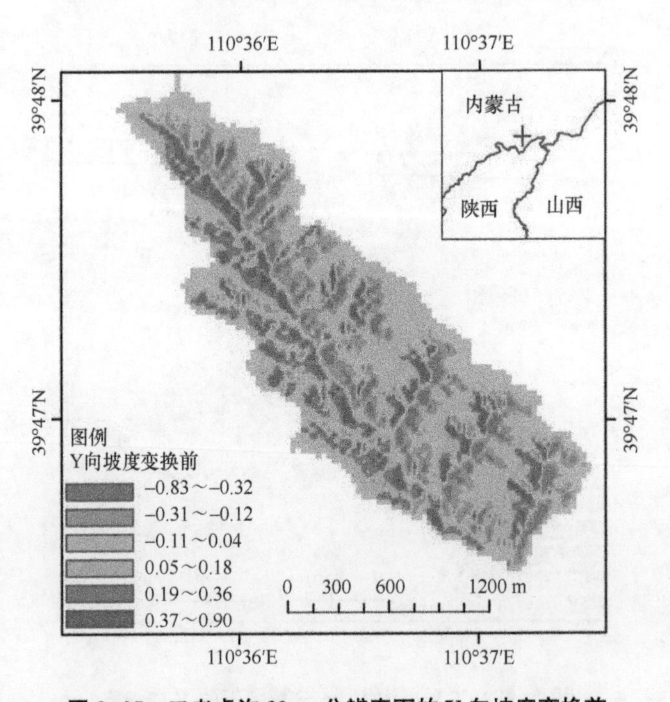

图 8-25 二老虎沟 30 m 分辨率下的 Y 向坡度变换前

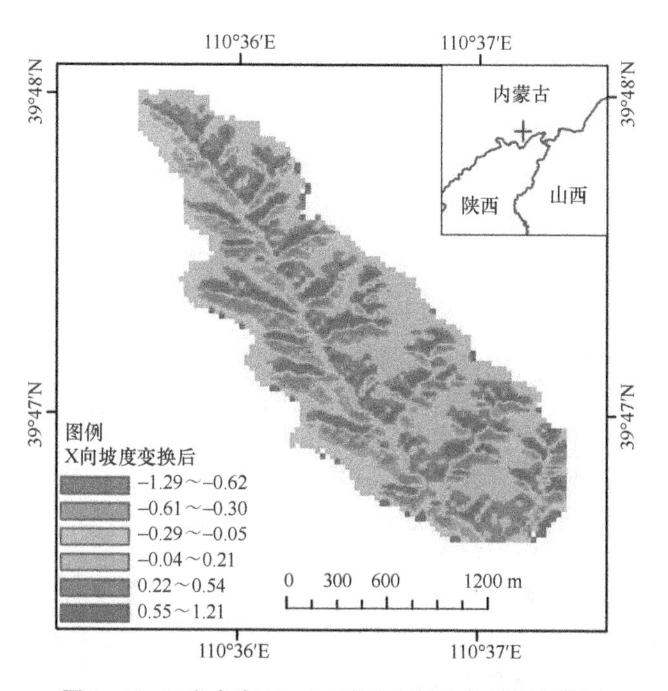

图 8-26 二老虎沟 30 m 分辨率下的 X 向坡度变换后

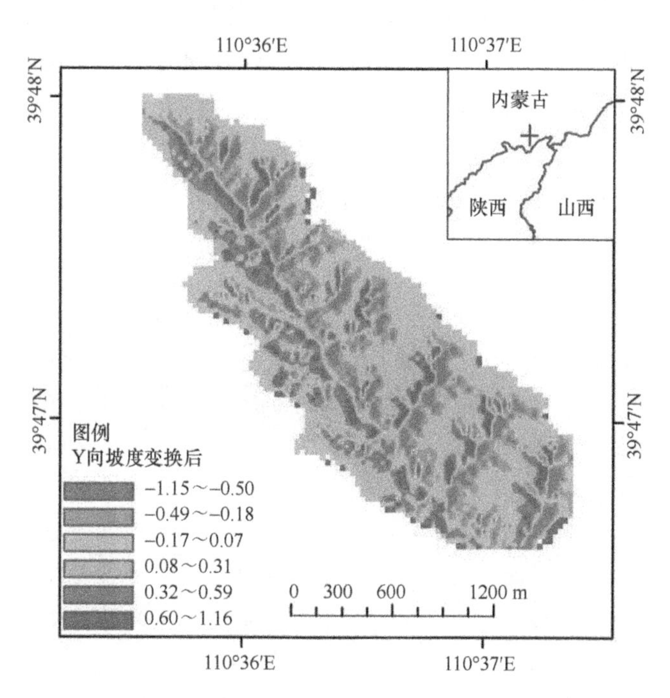

图 8-27 二老虎沟 30 m 分辨率下的 Y 向坡度变换后

比降范围为-0.16～0.18，变化不明显；红色和绿色区域坡度较大，河底比降变换前范围分别为：绿色是-0.97～-0.67，红色是0.64～0.90，河底比降变换后范围分别为：绿色是-1.29～-0.87，红色是0.89～1.21。通过以上河底比降分形变换前后对比发现，河底比降越大的区域变化越大，河底比降越小的区域变化越小。实际上，根据公式（8-7），沟沿线附近高差变化大，计算的分形维数也越大，对河底比降数值增加明显。但是，根据图8-22、图8-26，河底比降分形降尺度变换后与目标分辨率（10 m）下提取的河底比降最大值有一定的差别，然而与未进行坡度变换的30 m分辨率下提取的河底比降数据相比，还是有一定程度的提高。因此，可以通过调整滑窗大小等进一步探索坡度分形降尺度方法在沟壑区的应用。

8.2.6 坡度分形降尺度方法的结果分析与评价

根据8.3节河底比降分形变换前后制图的对比，进行了简单的分形降尺度变换前后及与目标分辨率下河底比降的对比分析。为了从数量上进一步分析整体变换效果，对分形变换前后及目标分辨率下的河底比降进行区域统计分析，统计它们的最大、最小、平均和标准差等信息（表8-4）。必须指出的是由于河底比降未区分方向，包含符号，所以必须对分形变换前后和目标分辨率下的河底比降求绝对值后再进行区域统计。根据表8-4，X向和Y向河底比降分形变换后的最大值及标准差与目标分辨率更接近，Y向河底比降平均值分形变换后与目标分辨率下的Y向河底比降更为接近，而X向河底比较平均值没有取得明显的效果，有待进一步深入研究。

表8-4　坡度变换前后坡度及目标分辨率坡度统计

名称	最小值	最大值	范围	平均值	标准差
30 m分辨率X向坡度	0.0000	0.9667	0.9667	0.2157	0.1989
30 m分辨率Y向坡度	0.0000	0.9000	0.9000	0.1866	0.1828
30 m分辨率X向坡度变换后	0.0000	1.2934	1.2934	0.3487	0.3146
30 m分辨率Y向坡度变换后	0.0000	1.1912	1.1912	0.3098	0.2988
10 m分辨率X向坡度	0.0000	1.5000	1.5000	0.2705	0.2787
10 m分辨率Y向坡度	0.0000	1.4000	1.4000	0.2460	0.2550

以上对河底比降的整体效果进行了对比分析，但在空间上的变换效果则需要通过变换前后的绝对值求差获得。首先，使用ArcGIS的栅格计算获得分

形变换前后及目标分辨率下的河底比降栅格数据的绝对值，以便于求差计算，然后同样使用 ArcGIS 的栅格计算功能求取分形变换前后河底比降的绝对值差（图 8-28 至图 8-30，见书末彩插），通过比较河底比降分形变换前后的差值栅格，分析分形变换情况的空间分布。

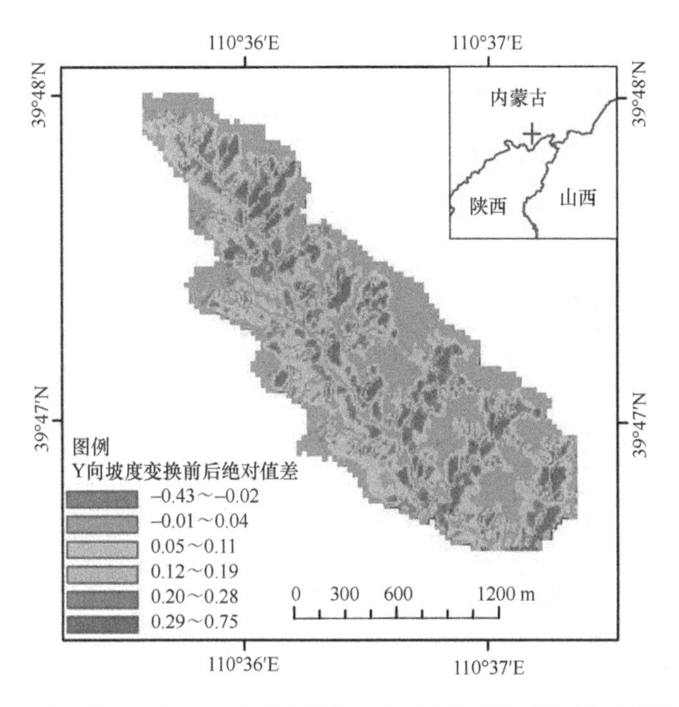

图 8-28　二老虎沟 30 m 分辨率下的 Y 向坡度分形降尺度变换前后差异

根据图 8-28 至图 8-30，河底比降分形变换误差较大的区域仍然是在沟坡上。从图 8-30 可以看出，分形变换后的坡度与目标分辨率坡度差异主要区间位于-0.27～0.18，即黄色区域，仍存在较大的误差。

坡度分形变换方法评价。该分形降尺度变换方法中采用了滑窗内的对角分形维数进行河底比降的分形变换，整体上河底比降变换后取得了一定的效果，但仍然存在一定误差。因此，运用滑窗内的对角分形维数用于河底比降尺度变换效果有待改进，需要通过调整滑窗的大小或改变滑窗分形维数的计算方法以改进河底比降分形变换效果。根据 8.2 节，基于滑窗内水流方向抽样点方法计算分形维数用于河底比降尺度变换，从理论上讲要优于对角分形维数，受时间限制，基于滑窗内水流方向的分形维数用于河底比降尺度变换还有待进一步的研究。

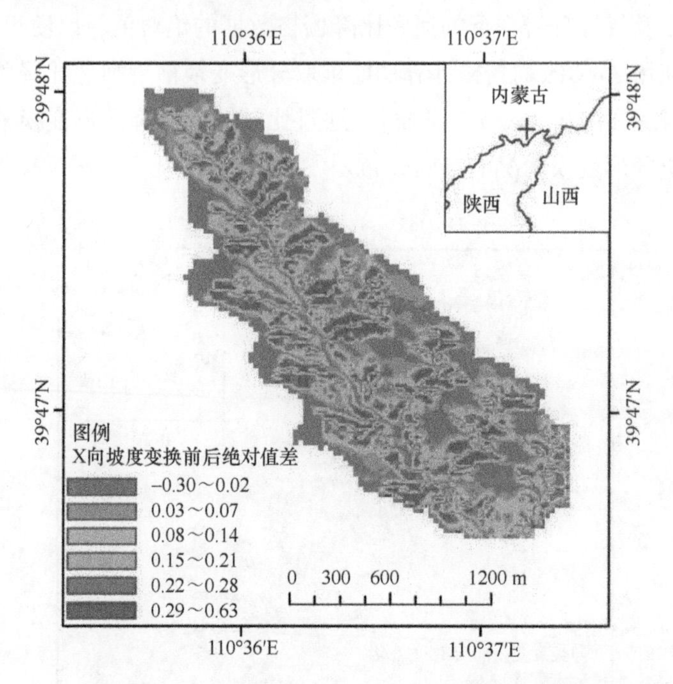

图 8-29　二老虎沟 30 m 分辨率下的 X 向坡度分形降尺度变换前后差异

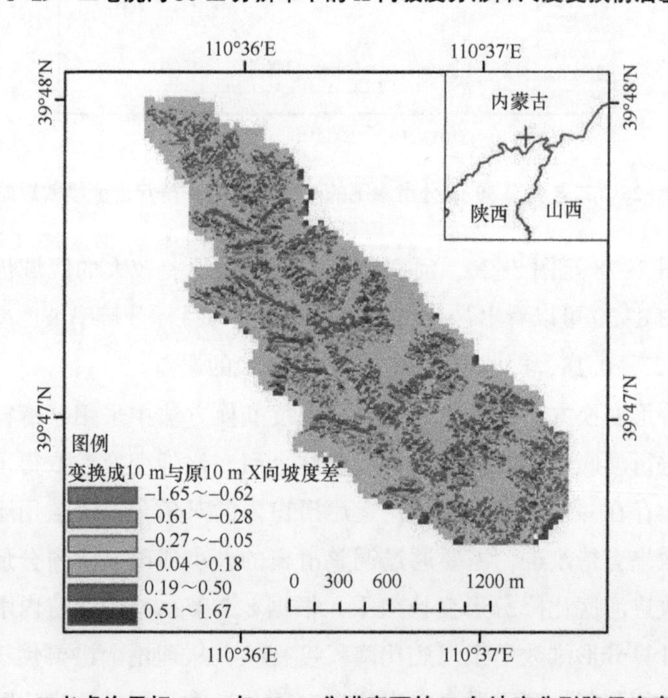

图 8-30　二老虎沟目标 10 m 与 10 m 分辨率下的 X 向坡度分形降尺度变换差异

8.3 坡面流模拟的自适应性探讨与框架扩展

8.3.1 坡面流模拟动力方程的选择

坡面是泥沙的重要来源，坡面侵蚀的模拟预测方法中基于物理基础的方法主要是应用圣维南方程的变化形式进行模拟，如 WEPP 模型中，坡面流采用运动波（Kinematic Wave）来模拟。在已经建立的动力学模型中，以Simons 和 Li 建立的 CSU 模型为代表，其他还包括 Fleming 和 Leytham、Donigian 和 Crawfood 及 Alonso 等。CSU 模型可以模拟流域表面的水文过程、产沙过程和水文运动的时空分布变化。该模型将流域概化为若干子流域，每个子流域就像概化成“一本打开的书”。CSU 模型采用一维运动波方程模拟坡面流汇流过程。另外欧洲的流域水文模型 EUROSEM 与 KINEROS model 连接，KINEROS model 使用运动波来模拟坡面流。而 CASC2D-SED 是一个水文过程模拟模型，它对坡面流采用扩散波来模拟水文运动。

在国外，圣维南方程在坡面水流研究中得到了广泛的应用，但其仅适用于缓坡，中国学者吴长文根据中国流域水文过程的特点推导出了适合陡缓坡的完整坡面流偏微分方程。关于动力方程的选择，不同的条件应该有最适合的模拟方法，不应该一味地选择运动波或扩散波，当然，全部坡面位置都使用比较复杂完整的圣维南方程对于模型求解的效率会产生较大影响，特别是对于中国砒砂岩地区，该区地形从丘陵沟壑到岗状丘陵地貌，坡面坡度范围很大，单独选择哪种模拟方法都不是十分合适，应根据不同的下垫面条件来选择不同的动力方程，这就需要模型具有自适应性。

8.3.2 坡面流模拟中的坡度分区及分区间的参数传递

对坡面流动力方程进行选择，一个基本的解决方法就是进行坡度分区，根据坡度的变化划分成几个模拟区，在不同的模拟区采用不同的动力方程来模拟坡面流，模型应该具有自动识别坡度分区，自动选择模拟方程的能力，这就是模型的自适应性。但是，坡度分区后选择了不同的方程，在不同的坡度区中间研究流域水文过程参数如何传递又是一个重要课题。

对坡面进行坡度分区之后，记录分割线两侧所有象元的水流方向，用于标识不同的坡度分区在边界处的水流传递。在过程模拟中根据坡面流的流向先后对各坡度分区进行模拟。对先模拟的坡度分区，在到达分区边界时记录边界象元的各种流域水文动态参数。在下一个分区模拟前，先读取前一个坡度分区传递过来的水文参数作为本分区模拟的边界条件。坡度分区间的参数传递涉及坡面流模拟的边界条件和分区间的象元对接等较多内容，这里只给出简单思路，有待进一步研究。

8.3.3 框架在坡面流模拟自适应性方面的扩展

开发一个根据坡度分区自动选择扩散波方程或动力波方程的组件，实现框架在坡面流模拟自适应性方面的扩展（图 8-31）。难点在于扩散波和动力波对参数的要求不同，必须统一参数。在此只给出扩展的思路，坡面流模拟自适应组件的设计与开发有待进一步研究。

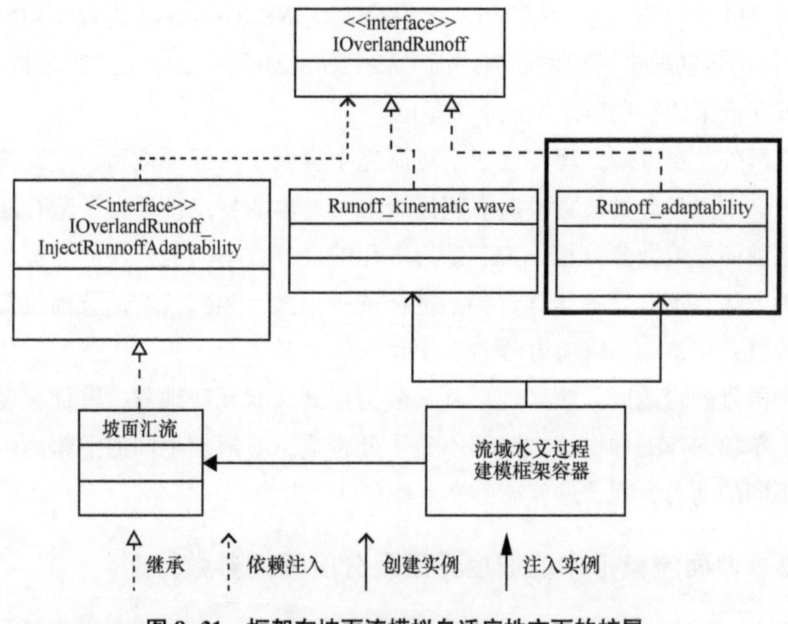

图 8-31 框架在坡面流模拟自适应性方面的扩展

8.4 小 结

流域水文过程细粒度建模框架的重要特点就是其具有极为便捷的扩展性，因采用了依赖注入模式使得框架具有模型结构层面上的可扩展性。本章阐述了框架在模型结构和模型参数上的扩展，阐述了框架的实际应用价值和理论研究价值。在参数扩展研究中，重点研究了框架在坡度变换方面的扩展，并深入研究了坡度的分形降尺度方法。坡度是流域水文模拟的重要参数，坡度的尺度效应与尺度变换已经取得了系列研究成果。为了将坡度尺度变换方法集成到流域水文模型中，在集成框架中设计了坡度分形降尺度变换组件。目前坡度尺度变换主要适用于坡度的平均或坡度的统计特征相似，而分布式流域水文模型要求坡度是空间分布式数据，因此，在 Pradhan 提出的坡度分形降尺度方法基础上，仅仅探讨了依据粗分辨率子区域计算分形维数及用于坡度分形变换的方法。提出的基于动态滑窗的最陡坡度分形降尺度方法，在 X 向和 Y 向河底比降分形尺度变换中具有一定的效果，但仍存在一定误差，有待进一步研究。

参考文献

[1] CHAPLOT V. Impact of spatial input data resolution on hydrological and erosion modeling: recommendations from a global assessment[J]. Physics & chemistry of the earth, 2014, 67-69: 23-35.

[2] FUJIHARA Y, TANAKA K, WATANABE T, et al. Assessing the impacts of climate change on the water resources of the Seyhan river basin in Turkey: use of dynamically downscaled data for hydrologic simulations[J]. Journal of hydrology, 2008, 353(1-2): 33-48.

[3] GUAN X J, WANG H L, LI X Y. The effect of DEM and land use spatial resolution on simulated streamflow and sediment[J]. Globalnest international journal, 2015, 17(3): 525-535.

[4] HWANG S, GRAHAM W D, ADAMS A, et al. Assessment of the utility of dynamically-downscaled regional reanalysis data to predict streamflow in west central Florida using an integrated hydrologic model[J]. Regional environmental change, 2013, 13(S1): 69-80.

[5] KALIN L, GOVINDARAJU R S, HANTUSH M M. Effect of geomorphologic resolution on modeling of runoff hydrograph and sedimentograph over small watersheds[J]. Journal of hydrology, 2003, 276(1-4): 89-111.

[6] KLEPPER O. Multivariate aspects of model uncertainty analysis: tools for sensitivity analysis and calibration[J]. Ecological modelling, 1997, 101(1): 1-13.

[7] LIN S, JING C, COLES N A, et al. Evaluating DEM source and resolution uncertainties in the soil and water assessment tool[J]. Stochastic environmental research and risk assessment, 2013, 27(1): 209-221.

[8] LUZIO M D, ARNOLD J G, SRINIVASAN R. Effect of GIS data quality on small watershed stream flow and sediment simulations[J]. Hydrological processes, 2005, 19(3): 629-650.

[9] MUKUNDAN R, RADCLIFFE D E, RISSE L M. Spatial resolution of soil data and channel erosion effects on SWAT model predictions of flow and sediment[J]. Journal of soil and water conservation, 2010, 65(2): 92-104.

[10] PRADHAN N R, TACHIKAWA Y, TAKARA K. A downscaling method of topographic index distribution for matching the scales of model application and parameter identification[J]. Hydrological processes, 2006, 20(6): 1385-1405.

[11] RAJE D, MUJUMDAR P P. Constraining uncertainty in regional hydrologic impacts of climate change: nonstationarity in downscaling[J]. Water resources research, 2010, 46(7): 58-72.

[12] REDDY A S, REDDY M J. Evaluating the influence of spatial resolutions of DEM on watershed runoff and sediment yield using SWAT[J]. Journal of earth system science, 2015, 124(7): 1517-1529.

[13] SALATHÉ E P. Comparison of various precipitation downscaling methods for the simulation of streamflow in a rainshadow river basin[J]. International journal of climatology, 2003, 23(8): 887-901.

[14] SHARMA M, COULIBALY P, DIBIKE Y. Assessing the need for downscaling rcm data for hydrologic impact study[J]. Journal of hydrologic engineering, 2011, 16(6): 534-539.

[15] SHEN Z Y, CHEN L, LIAO Q, et al. A comprehensive study of the effect of GIS data on hydrology and non-point source pollution modeling[J]. Agricultural water management, 2013, 118: 93-102.

[16] SULIS M, PANICONI C, CAMPORESE M. Impact of grid resolution on the integrated and distributed response of a coupled surface-subsurface hydrological model for the des Anglais catchment, Quebec[J]. Hydrological processes, 2011, 25(12): 1853-1865.

[17] TRINH D H, CHUI T F M. Assessing the hydrologic restoration of an urbanized area via integrated distributed hydrological model[J]. Hydrology & earth system sciences discussions, 2013, 10(4): 4099-4132.

[18] VÁZQUEZ R F, FEYEN J. Assessment of the effects of DEM gridding on the predictions of basin runoff using MIKE SHE and a modelling resolution of 600 m[J]. Journal of hydrology, 2007, 334(1-2): 73-87.

[19] VIVONI E R, IVANOV V Y, BRAS R L, et al. On the effects of triangulated terrain resolution on distributed hydrologic model response[J]. Hydrological processes, 2005, 19(11): 2101-2122.

[20] WANG Y, HE B, TAKASE K. Effects of temporal resolution on hydrological model parameters and its impact on prediction of river discharge[J]. Hydrological sciences journal, 2009, 54(5): 886-898.

[21] YU Z, LU Q, ZhU J, et al. Spatial and temporal scale effect in simulating hydrologic processes in a watershed[J]. Journal of hydrologic engineering, 2014, 19(1): 99-107.

[22] 曹文洪, 张晓明. 流域泥沙运动与模拟[M]. 北京: 科学出版社, 2014.

[23] 郭兰勤, 杨勤科, 胡洁, 等. 基于分形的中低分辨率坡度降尺度变换方法研究[J]. 西北农林科技大学学报(自然科学版), 2011, 39(12): 173-180.

[24] 郭兰勤. 基于分形的中低分辨率坡度降尺度变换方法研究[D]. 咸阳: 西北农林科技大学, 2012.

[25] 郭伟玲, 杨勤科, 程琳, 等. 区域土壤侵蚀定量评价中的坡长因子尺度变换方法[J]. 中国水土保持科学, 2010, 8(4): 73-78.

[26] 郭伟玲. 坡度和坡长尺度效应与尺度变换研究[D]. 北京: 中国科学院大学, 2012.

[27] 胡云华, 贺秀斌, 毕景芝. 直方图匹配算法进行坡度变换的精度评价[J]. 水土保持研究, 2013, 20(6): 97-101.

[28] 罗婷, 王文龙, 王贞, 等. 非硬化土路土壤剥蚀率与水动力学参数分析[J]. 人民黄河, 2011(4): 96-98.

[29] 芮孝芳. 径流形成原理[M]. 南京: 河海大学出版社, 2011.

[30] 汤国安. 黄土高原地面坡谱及其空间分异[C]//认识地理过程 关注人类家园——中国地理学会 2003 年学术年会文集, 武汉, 2003: 29.

[31] 王程. 坡度直方图匹配变换的适用性分析[D]. 西安: 西北大学, 2012.

[32] 王光谦. 流域泥沙动力学模型[M]. 北京: 中国水利水电出版社, 2009.

[33] 王双玲. 基于流域水生态承载力的污染物总量控制技术研究[D]. 武汉: 武汉大学, 2014.

[34] 王秀英, 曹文洪. 坡面土壤侵蚀产沙机理及数学模拟研究综述[J]. 土壤侵蚀与水土保持学报, 1999, 5(3): 87-92.

[35] 姚文艺. 坡面流流速计算的研究[J]. 中国水土保持, 1993(3): 25-29, 65.

[36] 张勇, 汤国安, 彭釪. 数字高程模型地形描述误差的量化模拟——以黄土丘陵沟壑区的实验为例[J]. 山地学报, 2003, 21(2): 252-256.

[37] 赵辉, 郭索彦, 解明曙, 等. 不同尺度流域日径流分形特征[J]. 应用生态学报, 2011, 22(1): 159-164.

第9章

水文建模框架应用

GIS 是水文过程模拟的重要支撑技术。空间数据管理、数据处理、水文网络分析、地形分析、空间分析及水文过程模拟结果可视化等是水文过程模拟不可或缺的重要组成部分。耦合了 GIS 功能的水文模型在模型安装、配置、运行及结果分析上的效率与可视化效果等都将得到极大提高。耦合了 GIS 功能的水文模型是一个更为完善的模型，对于水文过程模拟具有重要的实践意义。

现有水文模型与 GIS 的耦合关系，多为松散耦合方式。为了真正实现 GIS 与水文模型的深度集成，必须从底层的数据模型层次上实现二者的紧密集成。因此，构建二者可以高效访问的“共享数据模型”是亟待解决的问题。本章基于第 6 至第 8 章构建的水文建模框架，集成 GIS 功能，搭建一个深入耦合的水文 GIS。

流域水文过程建模框架是一个软件半成品，不能独立运行，另外，GIS 是流域水文过程模拟不可或缺的重要组成部分，因此，为了验证框架的有用性和有效性，本书实现了流域水文过程建模框架与 GIS 的插件式集成。最终在 ArcGIS 中建立一个流域水文过程模拟 Add-in 插件，并使用该流域水文过程模拟插件对砒砂岩地区一个小流域的水文过程进行模拟。

9.1 建模框架与 GIS 的集成

9.1.1 插件模型与集成思想

为了建立基于 FSFM 框架的流域水文过程模拟 Add-in 插件，采用“平台+

插件”模型，即GIS作为宿主程序（作为平台），基于FSFM框架的分布式流域水文模型作为宿主程序的插件，底层基于GIS的Geodatabase来管理数据的高效访问及数据间的关联关系和拓扑关系等。基于此设计，既可以使用宿主程序GIS的强大空间数据管理功能，又可以方便流域水文过程模拟。流域水文过程模拟中所涉及的各种组件最后统一使用一个插件来调用。平台（宿主程序）和插件之间通过接口实现通信，因此，插件必须实现一系列标准接口来与平台交互。换句话讲，凡是实现了对应标准接口的插件都可以集成到系统中去。

分布式流域水文模型是一种以分布式水文模拟为基础的过程模型。分布式水文模拟采用欧拉运动观兼有拉格朗日运动观，而GIS采用拉格朗日运动观。因此，运动观不同是GIS与分布式水文过程模型无法很好实现结构上集成的根本原因。分布式流域水文模型以分布式水文过程模拟为基础，所以，其与GIS在结构上的集成也必须解决兼容两种运动观的问题。不同运动观的集成需要从数据结构上寻求解决方案，因此，本研究通过第6章建立的“共享数据模型”来解决欧拉运动观和拉格朗日运动观的集成问题。“共享数据模型”采用面向对象的技术，并在对象中加入表达欧拉运动观特性。基于已建立的FSFM框架的“共享数据模型”，设计分布式流域水文模拟插件，集成在GIS宿主系统中。

9.1.2 框架的插件式GIS集成技术

著名的基于过程的流域水文模型WEPP已经实现了以插件形式与世界主流GIS软件ArcGIS的集成，称为GeoWEPP，目前的最高版本是基于ArcGIS 10.3的GeoWEPP插件。ArcGIS的高级版本中（10.x）提供了Add-in插件，它已经集成到Visual Studio 2008及以上版本中。例如，在Visual Studio 2010平台中内置了ArcGIS的Add-in插件开发模板，使用该模板时平台自动添加了插件与ArcGIS平台的交互规范（包括插件的注册、初始化和注销等），开发者只需要专心于应用模型的开发即可。Visual Studio 2010中ArcGIS的Add-in插件开发模板提供了插件与ArcGIS平台的交互规范，因此，基于构建好的FSFM框架，设计开发流域水文模拟插件相对比较容易。ArcGIS的Add-in插件称为ESRIAdd-in插件。MapGIS 7.0以上版本也提供了插件技术。

9.1.3 基于 FSFM 框架的 ArcGIS 插件的总体结构设计

本插件采用三层结构，从下到上分别为底层的基础流域水文时空数据库（包含数据间的关联和拓扑关系）、FSFM 框架（包含了流域水文模拟组件库和分布式流域水文模拟与 GIS 都可以访问的“共享数据模型”）、分布式流域水文模型插件和顶层的 GIS 宿主系统（提供 GIS 功能支持）。

最底层的时空数据库采用 ESRI 的 Geodatabase 数据库，它采用的是面向对象的数据模型，因此可以建立用于水文和流域水文模拟的复杂对象间的拓扑关系。数据库中的数据经过共享模型的抽象和重新组合被流域水文过程的细粒度组件调用。各种细粒度组件通过有序交互组成流域水文过程模型插件。图 9-1 显示了插件的总体结构。

根据图 9-1，最底层的时空数据库与以往不同的是通过建立点要素和时间序列表之间的关联，实现数据库的时空存储。在语义层上，“共享数据模型”通过时间序列对象建立水文节点、预设监测点二者与水文过程要素、流域水文过程要素的联系，从而兼容了水文过程中的欧拉运动观描述。在流域水文过程模型运行时，插件按照“共享数据模型”结构，将流域水文时空数据库中的数据读入 FSFM 框架的数据组件，为功能组件提供数据。从框架的使用角度看，建立的流域水文模拟插件是一个高效模型产品，直接可以运行。当然，可以开发独立于 ArcGIS 平台的流域水文模拟系统。另外，插件使用反射机制，还提供了一个运行时替换框架中已有组件的功能，达到流域水文过程模型的动态扩展。

9.1.4 细粒度建模框架的 ArcGIS 插件设计与实现

FSFM 框架主要研究了流域水文过程模型的细粒度分解与组合、精细化模型参数的输入、坡度尺度变换方法与流域水文过程模型的集成及细粒度组件间的动态数据交换方法。至于框架部署在什么平台上或独立开发支持插件的宿主平台属于技术上的环节，都是可行的。本研究将 FSFM 框架部署在 ArcGIS 平台上。ArcGIS 软件是插件式 GIS，它的很多扩展模块都以插件的形式与主程序集成。在 ArcGIS 10.0 版本之前，开发对应的插件需要研发者单独完成插件的注册及插件与主程序的交互。自 ArcGIS 10.0 版本开始，ESRI 推出的 ESRIAdd-in 插件模板集成在 Visual Studio 开发平台中，开发者不需要关心插件与 ArcGIS 主程序如何交互及插件的注册与注销等，只需关心具体应用功能的实现即可。

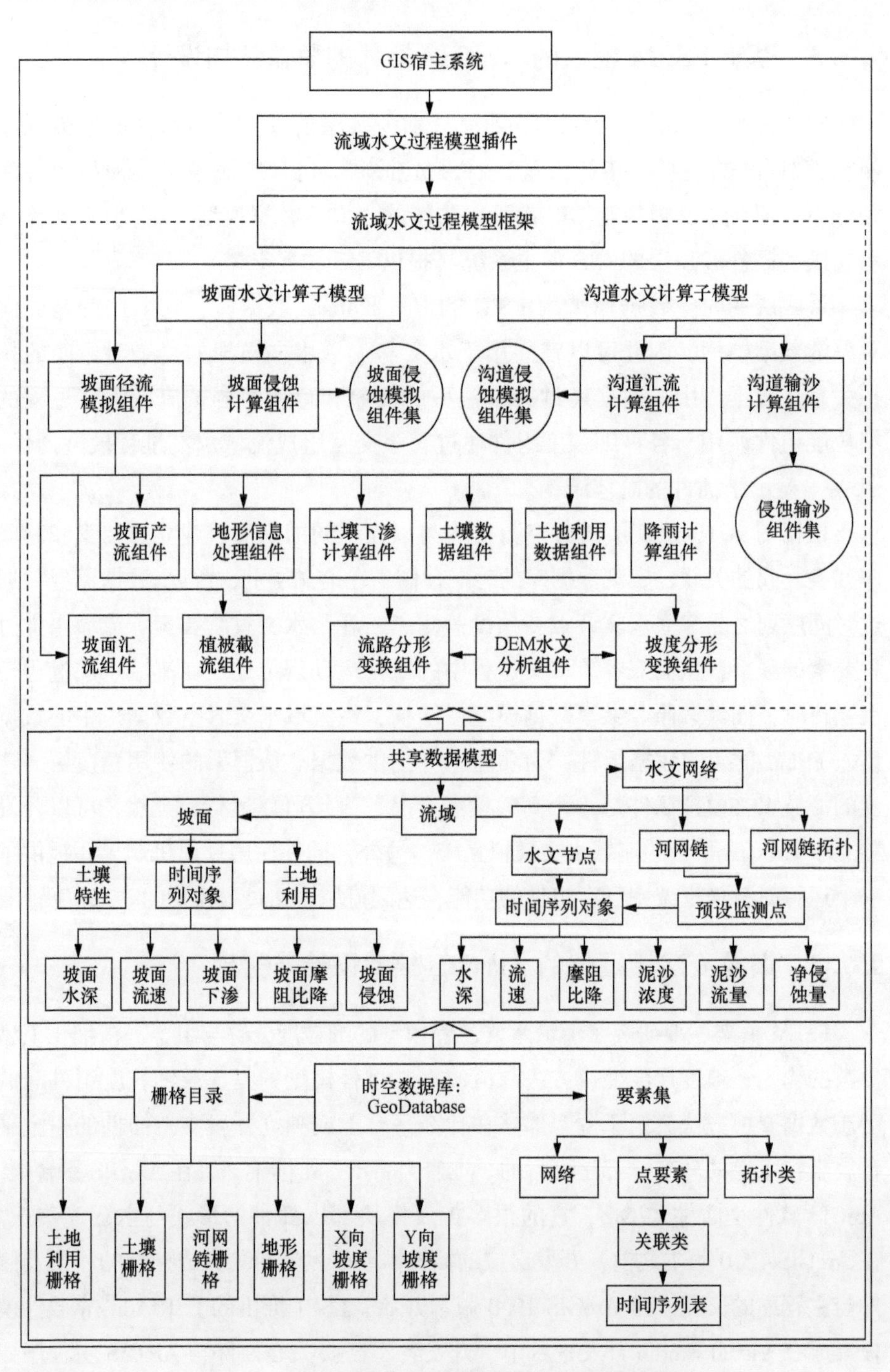

图 9-1　GIS 与流域水文模型的集成总体框架结构

9.1.4.1　流域水文模拟 ArcGIS 插件物理设计

根据流域水文模拟插件的结构设计，插件物理设计包括 5 个方面内容：数据库设计、数据模型设计、水文过程模拟的组件库设计、组件交互设计及用户接口和界面设计。本插件基于流域水文过程细粒度建模框架进行设计与开发，而该建模框架的“共享数据模型”基于 Geodatabase 数据库设计，因此，本插件的底层数据库使用 Geodatabase 数据库。数据模型采用构建的“共享数据模型”。插件的水文过程模拟组件库包括流域水文过程的细粒度建模框架的组件库和 ArcEngine 组件库。因 FSFM 框架使用了 Geodatabase 数据库，使用 ArcEngine 组件库来完成数据的访问与处理。采用流域水文细粒度建模框架的依赖注入设计模式和框架的协议实现水文过程模拟组件库中组件的交互。用户界面和接口设计是基于 ArcGIS 的插件工具条，熟悉 GIS 的用户都可以十分容易地操作。

9.1.4.2　流域水文模拟 ArcGIS 插件设计与实现

在 Visual Studio 2010 . NET 平台上使用 C#语言和 ArcEngine 10. 0 组件库，利用集成在 Visual Studio 2010 . NET 平台中的 Add-in 插件模板（图 9-2），设计开发了基于 FSFM 框架的水文过程模拟插件（图 9-3、图 9-4）。该插件基于本书构建的细粒度建模框架开发，具有建模框架的特点：动态扩展性，以及由于采用了建模框架中的“共享数据模型”，该插件实现了流域水文过程模拟与 GIS 在数据结构层次上的无缝集成，而不仅仅是数据交换层次上的集成。该插件主要实现了水文数据库的配置（图 9-3）、水文模型配置、水文数据的入库（图 9-4、图 9-5）、统计分析与制图（图 9-6）、模型扩展（图 9-7）等功能。

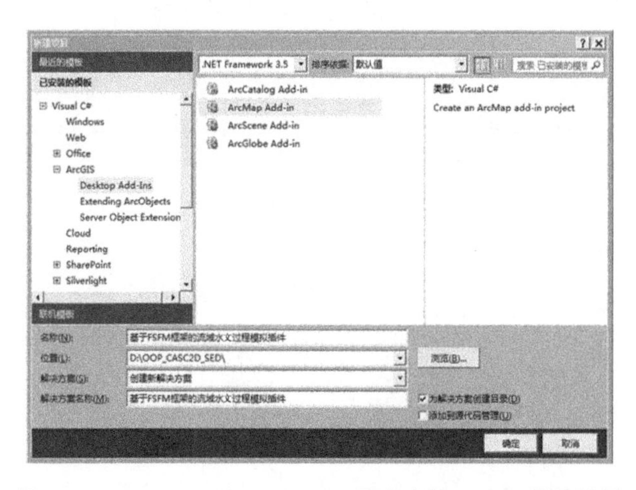

图 9-2　Visual Studio 2010. NET 平台中的 Add-in 插件模板

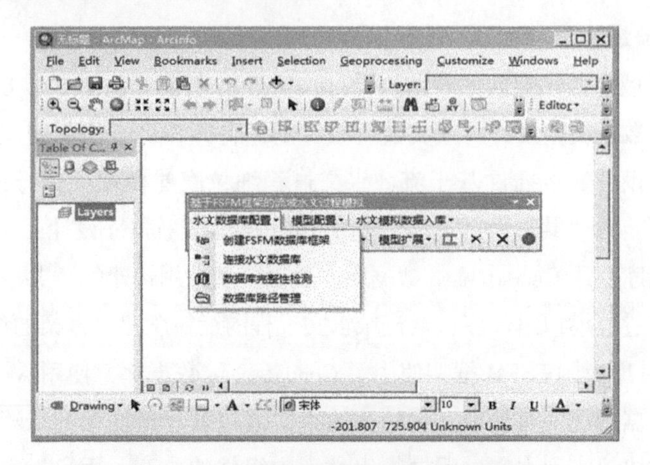

图 9-3　流域水文模型 ESRIAdd-in 插件

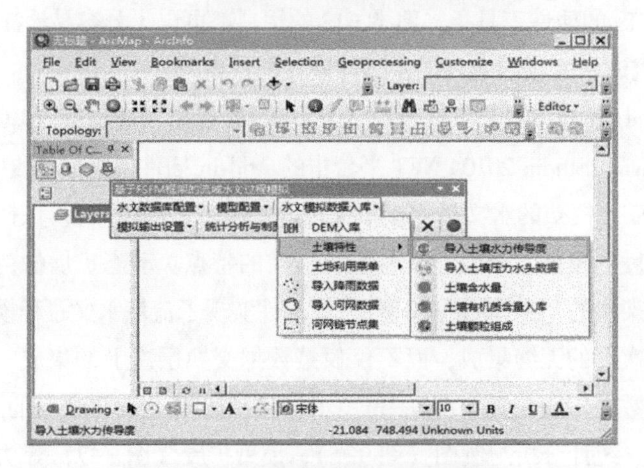

图 9-4　土壤特性细粒度数据的输入

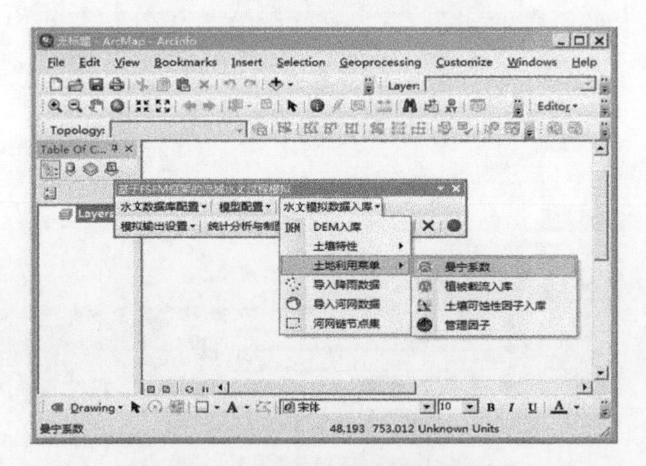

图 9-5　土地利用细粒度数据的输入

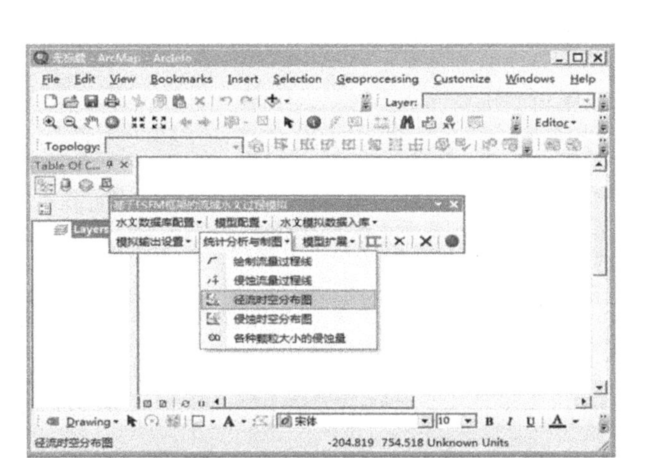

图 9-6　水文模拟的统计分析与制图

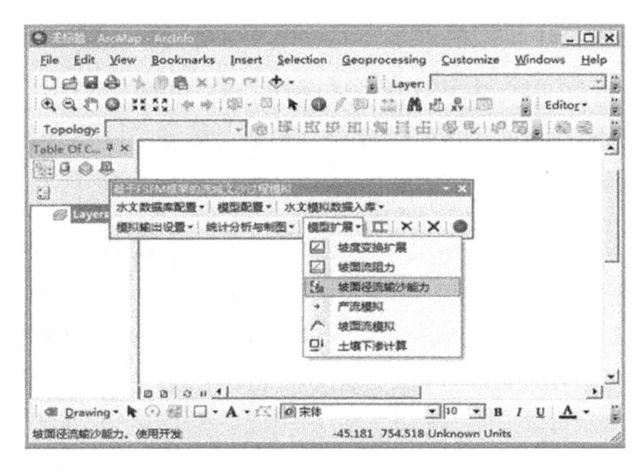

图 9-7　模型扩展

9.2　流域水文过程细粒度建模框架的应用

9.2.1　顾及坡度尺度效应的流域水文过程模拟

使用基于 FSFM 框架设计开发的水文过程模拟插件对一个小流域的水文过程进行模拟，主要目的在于验证框架的可用性，重点不是研究案例区的流域水文过程模拟。没有 FSFM 框架的支持，模型无法输入坡度分形降尺度变换后的数据，同时也无法输入精细测量的土壤特性参数。由于 FSFM 框架可以实现坡度分形降尺度变换扩展，因此，可以用于分析坡度分形降尺度变换对小流域流域水文过程模拟的影响，以及坡度分形降尺度方法在流域水文过程模拟中的适用性。因 FSFM 框架具有动态可扩展性，可以十分方便地扩展模型。本章开发了 Govers 的径流输沙能力计算组件（EUROSEM-TransCap），通过 FSFM 框架的动态扩展能力，将新开发的 EUROSEM-TransCap 应用于案例区小流域的水文过程模拟，验证了 FSFM 框架的动态扩展能力。

9.2.1.1 研究区概况

FSFM 框架中涉及坡度分形降尺度变换和精确的土壤特性参数输入流域水文模型。为了能够进行对比分析，必须获取案例区高分辨率的 DEM 数据和精确的模型参数，因此，案例区选择内蒙古自治区的准格尔旗市沙圪堵镇附近的二老虎沟小流域。在国家科技支撑计划的支持下，该小流域建设有水文站（图 9-8，见书末彩插）并在该小流域内进行实地数据采样与实验，使用无人机航测获取了该小流域的精细地形，可用于坡度分形变换前后的精度验证。水文监测站建立在二老虎沟的一个子沟，并监测了 2013—2016 年的径流过程与泥沙过程情况，因此，以该子沟的流域水文过程为例验证 FSFM 框架的适用性。

图 9-8 案例区水文站

案例区面积较小，为 10.48 hm^2。案例区属于典型的沟壑地形，沟壑十分发育，案例区的沟壑深度最大可达 67 m。案例区位于黄土高原向毛乌素沙地的过渡地带，坡顶被黄土覆盖，而沟坡有大量裸岩出露（图 9-9，见书末彩插）。沟坡出露的裸岩是一种被称为砒砂岩的物质。砒砂岩是古生代二叠系、中生代三叠系、侏罗纪和白垩纪的较厚砂岩与泥质砂岩交互的地层。由于砒砂岩地层成岩程度低，岩层中沙粒间的胶结程度很差且强度也非常低，因此，遇到雨水很容易分散崩解。因此，该地区极易发生土壤侵蚀，属于中国土壤侵蚀最严重的地区之一。整个砒砂岩区范围很大，面积达 1.67 万 km^2。案例区地形坡度变化非常大，在坡顶地形坡度很小，而在沟坡上地形坡度非常大，实地勘测发现有的坡面接近 90°，但在 1 m 分辨率 DEM 上，最大坡度显示为 69.7°（图 9-10，见书末彩插）。

以研究区 2014 年 8 月 2 日的一次降雨对应的产流与产沙为模拟对象，研究顾及坡度尺度效应的小流域次降雨水文过程模拟。降雨发生于 21 时 50 分至 24 时，降雨历时 130 min，雨量 35.6 mm，平均降雨强度为 16.5 mm/h，最大降雨强度为 64 mm/h。此次降雨中，23 时 46 分开始产流，至次日 0 时 5 分产流终止，产流历时 19 min。此次降雨产生的洪峰流量为 0.409 m^3/s，含沙量为 309.23 g/L。以研究区 2016 年 8 月 11 日 14 时 30 分至 12 日 0 时 55 分的一次降雨对应的产流与输沙模拟为对象进行模型验证。该次降雨历时 10 小时 25 分钟，洪峰流量为 0.269 m^3/s，最大降雨强度为 30 mm/h，含沙量为 313.93 g/L，该次降雨于 12 日 0 时 10 分开始产流，并于 12 日 0 时 52 分产流截止，流出该流域的径流量为 150.9 m^3。

图 9-9 砒砂岩在沟坡出露

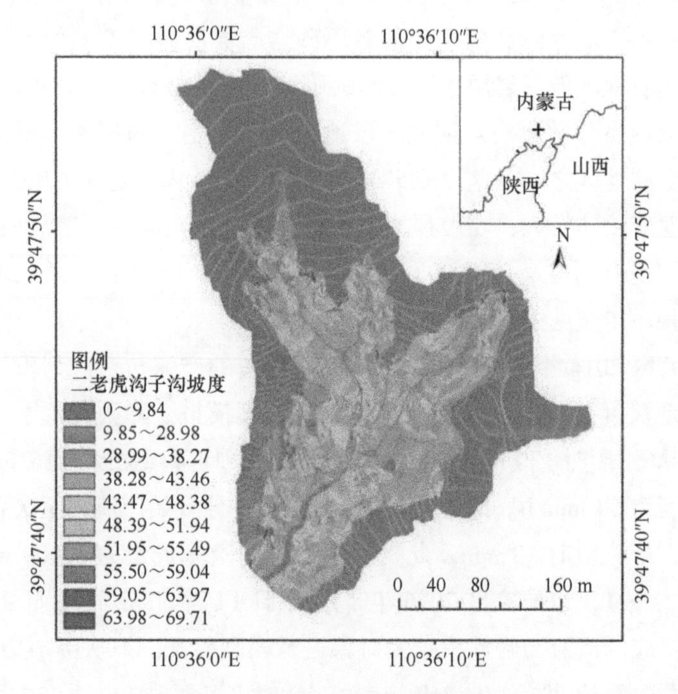

图 9-10　子沟 1 m 分辨率地形坡度

案例区的土壤类型以黄土和砒砂岩风化沙土为主，由于砒砂岩是一个砂岩和泥质砂岩的交互的地层，沟坡出露的砒砂岩红白相间，因此，土壤类型可以据此划分为黄土、砒砂岩风化沙土、红色砒砂岩裸岩和白色砒砂岩裸岩。由于该区实行了封禁，因此，土地利用类型主要是天然的草地和稀疏的灌木，以及沟坡出露的砒砂岩裸岩（属于裸地）。案例区的气候属于典型的大陆性季风气候，冬季十分寒冷干燥，昼夜温差很大，夏季较短但依然炎热，秋春季节多风沙天气，因此，该区的风力侵蚀也很严重。根据准格尔旗和沙圪堵镇的气象观测资料，该区年蒸发量很大，高达 2000 mm。该区的干燥指数大于等于 5，属于严重干旱地区。案例区的降雨较少，且发生在夏季，以暴雨为主，降雨历时较短且强度较大，降水主要集中在汛期。因此，该区产流计算可以采用典型的霍顿“超渗”产流。

9.2.1.2　模型数据采集与处理

（1）DEM 与影像数据采集

由于在案例区建立了实验场和水文站，并使用无人机完成了该区的航测

（图 9-11、图 9-12，见书末彩插），获取了该区高精度的地形数据，通过摄影测量解译获得了该区 1 m 分辨率的 DEM 数据（图 9-13，见书末彩插）。航拍的影像数据精度更高，分辨率可以达到 0.03 m，研究区的一棵小树都可以清晰地看到。此外，在该区水文站安装了自动雨量计，可以自动完成每隔 5 分钟记录一次雨量的数据采集。同时，在降雨时有人专门采集径流过程与泥沙过程数据。

图 9-11 无人机安装

图 9-12 航测中的无人机

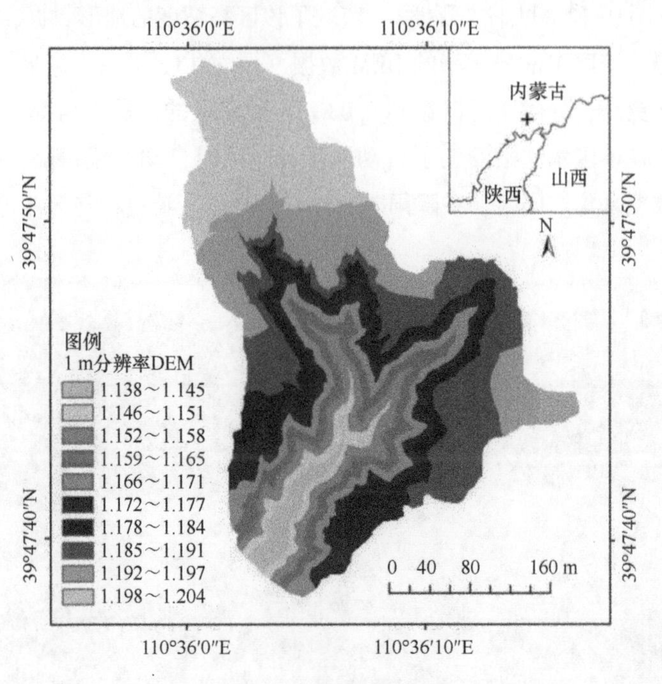

图 9-13 研究区 DEM

为了获得该区精细化的模型参数，多次采集该区的土壤特性数据，如使用手持气象仪采集了该区的土壤含水量数据。通过野外土壤采样并使用 GPS 记录其点位，在室内完成土壤粒径分析和有机质含量测量工作。对于土壤的饱和水力传导度参数，使用土壤渗透仪进行了野外实地测量。所有这些精细化参数为 FSFM 框架的验证提供了充分的数据支撑。流域水文过程模拟所需的其他模型参数，如土地利用类型通过影像解译和实地调查获得。降雨时临时形成的沟道水流网络可以通过 GIS 的水文分析工具获得。

案例区航拍的影像分辨率高达 0.03 m，可以非常准确地提取土地利用类型数据。因此，通过对航拍影像的解译与实地调查结合，获得该区的土壤类型数据（图 9-14，见书末彩插）和土地利用类型数据（图 9-15，见书末彩插）。影像解译方法主要采用目视解译，由于无人机航测采用可见光成像且分辨率非常高，因此，航拍影像经过目视解译可以取得很好的效果。经过实地调查和影像解译，将案例区的土地利用类型分为 4 类：草地、稀疏灌木、裸地、人工草地。

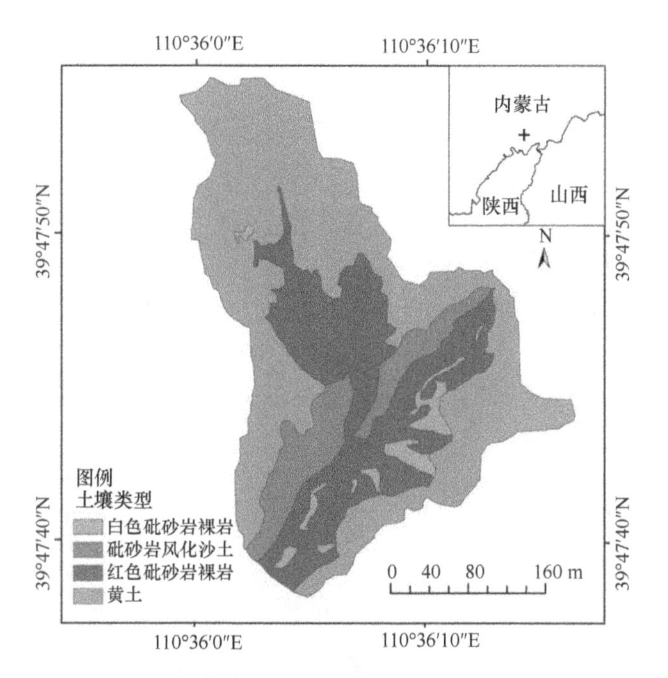

图 9-14　子沟土壤类型

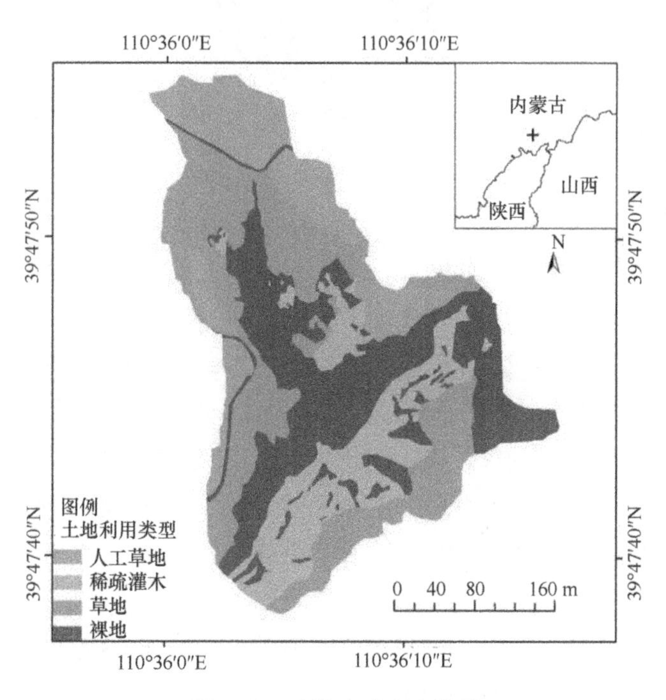

图 9-15　子沟土地利用类型

(2) 地形与影像数据提取与处理

1) 沟道的水文网络提取

FSFM 框架提供了水文网络的提取功能，当然也可以使用 ArcGIS 的水文分析工具来提取得到。提取水文网络的主要步骤包括：对 DEM 数据进行填洼处理，使用流向工具基于 D8 算法计算水流方向，获得流向栅格数据，计算径流累加量，获得径流累加量栅格数据，提取河网栅格数据，使用 GIS 的 “Stream Link” 工具提取河网链（图 9-16，见书末彩插）。

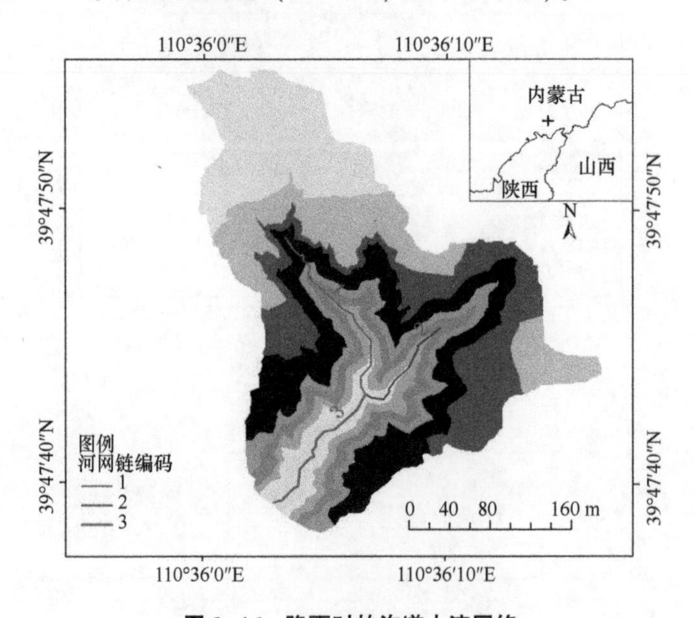

图 9-16　降雨时的沟道水流网络

2) X 向与 Y 向的河底比降数据提取

FSFM 框架下的流域水文过程模拟需要对该区进行空间离散，并获得该区每个象元上 X 向和 Y 向的河底比降数据。因此，必须开发一个计算 X 向与 Y 向河底比降的组件来完成数据提取。对原始 1 m 分辨率数据进行栅格重采样成 10 m 分辨率 DEM 数据，然后提取其 X 向与 Y 向的河底比降数据（图 9-17、图 9-18，见书末彩插）。图中坡度单位为度。

3) 坡度分形变换

使用 FSFM 框架的坡度分形降尺度变换工具，对重采样的 10 m 分辨率下的 X 向与 Y 向的河底比降栅格数据进行分形降尺度变换，变换成目标分辨率为 3 m 下的河底比降数据（图 9-19、图 9-20，见书末彩插）。

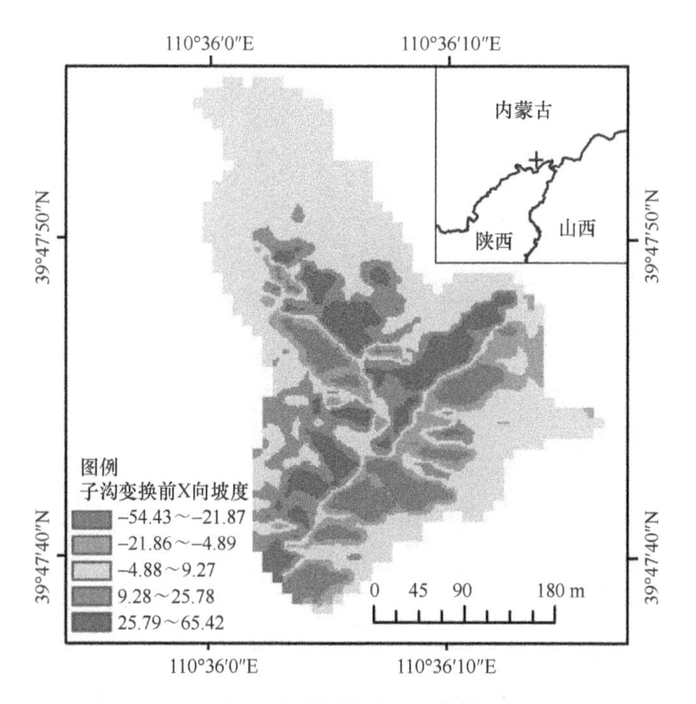

图 9-17　子沟 10 m 分辨率分形变换前 X 向的坡度

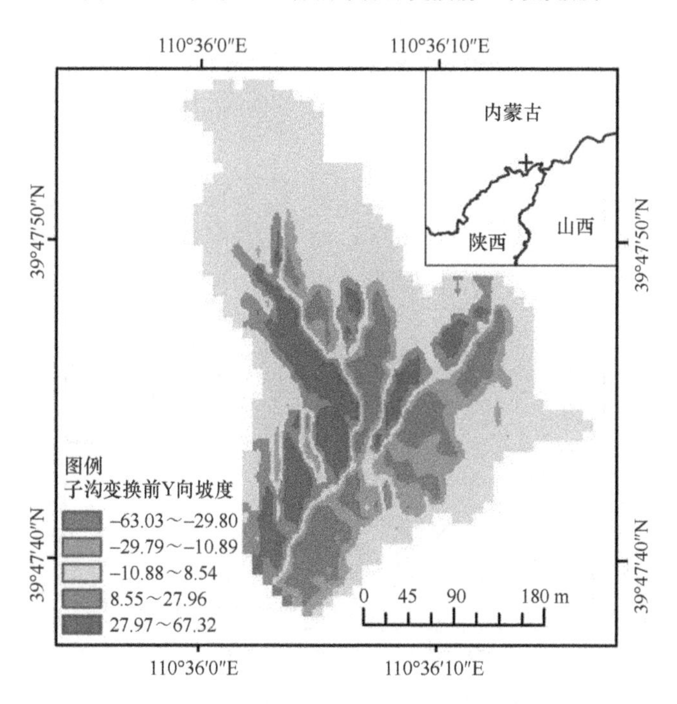

图 9-18　子沟 Y 向坡度变换前的坡度

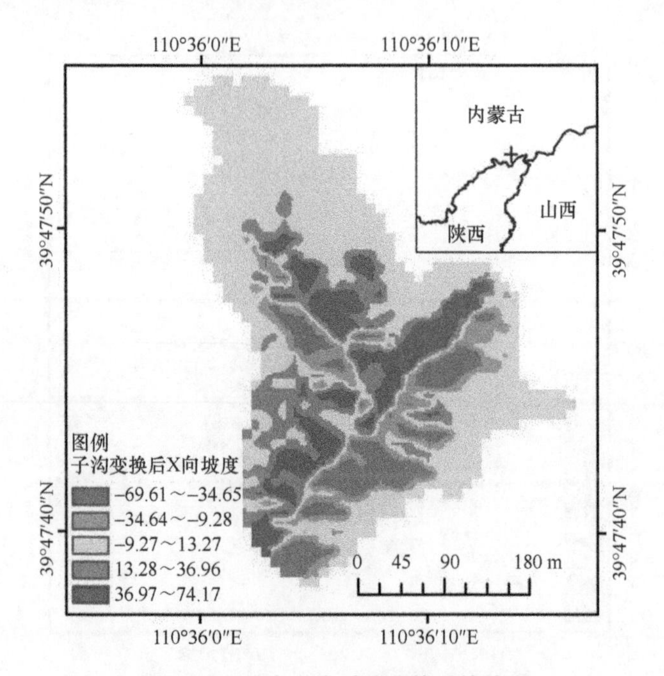

图 9-19　子沟 X 向坡度变换后的坡度

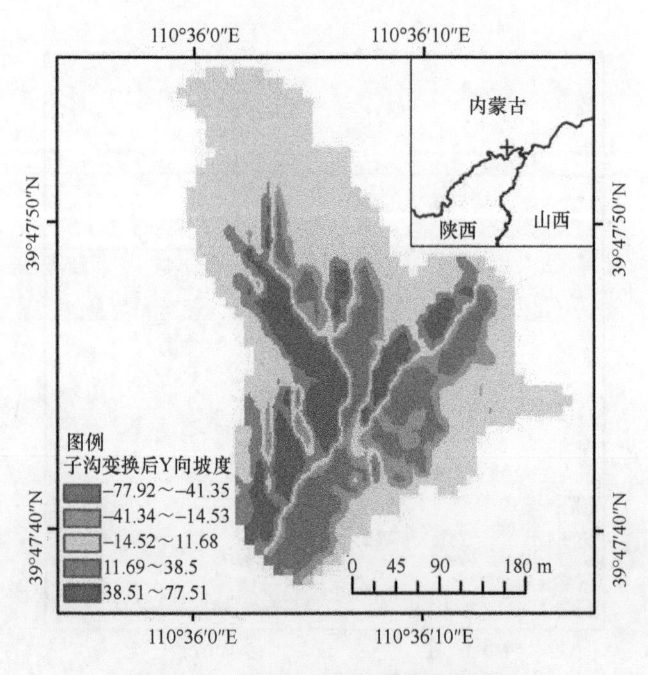

图 9-20　子沟 Y 向坡度变换后的坡度

通过图 9-19、图 9-20 与图 9-17、图 9-18 对比发现，经过分形变换坡度有了较大程度的提高（图 9-16、图 9-17 和表 9-1）。

表 9-1 子沟地形坡度分形降尺度变换前后坡度对比

变换情况	最大值	平均值	标准差	变异系数
X 向变换前	65. 89°	13. 05°	14. 31	1. 10
Y 向变换前	67. 32°	15. 98°	17. 25	1. 08
X 向变换后	74. 17°	19. 66°	20. 88	1. 06
Y 向变换后	77. 92°	23. 30°	24. 27	1. 04

（3）流域水文模型的精确土壤特性参数获取

流域水文过程模型包括一系列参数，主要包括土壤饱和水力传导度、土壤毛细管压力水头、土壤含水量、植被截流深度、沟道的宽度和深度、地形糙率等。土壤饱和水力传导度参数通过野外实测获得（图 9-21、图 9-22，见书末彩插），根据实际情况也可以在实际模拟中以实测值为参考通过率定获得。土壤缺水量通过便携式手持气象仪实测获得，从坡顶到坡底的空间异质性非常明显，如一个坡度不是很大的黄土覆盖的坡面上，由坡顶向坡底土壤含水量从 14. 8%增加到 20. 9%；再如另外一个较陡的由风化土覆盖的坡面上，从坡顶至坡底土壤含水量从 12. 4%增加到 19. 5%，沟底的含水量更大，最大值达到 40. 7%。土壤特性数据中的土壤颗粒组成通过马尔文激光粒度分析仪使用马尔文 3000 基于湿法分测量法获得。土壤特性数据中的土壤有机质含量则采用重铬酸钾容量法获得，结果如表 9-2 所示。模型的植被截流深度根据 EasyDHM 模型提供的截流量最大最小值在区间内通过率定获得。尽管测量了部分模型参数较为精确的数值，但模型还有部分参数不易获取，因此，需要通过率定获得。过程模型参数的率定原则是先调整水量再调整过程、先调整峰值再调整峰现时差，最后采用试错法进行参数率定。通过率定的最终模型参数如表 9-3 所示。

图 9-21　土壤饱和水力传导度测量

a　　　　b

图 9-22　土壤含水量测量及侵蚀桩布设

表 9-2　土壤特性测量部分数据

记录编号	样品重/g	备注	极粗沙的体积密度	粗沙的体积密度	中沙的体积密度	细沙的体积密度	极细沙的体积密度
P1-01	0.4145	坡顶	0.02%	2.68%	5.60%	32.68%	28.60%
P1-02	0.4779	坡顶	0.15%	6.53%	12.76%	28.80%	19.52%
P1-04	0.4214	坡顶	0.18%	2.48%	7.31%	32.70%	24.88%
P1-05	0.3872	坡顶	0.00%	1.15%	5.95%	18.30%	13.86%
P1-06	0.4193	坡顶	0.10%	2.43%	6.36%	28.58%	22.92%
P1-07	0.4068	坡顶	0.03%	2.84%	7.50%	24.57%	23.51%
P1-08	0.4190	坡顶	0.04%	5.45%	13.73%	22.30%	15.77%
P1-10	0.5003	坡顶	0.98%	6.00%	15.41%	22.59%	13.84%
P1-12	0.4999	坡顶	1.65%	22.14%	31.95%	16.92%	4.69%
P1-13	0.4170	坡顶	0.00%	2.25%	9.20%	25.04%	20.53%
P1-14	0.5559	坡顶	0.12%	3.84%	10.63%	33.14%	23.93%
P1-15	0.4569	坡顶	0.02%	2.81%	7.34%	36.15%	26.47%
P1-16	0.4193	坡顶	0.00%	2.41%	8.68%	35.43%	25.54%
P1-18	0.4112	坡顶	0.00%	0.99%	4.31%	28.48%	29.49%
P1-19	0.4289	坡顶	0.00%	2.76%	8.56%	26.56%	24.67%
P1-20	0.4036	坡顶	0.00%	6.15%	17.88%	25.29%	15.85%
P1-21	0.5177	坡顶	0.07%	7.09%	15.37%	18.84%	11.63%

表 9-3　土地利用类型参数

土地利用类型	土地利用类型序号	植物截流深度/mm	河道糙率	土地覆盖与管理因子
草地	1	2.000	0.05	0.072
裸地	2	1.000	0.05	0.072
稀疏灌木	3	2.000	0.05	0.036
人工草地	4	2.000	0.05	0.072

9.2.1.3　模拟结果与分析

（1）坡度分形变换前后流域水文模拟结果

基于 FSFM 框架，分别使用 10 m 重采样坡度和 10 m 分辨率下提取并经过分形降尺度变换至 3 m 目标分辨率后的坡度和 3 m 分辨率下提取的坡度输入模型，对案例区进行流域水文过程模拟。对模拟的总侵蚀量进行统计，如表 9-4所示，对模拟的流量过程线和侵蚀流量过程线进行统计制图，如图 9-23、图 9-24 所示。图 9-23 是 3 种情况下的流量过程线，由于实测点较少，实测流量过程线与真实形状有一定差距。图 9-24 表示 3 种情况下的侵蚀量过程线，这 3 种情况与图 9-23 类似。

表 9-4　坡度变换前后模拟侵蚀量与目标分辨率下的模拟侵蚀量

不同位置、不同粒径的侵蚀量指标	10 m 分辨率下的模拟侵蚀量/m^3	10 m 分辨率下坡度变换后的模拟侵蚀量/m^3	3 m 分辨率下的模拟侵蚀量/m^3
总侵蚀量	30. 33	49. 76	65. 82
总粗沙侵蚀量	17. 26	28. 10	37. 04
总细沙侵蚀量	12. 98	21. 52	28. 60
总黏土侵蚀量	0. 08	0. 13	0. 17
坡面粗沙侵蚀量	9. 85	21. 68	34. 48
坡面细沙侵蚀量	3. 68	14. 45	18. 24
坡面黏土侵蚀量	0. 00	0. 07	0. 04
坡面侵蚀总量	13. 54	36. 20	52. 76
沟道粗沙侵蚀量	5. 50	5. 10	2. 54
沟道细沙侵蚀量	2. 39	1. 72	8. 06
沟道黏土侵蚀量	0. 00	0. 00	0. 03
沟道侵蚀总量	7. 90	6. 82	10. 64
离开流域的粗沙量	1. 90	1. 33	0. 03
离开流域的细沙量	6. 91	5. 35	2. 29
离开流域的黏土量	0. 08	0. 06	0. 10
离开流域的侵蚀总量	8. 89	6. 74	2. 42

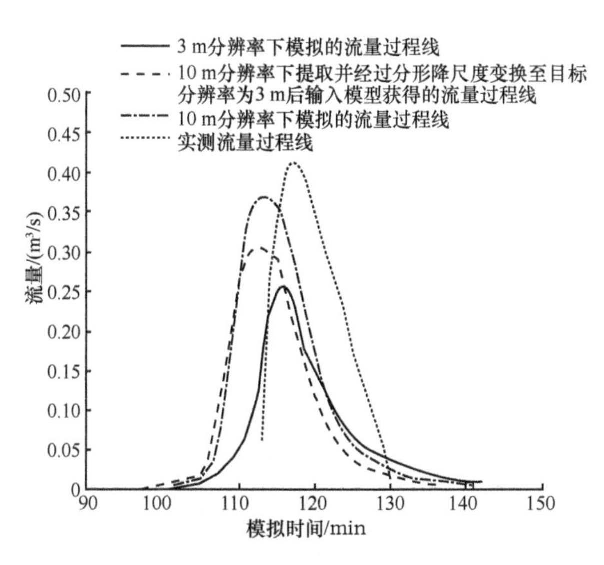

图 9-23 坡度分形降尺度后的流量过程线对比

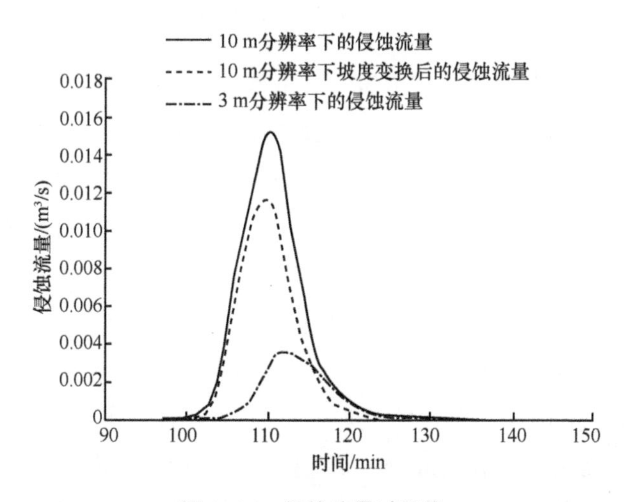

图 9-24 侵蚀流量过程线

(2) 模型验证

以研究区 2016 年 8 月 11 日 14 时 30 分至 12 日 0 时 55 分的一次降雨对应的产流与输沙模拟为对象进行模型验证。该次降雨历时 10 小时 25 分钟，洪峰流量为 0.269 m^3/s，最大降雨强度为 30 mm/h，含沙量为 313.93 g/L，该次降雨于 12 日 0 时 10 分开始产流，并于 12 日 0 时 52 分产流截止，流出该流域的径流量为 150.9 m^3。针对本次降雨的模拟流量过程线和实测流量过程线进行制图（图 9-25）。根据图 9-25，使用 2014 年 8 月 2 日降雨过程来率定的模型对于 2016 年 8 月 11 日的本次降雨具有较高的模拟效果，表明该模型在该实验区具有可用性。

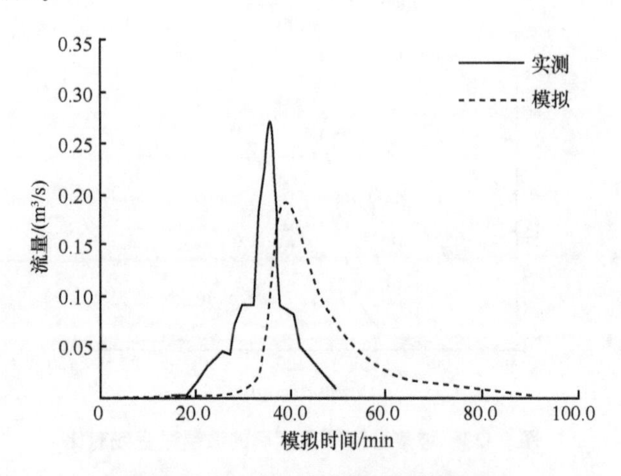

图 9-25　验证降雨对应的流量过程线

（3）坡度分形尺度变换在流域水文过程模拟中的适用性分析

通过分析模拟的流量过程线、侵蚀流量过程线、坡面侵蚀量、沟道侵蚀量来验证框架的可用性，同时研究坡度分形尺度变换方法在流域水文过程模拟中的适用性。根据图 9-23，相比 10 m 分辨率下的流量过程线，10 m 分辨率下的坡度经过分形降尺度变换至目标分辨率为 3 m 的坡度输入模型获得的流量过程线与 3 m 分辨率下的流量过程线更为接近。从水文过程和流域水文过程模拟角度来讲，分形降尺度后的坡度输入模型获得了较好的模拟效果。根据图 9-24，将 10 m 分辨率下提取坡度、10 m 分辨率下提取并经过分形降尺度变换后获得的坡度和 3 m 分辨率下提取的坡度输入模型，3 种情况下计算获得的侵蚀流量相差较大，但经过坡度变换后计算的侵蚀流量过程线在一定程度上也向目标分辨率逼近。经过分形降尺度变换后的坡度数值增大，对应模拟的洪峰流量降低，与已有研究的成果吻合。

如表 9-4 所示，在高分辨率和坡度变换至高分辨率时模拟的侵蚀总量都有较大程度的增加，但由于洪峰流量和总径流量的降低，迁移离开流域出口的侵蚀物数量却减少，更多的侵蚀物留在坡面和沟道中。但是，经过分形变换后的模拟结果整体上都比不进行坡度变换的结果更为逼近高分辨率下的模拟结果。

9.2.2 径流输沙能力描述不同导致的水文模型结构的不确定性探讨

9.2.2.1 基于 Kilinc & Richardson 径流输沙能力方程的水文过程模拟

本应用采用的研究区和降雨数据与 9.2.1 小节相同，模型使用的数据空间分辨率为 8 m，模拟步长为 0.1 s。Kilinc & Richardson 径流输沙能力组件是本书所构建框架的缺省组件，基于 Kilinc & Richardson 径流输沙能力方程的水文过程模拟直接使用该框架即可。本应用采用的土地利用类型数据和土壤类型数据如表 9-5 和表 9-6 所示。本应用增加了两个模拟站点，连同流域出口共 3 个模拟站点，如图 9-26（见书末彩插）所示。

表 9-5 土地利用类型参数

土地利用类型	植物截流深度/ mm	河道糙率	土地覆盖与管理因子	水土保持措施因子
草地	3.000	0.03	0.072	1
裸地	2.000	0.03	0.180	1
稀疏灌木	3.000	0.03	0.036	1
人工草地	3.000	0.03	0.072	1

表 9-6 土壤类型参数及颗粒组成

土壤类型	土壤含水量/ (cm^3/cm^3)	土壤侵蚀因子	土壤饱和水力传导度/ (cm/h)	压力水头/cm	沙粒	粉沙	黏粒
黄土	0.166	0.202	0.596	34	41.5%	57.5%	1.1%
砒砂岩堆积	0.172	0.196	2.126	22	54.5%	45.4%	0.2%
白色砒砂岩	0.121	0.196	0.874	21	65.0%	34.8%	0.2%
红色砒砂岩	0.121	0.199	0.874	32	55.9%	43.8%	0.3%

采用缺省组件，即基于 Kilinc & Richardson 径流输沙能力方程，使用以上数据对研究区进行水文过程模拟，其模拟结果如表 9-7 所示，对 3 个站点的侵蚀流量进行制图，如图 9-27 所示。

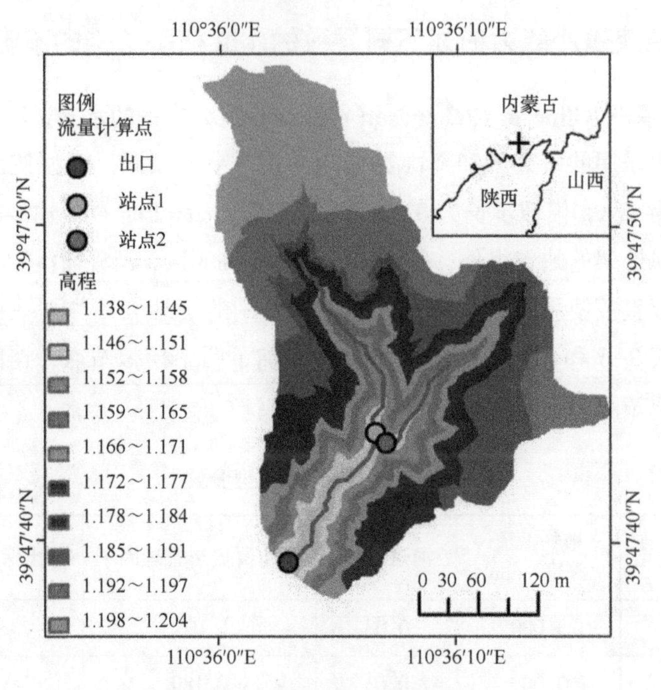

图 9-26 流域 DEM 及模拟站点

表 9-7 基于 Kilinc & Richardson 径流输沙能力方程的水文过程模拟结果

水文模拟指标	模拟值	水文模拟指标	模拟值
洪峰流量/(m^3/s)	0.42	留在坡面上的悬浮粗沙量/m^3	0.63
到达洪峰时间/s	115.68	留在坡面上的悬浮细沙量/m^3	94.22
净雨量/m^3	3364.10	留在坡面上的悬浮粉沙量/m^3	15.14
流域出流量/m^3	339.72	留在坡面上的沉积粗沙量/m^3	1406.78
降雨下渗量/m^3	2925.53	留在坡面上的沉积细沙量/m^3	1294.97
粗沙侵蚀总量/m^3	1420.79	留在坡面上的沉积粉沙量/m^3	0.39
细沙侵蚀总量/m^3	1403.91	流出流域的粗沙量/m^3	0.55
粉沙侵蚀总量/m^3	15.75	流量流域的细沙量/m^3	9.75
总侵蚀量/m^3	2840.45	流出流域的粉沙量/m^3	0.20

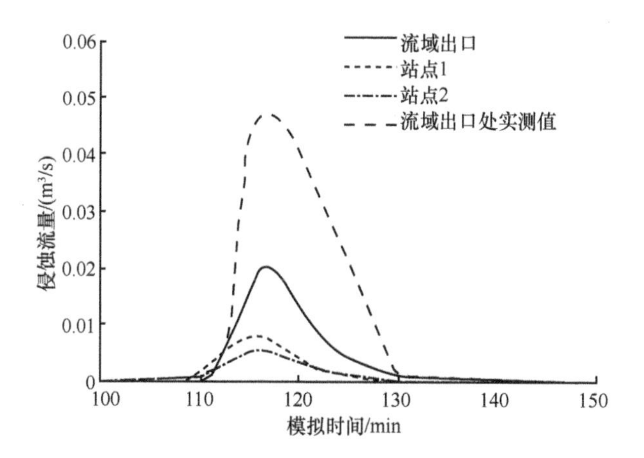

图 9-27 模拟的侵蚀流量过程线

9.2.2.2 基于 EUROSEM 径流输沙能力方程的水文过程模拟

(1) EUROSEM 径流输沙能力组件（EUROSEM-TransCap）的设计与实现

EUROSEM 模型采用 Govers 在 1990 年提出的径流输沙能力方程，其细沟的径流输沙能力描述为水流功率的函数，方程见公式（9-1）至公式（9-4）。

$$TC = c\ (\omega - \omega_{cr})^{\eta}, \quad (9\text{-}1)$$

$$\omega = us, \quad (9\text{-}2)$$

$$c = [(d50 + 5)/0.32]^{-0.6}, \quad (9\text{-}3)$$

$$\eta = [(d50 + 5)/300]^{0.25}。 \quad (9\text{-}4)$$

式中，c 和 η 是系数，根据泥沙粒度大小通过经验计算所得；ω 是单位水流功率（m/s）；ω_{cr} 是单位水流功率的阈值（m/s），通常取值为 0.004 m/s；u 是径流平均流速（m/s）；s 是水力坡度；$d50$ 是泥沙颗粒的中值粒径（μm）。通常泥沙粒径分为 3 级：粗沙、细沙和粉沙，径流输沙能力等于 3 个粒度对应的径流输沙能力之和。公式（9-1）计算的是单位径流输沙能力，计算每个象元的径流输沙体积时必须乘以径流深度和宽度及模拟步长，其计算公式如下所示。

$$\forall = c\ (\omega - \omega_{cr})^{\eta} \cdot h \cdot width \cdot dt。 \quad (9\text{-}5)$$

根据 EUROSEM 模型所用径流输沙能力方程设计的变量和公式，设计 EUROSEM 的径流输沙能力组件 EUROSEM-TransCap，该组件包括一个接口及径流输沙能力计算方法，用于完成公式所需参数的输入和径流输沙能力计算。在 Visual Studio 2010 平台下的 .NET 环境中使用 C#语言设计径流输沙能力组件。设计开发完成后，通过查看类图可以了解该径流输沙能力组件的组成和结构（图 9-28）。

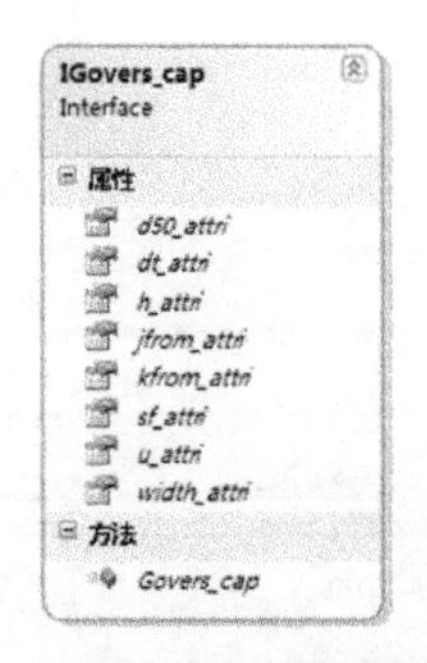

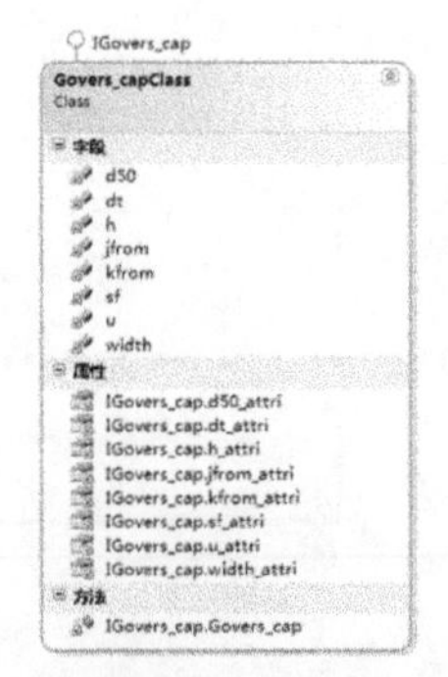

a Govers径流输沙能力接口　　　b 径流输沙能力计算类

图 9-28　EUROSEM-TransCap 组件的类图

将 EUROSEM-TransCap 组件封装成动态链接库（Govers_capComponent. dll），并通过反射机制和该框架的依赖注入模式连入模型，最后形成一种新的水文过程模拟模型。在 ArcGIS 的插件中通过扩展方法将 Govers_capComponent. dll 注入水文过程模拟插件之中。具体实现方法是选择插件模型扩展菜单下的坡面径流输沙能力项，调出模型扩展界面（图 9-29、图 9-30），浏览到 Govers_capComponent. dll 并加载到模型中。由于该框架实现了依赖注入模式和反射机制，插件会自动解析 Govers_capComponent. dll，并替换框架中的默认径流输沙能力组件。

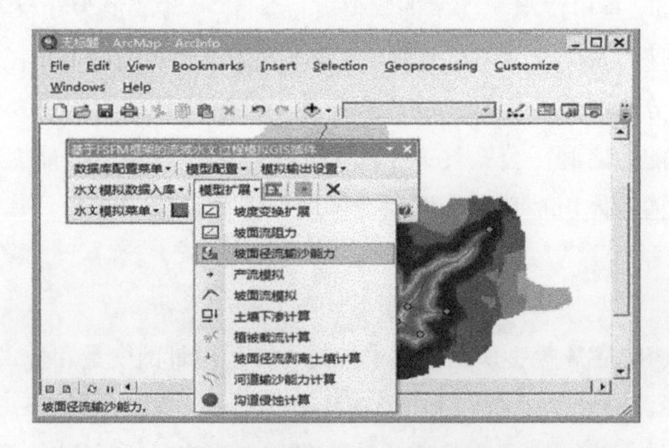

图 9-29　调用模型扩展的坡面径流输沙能力扩展功能

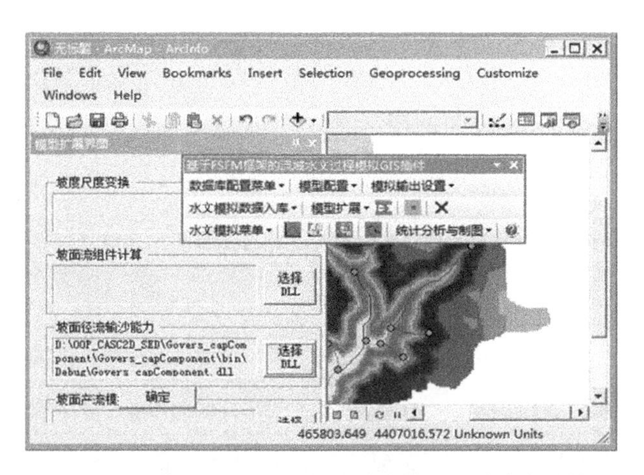

图 9-30　加载 EUROSEM 径流输沙能力组件动态链接库

（2）基于 EUROSEM-TransCap 的小流域水文过程模拟

在加载 EUROSEM 径流输沙能力组件之后，运行模型实现研究区的水流过程模拟。在模拟过程中，可以调用水文过程模拟的监控界面，并查看流域出口处的流量过程线和侵蚀流量过程线，如图 9-31 所示。

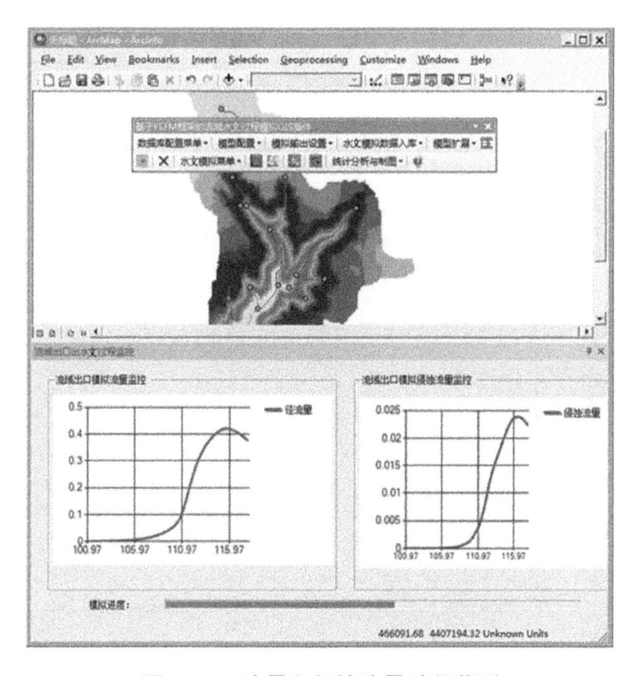

图 9-31　流量和侵蚀流量过程监测

基于 EUROSEM 径流输沙能力方程，对研究区水文过程的模拟结果进行统计并制图，其水文过程模拟的最终结果如表 9-8 所示。为了更好地了解模拟的水文过程，绘制流域出口和 2 个站点的流量过程线和侵蚀流量过程线，如图 9-32 所示。

表 9-8 基于 EUROSEM 径流输沙能力方程的水文过程模拟结果

水文模拟指标	模拟值	水文模拟指标	模拟值
洪峰流量/（m^3/s）	0.42	留在坡面上的悬浮粗沙量/m^3	0.10
到达洪峰时间/s	115.68	留在坡面上的悬浮细沙量/m^3	4.46
净雨量/m^3	3364.10	留在坡面上的悬浮粉沙量/m^3	0.88
流域出流量/m^3	339.72	留在坡面上的沉积粗沙量/m^3	143.65
降雨下渗量/m^3	2925.53	留在坡面上的沉积细沙量/m^3	135.86
粗沙侵蚀总量/m^3	163.41	留在坡面上的沉积粉沙量/m^3	1.21
细沙侵蚀总量/m^3	158.14	流出流域的粗沙量/m^3	1.17
粉沙侵蚀总量/m^3	1.83	流量流域的细沙量/m^3	12.67
总侵蚀量/m^3	323.39	流出流域的粉沙量/m^3	0.53

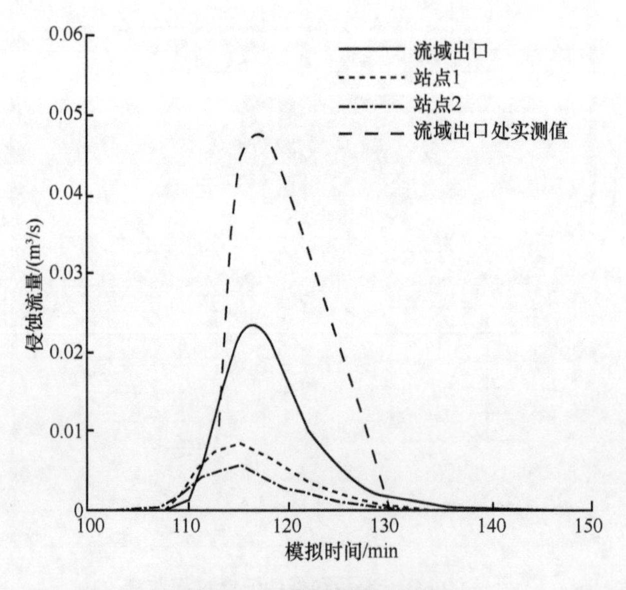

图 9-32 侵蚀流量过程线

9.2.2.3 不同径流输沙方程对水文过程模拟的影响探讨

根据图 9-27 和图 9-32，基于 Kilinc & Richardson 径流输沙能力方程和基于 EUROSEM 径流输沙能力方程（Govers 于 1990 年提出的径流输沙能力方程）模拟的侵蚀流量过程线十分相近。根据表 9-7 和表 9-8，基于两种径流输沙能力方程模拟的侵蚀量结果差别很大，导致侵蚀量结果差别很大的原因有待深入研究。

根据 EUROSEM 模型文档和操作手册的论述，Govers 径流输沙能力方程存在一定的限制：该方程适用的泥沙粒径范围是 50～150 μm，适用的坡度范围是 1%～2%，适用的流量范围是 2～100 cm^3/s，该方程不能在单宽功率较小的情况下使用，在单宽功率低于 0.7 cm/s 的情况下该方程可能不正确。

对径流输沙能力方程适用性的深入研究超出了本书的研究范畴，在此不予深入讨论。本小节基于 Kilinc & Richardson 方程和基于 Govers 方程的水文过程模拟的探讨旨在检验本书构建框架的可扩展性，从以上应用可以看出，本书构建的流域水文过程细粒度建模框架具有良好的可扩展性。

9.2.3 基于 CASC2D-SED-Govers 的小流域水文过程模拟

9.2.3.1 研究区概况

尔架麻沟小流域（图 9-33，见书末彩插）位于内蒙古准格尔旗沙圪堵镇，是皇甫川流域的一级支流，流域总面积 50.3 km^2，地理坐标东经 110°47′35.7″，北纬 39°41′54.9″。海拔高程在 1113～1267 m，相对高差 154 m。流域地层主要由中生代三叠纪、侏罗纪、白垩纪的砂岩、砾岩及泥岩互层组成（俗称础砂岩)，有 3 种类型：棕红色粉质砂岩、灰白色砂岩、粉白色砂岩。

尔架麻沟小流域涉及暖水和沙圪堵镇的 4 个行政村，总户数 317 户，农村人口 1076 人，434 个劳力，人均土地面积 4.67 hm^2，人均耕地 0.33 hm^2，人口密度 21.4 人/km^2。2009 年准东铁路增二线工程与荣乌高速公路途经该流域，搬迁农户 53 户，目前该流域范围内常住人口为 811 人。

尔架麻沟小流域属典型的砾质丘陵沟壑区。地面坡度在 5°～25°，沟坡最大坡度为 45°。相对高差 154 m，沟道形状呈“U”型，支毛沟上游呈“V”型。地形破碎，沟道宽阔，沟壑发育广泛，平均沟壑密度 2.2 km/km^2。地表土壤以黄绵土、栗钙土为主、土层薄厚不均。由于人类活动和过度放牧，地表植被遭到严重破坏。该流域多年平均气温 6～9 ℃，多年平均降水量375～453.5 mm。

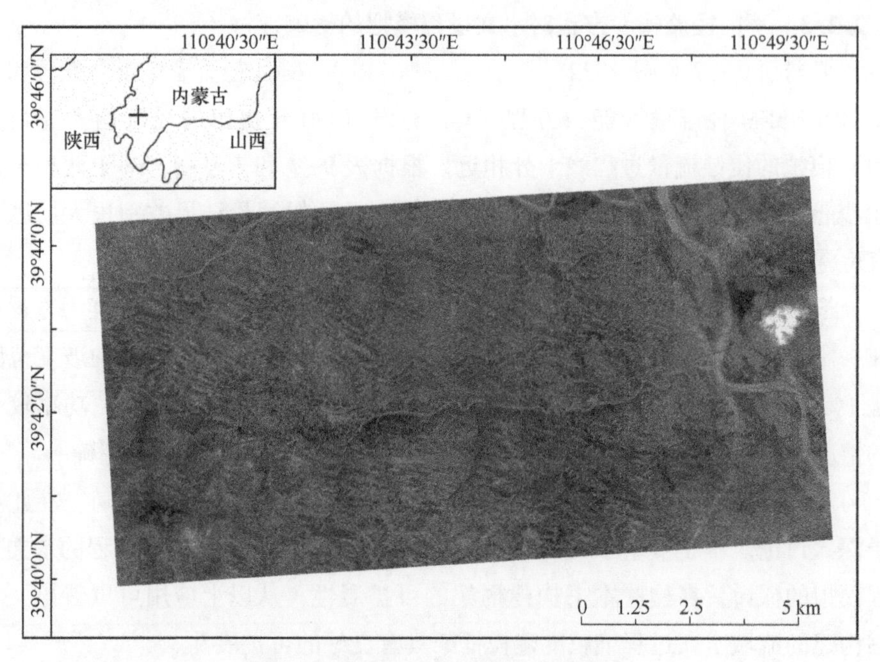

图 9-33　研究区无人机航拍高分影像

该流域总的地貌轮廓为东低西高，流域内沟壑纵横密布，地表被切割成无数块，裸露在外没有植被保护，土质的结构较粗，峁坡和砒砂岩完全裸露，加之基岩为三叠纪棕红色砂岩，胶结程度差，岩性软弱，其上伏厚度不均的土壤结构松散，孔隙大，抗冲蚀能力差，气候条件极为恶劣，风蚀沙化现象特别严重，遇到易使土壤发生变化的如风、雨、外力等因素影响时就会松碎为砂。每当山洪暴发时，松散为砂的砒砂岩便会顺流而下流入黄河。

尔架麻流域属于典型的大陆性季风气候，主要特点是冬季寒冷干燥，夏季短促炎热，春秋多风沙，属于严重干旱地区。盛行西北风，干热风、沙尘暴频繁，旱灾、风灾成为主要自然灾害，近年日趋严重。尔架麻小流域属于典型的砾质丘陵沟壑区，水土流失面积占流域总面积的 100%。尔架麻小流域是皇甫川流域的一级支流，属季节性河流，无常流水，汛期径流主要集中于几次洪水，洪水径流占年径流量的 70%左右。受暴雨的影响，流域洪水具有历时短、峰值高、来势猛、灾害性强等特点。

流域主要农作物有玉米、豆类、糜黍、山药等，耕地面积 386.7 hm^2，占总土地面积的 7.69%（其中，梯田、川台地 107.6 hm^2）；林地 1991 hm^2，占总土地面积的 39.58%，主要以梁峁顶和沟坡两岸人工柠条、沙棘灌木为主，乔木林沿各支沟沟道小片分布，以及荣乌高速公路沿线两侧；封禁 301.6 hm^2，占总土地面积的 6.0%；荒草地和难利用地面积为 2350.7 hm^2，占总土地面积的 46.73%，分布于小流域内裸露的础砂岩沟谷坡和较陡的沟坡，大部分是近年来实施生态修复项目之后的荒草地，人工草地零星分布于中下游的缓坡和退耕坡地上。

全流域总土地面积为 50.3 km^2，其中水土流失面积 50.3 km^2，占流域总土地面积的 100%。流域内山高坡陡、地形破碎、沟道纵横、土质较粗、植被稀疏，降水集中在 7—9 月，水土流失严重。

9.2.3.2 数据采集与处理

从 2007 年开始，准格尔旗水保监测站受黄河水土保持生态建设局的委托，对尔架麻沟小流域进行水土保持动态监测，为期 5 年的水土保持动态监测于 2011 年年底圆满完成了各项监测任务，顺利通过了上级业务部门的验收。介于当地气候等因素的不确定性，为确保不同地理类型水土保持监测数据的代表性、延续性，经黄河水土保持生态建设局研究决定，从 2012 年开始，继续在典型础砂岩地区的尔架麻沟小流域实施水土保持动态监测任务。

该小流域监测基础设施建设涉及如下几个方面。

（1）尔架麻沟水土流失监测站

监测站位于流域出口白太仆村，该流域内建把口站一处，把口站建在监测房屋左下方的主河道上，控制面积 47.2 km^2。该河道无常流水，为季节性河流，测验河床床质均为沉积砂土，结构稳定，河槽顺直、断面规整、无塌岸、水流集中，河槽稳定，把口站设计洪峰流量 1700 m^3/s。

（2）坡面径流场观测场和沟道径流场观测场

流域内建坡面和沟道径流观测场两处。尔架麻沟流域径流场，为尔架麻沟把口站下部右岸支沟坡面上两个相连的自然条件极为相似的自然侵蚀单元。上部为长梁下段的峁顶，下部为坡面和“V”型初级侵蚀沟。全坡面径流场面积 1355.7 m^2，坡面部分 346.4 m^2，坡长 12.0 m，坡度 7°～12°，为牧荒地，有零星的人工灌木林，植被较差，地表为础砂岩裸露；沟坡部分 1009.3 m^2，沟长 55.0 m，沟深 37.5 m，无人工治理措施，沟坡及沟道全部为础砂岩风化堆积物，陡崖全部为础砂岩裸露面。坡面径流场的控制面积 230.54 m^2，沟道径流场的控制面积 1407.39 m^2。坡面和沟道径流池都采用二级分流、三级承水方式。坡面径流池一级径流池（分流池）为长方体，池内壁长1.9 m、宽

1.0 m、深 1.0 m，设 9 孔分流；二级径流池为长方体，池内壁长 1.5 m、宽 1.0 m、深 1.0 m，设 9 孔分流，与上级径流池平行；三级径流池为长方体，水样为经过 2 次分流后的样本径流，径流池内壁长 1.2 m、宽 1.0 m、深 1.0 m。沟道径流池一级池内壁长 1.9 m、宽 1.0 m、深 1.0 m，设 9 孔分流；二级径流池内壁长 1.5 m、宽 1.0 m、深 1.0 m；三级径流池内壁长 1.2 m、宽 1.0 m、深 1.0 m。

(3) 雨量监测站

降水量监测布设以能控制流域内平面和垂直方向降水量为原则。根据流域沟壑纵横、梁峁起伏大的地貌特征，以及雨量时间分布不均匀、局部地形阵雨较多的特点，在尔架麻沟流域布设 2 个雨量监测站，安装的 2 台自记雨量计能够准确及时地反映当前的降雨实况。1 号雨量监测站位于监测站房顶，2 号雨量监测站位于该流域沟掌附近的庄家塔村。

(4) 监测队伍建设

水土流失监测站有工作人员 26 名，其中，高级工程师 1 人，工程师 3 人，高级技师 12 人，技师 9 人，高级工 1 人。2012 年准格尔旗水保监测站由一名副站长牵头，安排专职监测人员 2 名从 5 月初到 10 月底进驻到尔架麻沟小流域监测点，对尔架麻沟流域的水土流失动态进行监测。

(5) 监测内容

工程建设动态监测：①坡面治理。坡面治理动态监测的内容是坡面治理工程的数量及其变化。坡面治理工程包括梯田、造林、种草及其他坡面措施。坡面治理动态监测的主要指标是年新增治理面积、累计治理面积。②沟道治理。沟道治理工程建设动态监测的内容是沟道坝系工程的数量及其变化。沟道坝系工程包括骨干坝和中型坝，主要指标是已建成工程数量和本年度工程数量及结构比例。尔架麻小流域未建任何大、中、小型库坝，暂无沟道治理工程建设动态监测的内容。③径流小区监测。通过对径流池内径流量与输沙量的监测，推算出该区域水土流失信息量。

降雨、输沙监测：①降雨。主要观测流域汛期 5—10 月共 6 个月的降雨量，记录降雨和暴雨情况，用于分析雨强（降雨强度）、侵蚀、径流、洪量、洪峰等。观测流域汛期各次降雨过程。②输沙。重点是在暴雨洪水期间，实时观测把口站的洪水与输沙情况，监测指标为通过把口站的径流量和输沙量。

监测方法手段：①工程建设动态监测。坡面治理工程的数量及其变化监测，采用调查统计的方法于10—11月进行一次，首先借助“2012年土地利用现状图”进行野外调查核对，图班没有变化的可沿用上年的数据。图班面积和地类发生变化的，采用1∶10 000地形图实地勾绘，用求积仪量算措施面积；分散、零碎的坡面措施，采用皮尺或测绳等量测工具逐项逐块测量上图。②输沙监测。输沙监测的重点是在暴雨洪水期间，实时观测把口站径流、输沙情况。每次行洪时，监测人员实时观测、测取、记录洪峰流量、洪水含沙量、洪水历时，根据观测、记录的洪峰流量、洪水含沙量、洪水历时计算洪水径流量、输沙量。为保证数据的科学性、准确性，洪水水位借助固定基准水尺读数来确定，当水位低于50 cm时采用流速仪监测洪水的流速，当水位高于50 cm时采用投放浮标法监测洪水的流速。观测时间从洪水到达把口站开始，准确观测到达把口站的开始时间、水位最高时间、跌落低谷时间，并能根据观测资料做出洪水过程线。一般每观测1次水位，用1000 mL量杯采集水样一次，用过滤法计算出对应的含沙量，根据流量、含沙量计算出把口站的输沙量。③径流小区径流量与侵蚀模数监测。采用测量各级径流池的洪水体积，然后相加计算得出该小区的径流总量。采用1000 mL容器采集各径流池的水样，通过滤阴干称量，计算出各级径流池内的含沙量，然后相加除以小区面积来计算出该小区的侵蚀模数。

模拟过程中所需要的数据有研究区影像数据、高分辨率DEM数据、土地利用类型数据、土壤类型数据、河网链数据、河网节点数据、降雨数据等。研究区0.3 m分辨率的影像（图9-33）和30 m×30 m的DEM数据（图9-34，见书末彩插）通过无人机航测获得；土地利用类型数据和土壤类型数据通过ArcGIS软件对研究区影像进行解译获得；真实降雨数据由研究区雨量监测站提供；河网链、河网节点数据利用ArcGIS软件中的水文分析工具进行一系列处理后获得。

影像解译：研究区的高分辨率影像来源于无人机实地航测，因为获得的影像分辨率很高，所以在ArcGIS软件中通过目视解译得到的结果就可以满足模拟的需求。利用ArcGIS软件对影像进行解译后，将土地利用类型划分为草地、人工草地、稀疏灌木、裸地、村庄、道路、旱地、水面共8种（图9-35，见书末彩插），将土壤类型划分为黄土、砒砂岩风化沙土、红色砒砂岩裸岩和白色砒砂岩裸岩共4种（图9-36，见书末彩插）。解译后得到的土地利用分布图和土壤类型分布图都为栅格数据格式，需要用ArcGIS软件将其转换为ASCII格式方能带入模型处理。

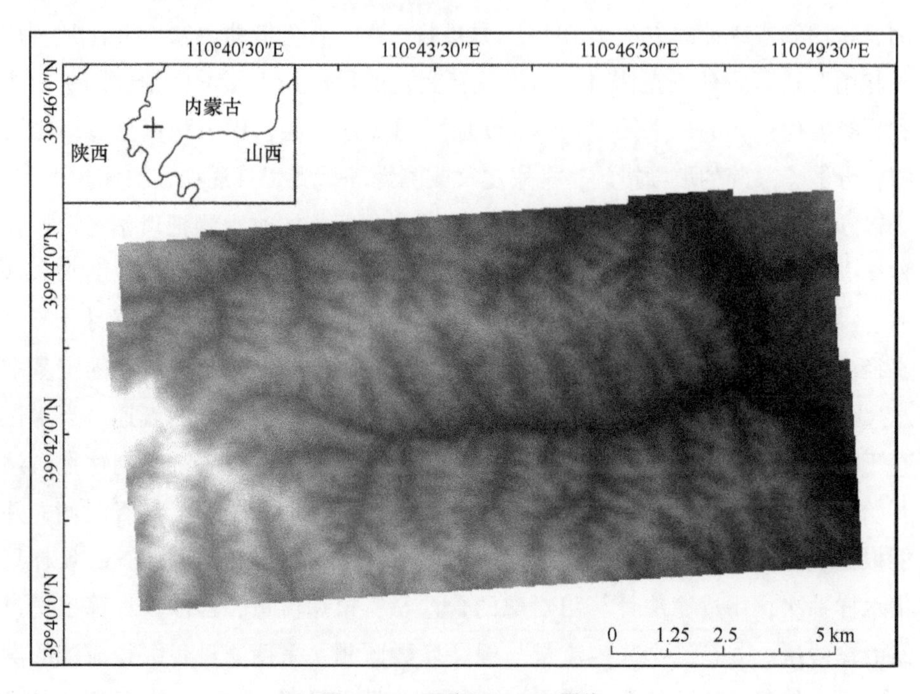

图 9-34　研究区 DEM 影像

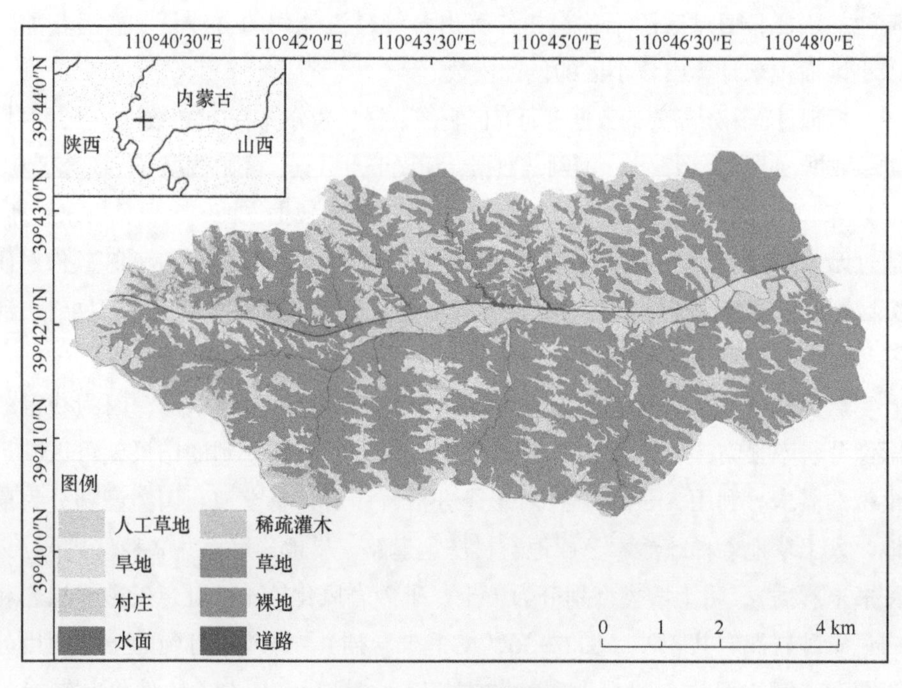

图 9-35　土地利用类型

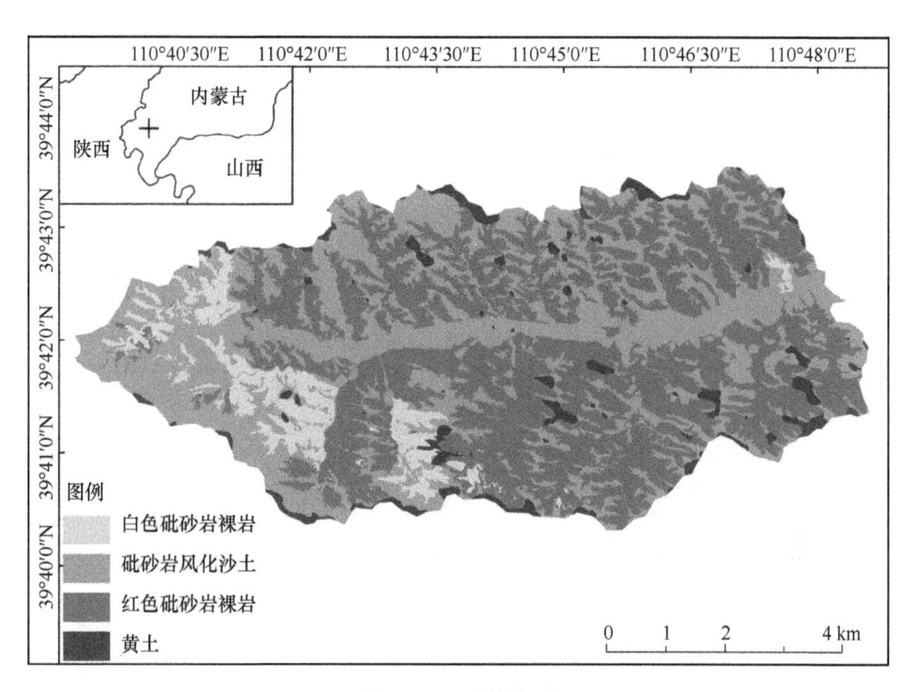

图 9-36 土壤类型

水文分析：利用 ArcGIS 工具箱中所包含的一系列水文分析工具，首先对 DEM 影像进行填洼、水流方向计算、汇流累积量计算、生成河网、栅格河网矢量化和提取河网链等处理，生成河网链。然后使用记事本将河网链的每个栅格节点沿着河流方向进行编码，获得河网节点数据。最后将处理后的数据都通过 ArcGIS 软件转换为 ASCII 格式。

填洼。在 DEM 数据中，有的栅格单元比周围相邻栅格单元低，就被称为洼地。洼地判断是整个流域分析的基础，洼地的存在会使水流方向发生变化，从而导致河网提取时提取出的河网不完整，对整个流域的水文分析产生很大的影响。因此，在进行水文分析前需要对 DEM 数据进行填洼处理。

流向分析。对于每一个栅格，水流的方向是离开栅格的水的方向。水流方向的计算是水文分析的前提，河网提取与分级等操作都要参考水流方向。

汇流累积量：依据水流动的自然规律，计算每一个栅格在水流方向上累积的栅格数量，即汇流累积量。栅格的汇流累积量代表该栅格承载的水流量，当携带的水流量大于某个值时，就会产生表面径流，这些表面径流汇合成的网络就是河网。采用 ArcGIS 工具箱里的栅格计算器来提取河网，将汇流量大于阈值的栅格单元设定为1，而小于或等于阈值的栅格设定为空值。阈值的大小关乎河网的提取结果，通过多次选择并比较和分析所获得的结果，最终将阈值确定为2250。

河网链和河网节点提取：利用ArcGIS工具箱的Stream Link工具提取河网链（图9-37，见书末彩插），然后将河网链转化为ASCII格式。将ASCII格式的河网链在记事本中打开，根据水流方向对每一条河网链进行编码，即可获取河网节点数据。

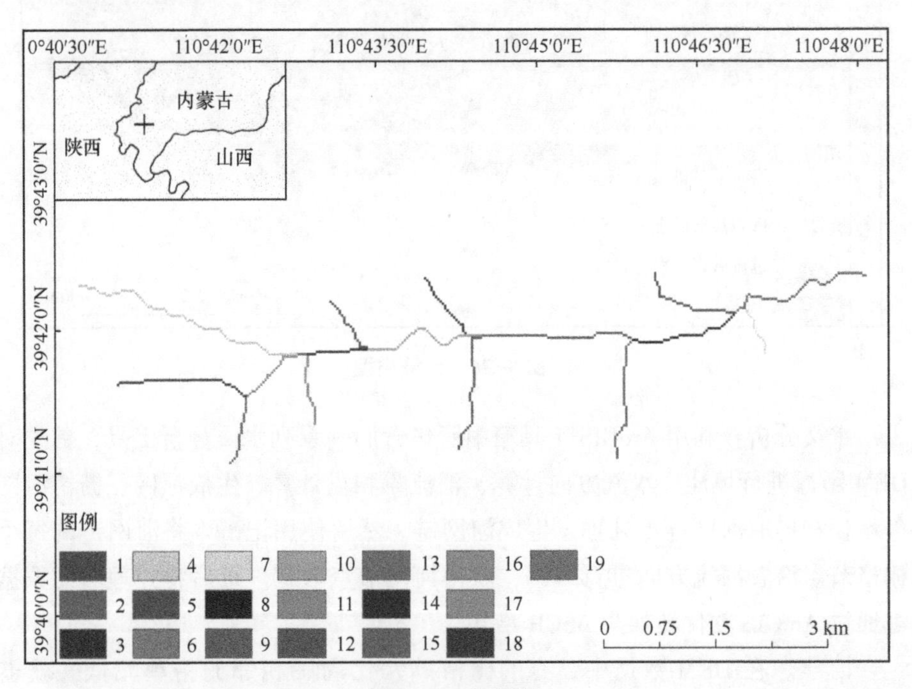

图9-37 河网链

9.2.3.3 CASC2D-SED的水文过程演算

CASC2D-SED是在科罗拉多州立大学开发的一种基于物理的栅格水文模型，它模拟了受分布式降雨影响的流域的水文过程。其采用APL语言编写计算程序，之后模型逐渐加入Green-Ampt下渗计算和一维显式扩散波河道计算、二维土壤侵蚀算法、地下径流模拟等，使得模型更加完善、系统化。

首先在CASC2D-SED的官方平台下载获得CASC2D-SED的源代码；然后将代码输入Visual Studio 2010软件对其进行编译，生成CASC2D-SED模型程序，将相关数据输入模型并运行；最后对模拟的结果进行统计分析。

（1）降雨计算

当流域内仅有一个雨量站时，降雨的强度被认为是均匀降雨，即每个栅格单元上的降雨强度与雨量站点处的降雨强度是相等的；当流域内有多个雨量站时，降雨的强度在流域上是分布式的，采用距离平方倒数法来插值估计每个栅格单元上的降雨强度，公式为

$$i^t(j,k)=\frac{\sum_{m=1}^{M}\frac{i_m^t(jrg,krg)}{d_m^2}}{\sum_{m=1}^{M}\frac{1}{d_m^2}}。\tag{9-6}$$

式中，i^t（j，k）为时间为 t 时坐标（j，k）处的雨强，i_m^t（jrg，krg）为在 m 雨量站测得的时间为 t 时坐标（jrg，krg）处的雨强，d_m为坐标（j，k）与 m 雨量站（jrg，krg）之间的距离，M 为雨量站的数目。

（2）截留计算

降雨时，地面上的植被等会截留部分降雨，故在计算水流下渗量前，应先从总降雨中去除被截留的部分降雨。因为它既不会下渗，也不会形成径流。当降雨量大于截留量时，水开始向地下渗透。Green-Ampt 下渗方程用于适应由于降雨或土壤属性的变化引起的空间和时间变化，当降水率超过渗透率时，过量降雨将作为地表水积聚并开始形成径流。

（3）产流计算

在 CASC2D-SED 模型中，采用 Green-Ampt 产流模式作为模型下渗率计算的基本结构。利用 Green-Ampt 下渗方程估算流域内每一个栅格单元相应的下渗率，公式为

$$f=K_{\mathrm{A}}\left(\frac{H_{\mathrm{e}}M_{\mathrm{d}}}{F}+1\right)。\tag{9-7}$$

式中，f 为下渗率，K_{A}为饱和水力传导度，H_{e}为毛管水头，M_{d}为土壤缺水量，F 为累计下渗深度。

（4）坡面汇流计算

在 CASC2D-SED 模型中，采用扩散波的二维显示有限差分方法计算坡面汇流。描述坡面汇流的方程包括连续方程、动量方程和曼宁公式。

连续方程：

$$\frac{\partial h_{\mathrm{o}}}{\partial t}+\frac{\partial q_x}{\partial x}+\frac{\partial q_y}{\partial y}=e。\tag{9-8}$$

式中，h_o为河道径流深，q_x、q_y分别表示 x、y 方向上的单宽流量，e 为超渗降雨量。

动量方程：

$$S_{f_x} = S_{o_x} - \frac{\partial h_o}{\partial x}, S_{f_y} = S_{o_y} - \frac{\partial h_o}{\partial y}。 \tag{9-9}$$

式中，S_{o_x}、S_{o_y}分别表示 x 和 y 方向的坡度比降，S_{f_x}、S_{f_y}分别表示 x 和 y 方向的坡底摩阻比降。

曼宁公式：

$$Q = \frac{1}{n} A R^{\frac{2}{3}} S_f^{\frac{1}{2}}。 \tag{9-10}$$

式中，R 为水力半径，S_f为阻力坡度，n 为曼宁系数。

(5) 河道汇流

在 CASC2D-SED 模型中，认为河道水流为一维明渠流，河道汇流采用一维显式有限差分扩散波方法计算。描述河道汇流的方程有一维连续方程和一维扩散波动量方程。

一维连续方程：

$$\frac{\partial A}{\partial t} + \frac{\partial Q}{\partial x} = q。 \tag{9-11}$$

式中，A 为水流断面面积，Q 为流量，q 为单位长度河道上的旁侧入流或出流。

一维扩散波动量方程：

$$\frac{\partial y}{\partial x} = i_o - i_f。 \tag{9-12}$$

式中，i_o为河底比降，i_f为摩阻比降，y 为河道深度。

9.2.3.4 尔架麻流域的水文过程模拟

(1) 模型输入

所有数据处理完成后，将模拟过程需要的所有数据输入模型，输入数据包括实测降雨数据、DEM 数据、流域掩膜文件、土地利用类型数据、土壤类型数据、河网链数据、河网节点数据。模型的输入步长为 0.5 s，降雨的模拟输入时间长为 250 min，模型的输出时间长需是输入时间长的倍数，为了方便对比分析实测值与模拟值，模拟时将模型的模拟输出时间长也定为 250 min。

(2) 参数率定

CASC2D-SED 模型径流模拟参数包括土壤饱和水力传导度、毛管水头、土壤缺水量、植物截留深度及河道的宽度、深度、糙率等。其中，河道宽度、深度参数取值由 ArcGIS 软件对流域、水系计算河道宽度、深度后得到；一些比较敏感的参数，如土壤饱和水力传导度、毛管水头通过在模型中进行数次率定后得到。河道糙率由下垫面条件和河道特征决定。模型参数率定时，应先对水量进行调整，然后调整模拟过程。流量误差太大时，应先对峰值参数进行调整，而对峰值影响大的参数为土壤饱和水力传导度和毛管水头。将模拟的峰值调整至与实测值相接近，然后对洪峰出现的时间进行调整，继而采用试错法（在模型中多次模拟，对模拟后的模拟值与实测值进行比较后确定参数值）进行参数率定。洪峰到来的时间快慢由河道糙率决定。通过率定得到的参数如表 9-9、表 9-10 所示。

表 9-9 基于 CASC2D-SED-Govers 模型的土壤类型参数及颗粒组成

土壤类型	土壤类型指数	土壤饱和水力传导度/（cm/h）	毛管水头/cm	土壤侵蚀因子	沙粒	粉沙	黏粒
黄土	1	3.010	28	0.4	41.5%	57.5%	1.1%
础砂岩风化沙土	2	2.230	25	0.4	54.5%	45.4%	0.1%
白色础砂岩裸岩	3	1.974	23	0.4	65.0%	34.8%	0.2%
红色础砂岩裸岩	4	1.974	23	0.4	55.9%	43.8%	0.3%

表 9-10 CASC2D-SED-Govers 模型的土地利用类型参数

土地利用类型	土地利用类型指数	河道糙率	植物截留深度/mm	土地覆盖与管理因子	水土保持措施因子
草地	1	0.05	2.0	0.036	1
人工草地	2	0.05	2.0	0.010	1
稀疏灌木	3	0.05	2.0	0.180	1
裸地	4	0.05	1.0	0.072	1
村庄	5	0.05	2.5	0.036	1
道路	6	0.05	0.5	0.018	1
旱地	7	0.05	1.0	0.018	1
水面	8	0.05	0.1	0.010	1

（3）结果分析

进行模拟后，通过对洪峰相对误差、洪量相对误差和确定性系数的大小进行判断来确定模拟效果。确定性系数是用于评判实际测量值与的模拟值之间的拟合程度。确定性系数越接近于1，模拟结果越接近于实际情况；洪峰相对误差是用于判断实测洪峰值与模拟洪峰值是否接近，实测值和模拟值两者相比误差越小，模拟洪峰与实测洪峰越吻合。洪量相对误差是用于判断实测洪量与模拟洪量是否接近，实测值和模拟值两者相比误差越小，模拟洪量与实测洪量越吻合。

选取2014年的3场洪水，对尔架麻流域进行洪水模拟，利用第一场降雨对参数进行率定，后两场降雨用于洪水模拟。将模拟后输出的关键信息（模拟洪量、模拟洪峰）进行提取，结果如图9-38、表9-11所示。文中"20140625场洪水"指的是2014年6月25日的某次洪水，相同格式的其他编码含义类同。

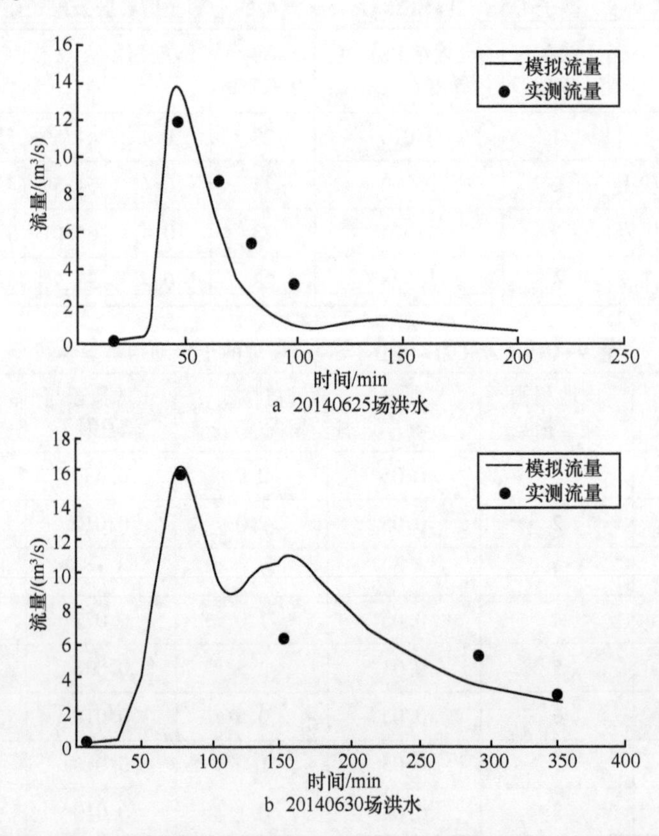

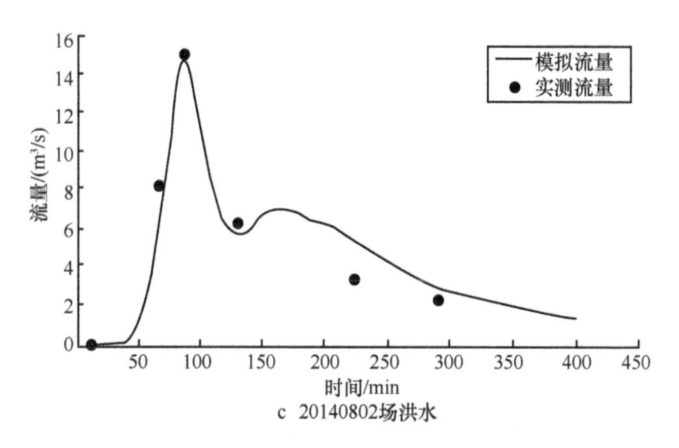

c 20140802场洪水

图 9-38 尔架麻流域径流模拟结果

表 9-11 CASC2D-SED 模型产流模拟结果特定值

模拟期	洪水场次	实测洪量/万 m^3	模拟洪量/万 m^3	洪量相对误差	实测洪峰/(m^3/s)	模拟洪峰/(m^3/s)	洪峰相对误差	确定性系数
率定期	20140625	3.67	3.43	6.54%	12.276	13.821	-12.58%	0.80
验证期	20140630	3.85	3.54	8.05%	15.748	16.224	-3.02%	0.81
	20140802	6.5	8.2	-26.2%	15.038	14.632	-2.70%	0.77
均值		4.67	5.06	3.87%	14.354	14.89	-6.10%	0.79

9.2.3.5 误差分析

① 由于模型在计算产流时采用的是 Green-Ampt 下渗机制，不考虑地下径流和壤中流，地面径流的流动距离短，水流聚集速度快，加上流域的调蓄功能未对它产生大的影响，导致流量过程线陡涨陡落。

② 由于在模拟时未加入流域的下垫面变化信息，使得得到的土壤数据不精确，模型的下渗率产生了偏差，从而影响了模型的模拟精度。

③ 土壤饱和水力传导度和毛管水头等参数的调整采用人工试错法，可能试出来的参数只适合模拟的这几次降雨，不一定适合全部的降雨。

9.2.3.6 合理性分析

① 从模拟结果上看，尔架麻流域的确定性系数分别为 0.80、0.81、0.77，系数均大于 0.75，系数的平均值为 0.79，说明对尔架麻流域进行的 3 次模拟均满足要求，模拟结果可以反映出流域降雨情况。CASC2D-SED 模型采用超渗产流模式，对半干旱半湿润地区有着更好的模拟效果，而尔架麻流

域为干旱地区，洪水流量大、历时短、降雨强，恰好符合模型的物理机制，所以 CASC2D-SED 模型可以对尔架麻流域进行洪水模拟，并且可以较好地模拟降雨过程。

② 模型的原始降雨数据时间间隔短，对降雨的时空分布变化信息更为敏感，减少了模拟误差。

9.2.3.7 结语

通过 CASC2D-SED 模型对尔架麻流域进行的 3 场洪水模拟，研究发现 CASC2D-SED 模型在尔架麻流域具有较好的模拟效果，3 场洪水的确定性系数均在 0.75 以上，平均值为 0.79，洪峰相对误差合格率为 100%，洪量相对误差合格率为 93%。可见，CASC2D-SED 模型适用于尔架麻小流域的径流过程模拟，但是在精度方面还有可提升的空间。当前阶段关于水文模型的机制研究还不全面，基础数据、降雨和植被等特征的观测尚未达到水文模型发展的最终要求，各种分布式和半分布式水文模型还存在着许多问题。同时，CASC2D-SED 模型的模拟时间也受到计算机运行速度、流域面积、DEM 精度的影响，各种条件的受限催促着水文模型向更好、更快、更精确的方向发展，相信随着地理信息技术与遥感技术的发展，DEM 的分辨率、流域的地形和河道资料将会更高和更准确，分布式模型的结构和算法将会越来越完善，CASC2D-SED 模型的运行速度将会越来越快，应用范围也会越来越广，更好地为各级防洪指挥部门提供战略决策依据。

9.2.4 FSFM 框架的适用性评价

通过案例区的流域水文过程模拟可以发现，FSFM 框架在模型参数和模型结构两个方面具有极大的可扩展性。FSFM 框架在模型参数方面的扩展，如 FSFM 框架为坡度的分形降尺度变换与流域水文模型的集成提供了极大的灵活性与便捷性，同时为流域水文过程模型的精细化参数输入提供了接口，该接口将土壤含水量参数按照实际采集结果输入模型。土壤含水量数据受地形的影响很大，根据 9.2.1 小节土壤含水量测量结果分析，在沟底和坡顶含水量差别很大。如果将土壤含水量数据组织为土壤类型数据的一个属性，在流域水文模拟中每一种土壤类型通过率定获得一个统一的土壤含水量数值，则对模型的精度有较大的影响。如果不借助于 FSFM 框架，这种精确测量的土壤特性数据很难输入模型。FSFM 框架在模型结构方面的扩展，如不同径流输沙能力组件的便捷替换，可以构建基于不同径流输沙能力方程的水文过程模型，也可以用于研究径流输沙能力方程的适用性，还可以用于研究由于不同的径流输沙能力方程导致的水文过程模拟的模型结构不确定性。总而言之，FSFM框架改变了流域水文过程模型的构建方式，可用于改进模型结构，为新方法的集成提供了便捷的接口。从理论上讲，FSFM 框架提供了一种模型内部参数剥离、模型中的数学模拟方法剥离，以及模型外部数据的再组织思想，丰富了流域水文过程模型的建模理论及水文过程的建模框架理论。从技术上讲，FSFM 框架作为一种促成技术促进了流域水文过程模型构建技术的进步，也改进了构建流域水文过程建模框架的技术和方法。

9.3 小　结

ArcGIS 的 Add-in 插件开发是一项比较成熟的技术。基于 FSFM 框架开发 ArcGIS 的 Add-in 插件可以实现流域水文过程模拟与 GIS 的集成，既检验了框架的可用性，也使得流域水文过程模拟操作更便捷。

具体实现采用了 Visual Studio 2010 下的 ArcMap Add-in 开发模板，在空间数据的访问与处理中使用了 ArcEngine 10 的部分类库。整体上，涉及的技术与方法比较成熟，开发难度不是太大。该插件可以满足流域水文过程模拟的需要，在 ArcGIS 平台中使用方便，不需要其他软件或数据库的支持。

FSFM 框架实现了坡度分形降尺度方法与流域水文过程模拟的集成。因此，使用 FSFM 框架实现了顾及坡度尺度效应的砒砂岩区二老虎沟小流域的水文过程模拟。模拟结果显示经过坡度变换后的流域水文过程模拟结果更接近目标分辨率下的水文过程线和侵蚀流量过程线。基于 FSFM 框架的顾及坡度尺度效应的二老虎沟流域水文过程模拟验证了框架的适用性。基于 FSFM 框架设计开发的水文过程模拟插件具有动态扩展能力，基于该插件实现了不同径流输沙能力方程下的水文过程模拟，该应用验证了框架的动态可扩展特性。

参考文献

[1] ACOSTA I R, MARTINEZ M M J. Downscaling technique to estimate hydrologic vulnerability to climate change: an application to the conchos river basin, Mexico[J]. Journal of water and climate change, 2013, 4(4): 440-457.

[2]BEULLENS J, VELDE D, NYSSEN J. Impact of slope aspect on hydrological rainfall and on the magnitude of rill erosion in Belgium and northern France[J]. Catena, 2014, 114: 129-139.

[3]BLIND M, GREGERSEN J B. Towards an open modeling interface (OpenMI) the harmonit project[J]. Advances in geosciences, 2005(4): 69-74.

[4]BURGER G, CHEN Y. Regression-based downscaling of spatial variability for hydrologic applications[J]. Journal of hydrology, 2005, 311(1-4): 299-317.

[5]CHANG C L, CHAO Y C. Effects of spatial data resolution on runoff predictions by the BASINS model[J]. International journal of environmental science and technology, 2014, 11(6): 1563-1570.

[6]CHAPLOT V. Impact of DEM mesh size and soil map scale on SWAT runoff, sediment, and NO_3 - N loads predictions[J]. Journal of hydrology, 2005, 312(1): 207-222.

[7]CHAPLOT V. Impact of spatial input data resolution on hydrological and erosion modeling: recommendations from a global assessment[J]. Physics & chemistry of the earth, 2014, 67-69: 23-35.

[8] DIBIKE Y B, COULIBALY P. Hydrologic impact of climate change in the Saguenay watershed: comparison of downscaling methods and hydrologic models[J]. Journal of hydrology, 2005, 307(1-4): 145-163.

[9]DONIGIAN A S, IMHOFF J C, MISHRA A, et al. A watershed modeling framework for military installations: a preliminary approach and baseline model results[J]. Proceedings of the water environment federation, 2009: 422-440.

[10]FU S, CAO L, LIU B, et al. Effects of DEM grid size on predicting soil loss from small watersheds in China[J]. Environmental earth sciences, 2015, 73(5): 2141-2151.

[11]FUJIHARA Y, TANAKA K, WATANABE T, et al. Assessing the impacts of climate change on the water resources of the Seyhan river basin in Turkey: use of dynamically downscaled data for hydrologic simulations[J]. Journal of hydrology, 2008, 353(1-2): 33-48.

[12]GIESEN N C, STOMPH T J, RIDDER N D. Scale effects of hortonian overland flow and rainfall - runoff dynamics in a west African catena landscape[J]. Hydrological processes, 2000, 14(1): 165-175.

[13]GORP W, TEMME A J A M, BAARTMAN J E M, et al. Landscape evolution modelling of naturally dammed rivers [J]. Earth surface processes and landforms, 2014, 39(12): 1587-1600.

[14]GREGERSEN J B, GIJSBERS P J A, WESTEN S J P. OpenMI: open modelling interface [J]. Journal of hydroinformatics, 2007, 9(3): 175-191.

[15]GUAN X J, WANG H L, LI X Y. The effect of DEM and land use spatial resolution on simu-

lated streamflow and sediment[J]. Globalnest international journal, 2015, 17(3): 525-535.

[16]HU W, SI B C. Revealing the relative influence of soil and topographic properties on soil water content distribution at the watershed scale in two sites[J]. Journal of hydrology, 2014, 516: 107-118.

[17]HWANG S, GRAHAM W D, ADAMS A, et al. Assessment of the utility of dynamically-downscaled regional reanalysis data to predict streamflow in west central Florida using an integrated hydrologic model[J]. Regional environmental Change, 2013, 13(S1): 69-80.

[18]KALIN L, GOVINDARAJU R S, HANTUSH M M. Effect of geomorphologic resolution on modeling of runoff hydrograph and sedimentograph over small watersheds[J]. Journal of hydrology, 2003, 276(1-4): 89-111.

[19]KAVVAS M L, KURE S, CHEN Z Q, et al. WEHY-HCM for modeling interactive atmospheric-hydrologic processes at watershed scale. Ⅰ: model description[J]. Journal of hydrologic engineering, 2013, 18(10): 1262-1271.

[20]KLEPPER O. Multivariate aspects of model uncertainty analysis: tools for sensitivity analysis and calibration[J]. Ecological modelling, 1997, 101(1): 1-13.

[21]KUMAR M, BHATT G, DUFFY C J. An object-oriented shared data model for GIS and distributed hydrologic models[J]. International journal of geographical information science, 2010, 24(7): 1061-1079.

[22]KUMAR R, LIVNEH B, SAMANIEGO L. Toward computationally efficient large-scale hydrologic predictions with a multiscale regionalization scheme[J]. Water resources research, 2013, 49(9): 5700-5714.

[23]KURE S, JANG S, OHARA N, et al. WEHY-HCM for modeling interactive atmospheric-hydrologic processes at watershed scale. Ⅱ: model application to ungauged and sparsely gauged watersheds[J]. Journal of hydrologic engineering, 2013, 18(10): 1272-1281.

[24]LEI X, TIAN Y, LIAO W, et al. Development of an AutoWEP distributed hydrological model and its application to the upstream catchment of the Miyun reservoir[J]. Computers & geosciences, 2012, 44: 203-213.

[25]LEUNG L Y R, QIAN Y, LEUNG L Y R, et al. Downscaling extended weather forecasts for hydrologic prediction[J]. Bulletin of the American Meteorological Society, 2005, 86(3): 332-333.

[26]LIN S, JING C, CHAPLOT V, et al. Effect of DEM resolution on SWAT outputs of runoff, sediment and nutrients[J]. Hydrology and earth system sciences discussions, 2010, 7(4): 4411-4435.

[27]LIN S, JING C, COLES N A, et al. Evaluating DEM source and resolution uncertainties in

the Soil and Water Assessment Tool[J]. Stochastic environmental research and risk assessment, 2013, 27(1): 209-221.

[28] LIU X, COULIBALY P. Downscaling ensemble weather predictions for improved week-2 hydrologic forecasting[J]. Journal of hydrometeorology, 2011, 12(6): 1564-1580.

[29] LUZIO M D, ARNOLD J G, SRINIVASAN R. Effect of GIS data quality on small watershed stream flow and sediment simulations[J]. Hydrological processes, 2005, 19(3): 629-650.

[30] MAIDMENT R D. Arc hydro: GIS for water resources [M]. New York: ESRI Press, 2002.

[31] MASCARO G, PIRAS M, DEIDDA R, et al. Distributed hydrologic modeling of a sparsely monitored basin in Sardinia, Italy, through hydrometeorological downscaling[J]. Hydrology and earth system sciences, 2013, 17(10): 4143-4158.

[32] MASCARO G, VIVONI E R. Utility of coarse and downscaled soil moisture products at L-band for hydrologic modeling at the catchment scale[J]. Geophysical research letters, 2012, 39(10): 1-7.

[33] MCKINNEY D C, CAI X. Linking GIS and water resources management models: an object-oriented method[J]. Environmental modelling & software, 2002, 17(5): 413-425.

[34] MOLNÁR D K, JULIEN P Y. Grid-size effects on surface runoff modeling[J]. Journal of hydrologic engineering, 2000, 5(1): 8-16.

[35] MUKUNDAN R, RADCLIFFE D E, RISSE L M. Spatial resolution of soil data and channel erosion effects on SWAT model predictions of flow and sediment[J]. Journal of soil and water conservation, 2010, 65(2): 92-104.

[36] NELSON J. Erosion and Sedimentation[M]. Cambridge: Cambridge University Press, 1999.

[37] PRADHAN N R, TACHIKAWA Y, TAKARA K. A downscaling method of topographic index distribution for matching the scales of model application and parameter identification[J]. Hydrological processes, 2006, 20(6): 1385-1405.

[38] PRADHAN N R, TACHIKAWA Y, TAKARA K. Downscaling methods of flow variables for scale invariant routing model[J]. Doboku Gakkai Ronbunshuu B, 2006, 50(50): 109-114.

[39] RACLOT D, BISSONNAIS Y L, LOUCHART X, et al. Soil tillage and scale effects on erosion from fields to catchment in a mediterranean vineyard area[J]. Agriculture, ecosystems & environment, 2009, 134(3-4): 201-210.

[40] RAJE D, MUJUMDAR P P. Constraining uncertainty in regional hydrologic impacts of climate change: nonstationarity in downscaling[J]. Water resources research, 2010, 46(7): 58-72.

[41] REDDY A S, REDDY M J. Evaluating the influence of spatial resolutions of DEM on watershed runoff and sediment yield using SWAT[J]. Journal of earth system science, 2015, 124

(7): 1517-1529.

[42]ROJAS R, VELLEUX M, JULIEN P Y, et al. Grid scale effects on watershed soil erosion models[J]. Journal of hydrologic engineering, 2008, 13(9): 793-802.

[43]SALATHÉ E P. Comparisons of various precipitation downscaling methods for the simulation of streamflow in a rainshadow river basin[J]. International journal of climatology, 2003, 23(8): 887-901.

[44]SCHAAKE J, PAILLEUX J, THIELEN J, et al. Summary of recommendations of the first workshop on postprocessing and downscaling atmospheric forecasts for hydrologic applications held at Météo-France, Toulouse, France, 15-18 June 2009[J]. Atmospheric science letters, 2010, 11(2): 59-63.

[45]SENSOY H, KARA O. Slope shape effect on runoff and soil erosion under natural rainfall conditions[J]. IForest - biogeosciences and forestry, 2014, 7(2): 110-114.

[46]SHARMA M, COULIBALY P, DIBIKE Y. Assessing the need for downscaling RCM data for hydrologic impact study[J]. Journal of hydrologic engineering, 2011, 16(6): 534-539.

[47]SHEN Z Y, CHEN L, LIAO Q, et al. A comprehensive study of the effect of GIS data on hydrology and non-point source pollution modeling[J]. Agricultural water management, 2013, 118: 93-102.

[48]SHRESTHA R R, PETERS D L, SCHNORBUS M A. Evaluating the ability of a hydrologic model to replicate hydro-ecologically relevant indicators[J]. Hydrological processes, 2014, 28(14): 4294-4310.

[49]SHRESTHA R R, SCHNORBUS M A, WERNER A T, et al. Evaluating hydroclimatic change signals from statistically and dynamically downscaled GCMs and hydrologic models[J]. Journal of hydrometeorology, 2014, 15(2): 844-860.

[50]SULIS M, PANICONI C, CAMPORESE M. Impact of grid resolution on the integrated and distributed response of a coupled surface-subsurface hydrological model for the des Anglais catchment, Quebec[J]. Hydrological processes, 2011, 25(12): 1853-1865.

[51]TRINH D H, CHUI T F M. Assessing the hydrologic restoration of an urbanized area via integrated distributed hydrological model[J]. Hydrology & earth system sciences discussions, 2013, 10(4): 4099-4132.

[52]VÁZQUEZ R F, FEYEN J. Assessment of the effects of DEM gridding on the predictions of basin runoff using MIKE SHE and a modelling resolution of 600 m[J]. Journal of hydrology, 2007, 334(1-2): 73-87.

[53]VIVONI E R, IVANOV V Y, BRAS R L, et al. On the effects of triangulated terrain resolution on distributed hydrologic model response[J]. Hydrological processes, 2005, 19(11):

2101-2122.

[54]WAGNER P D, REICHENAU T G, KUMAR S, et al. Development of a new downscaling method for hydrologic assessment of climate change impacts in data scarce regions and its application in the Western Ghats, India[J]. Regional environmental change, 2015, 15(3): 435-447.

[55]WAINWRIGHT J, PARSONS A J. The effect of temporal variations in rainfall on scale dependency in runoff coefficients[J]. Water resources research, 2002, 38(12): 7-10.

[56]WANG W, YANG X, YAO T. Evaluation of ASTER GDEM and SRTM and their suitability in hydraulic modelling of a glacial lake outburst flood in southeast Tibet[J]. Hydrological processes, 2012, 26(2): 213-225.

[57]WANG X, LIN Q. Effect of DEM mesh size on AnnAGNPS simulation and slope correction [J]. Environmental monitoring and assessment, 2011, 179: 267-277.

[58]WANG Y, HE B, TAKASE K. Effects of temporal resolution on hydrological model parameters and its impact on prediction of river discharge[J]. Hydrological sciences journal, 2009, 54(5): 886-898.

[59]WILCOX B P, BRESHEARS D D, ALLEN C D. Ecohydrology of a resource-conserving semiarid woodland: effects of scale and disturbance[J]. Ecological monographs, 2003, 73(2): 223-239.

[60]YANG W, ROUSSEAU A N, BOXALL P. An integrated economic-hydrologic modeling framework for the watershed evaluation of beneficial management practices[J]. Journal of soil & water conservation, 2007, 62(6): 423-432.

[61]YU C, DUAN J. Two-dimensional hydrodynamic model for surface-flow routing[J]. Journal of hydraulic engineering, 2014, 140(9): 203-211.

[62]YU Z, LU Q, ZHU J, et al. Spatial and temporal scale effect in simulating hydrologic processes in a watershed[J]. Journal of hydrologic engineering, 2014, 19(1): 99-107.

[63]YUAN X, WOOD E F. Downscaling precipitation or bias-correcting steamflow? some implications for coupled general circulation model (CGCM)-based ensemble seasonal hydrologic forecast[J]. Water resources research, 2012, 48(12): 13559-13560.

[64]包为民，陈耀庭．中大流域水文耦合模拟物理概念模型[J]．水科学进展，1994，5(4)：287-292.

[65]包为民．小流域水文耦合模拟概念模型[J]．地理研究，1995(2)：27-34.

[66]蔡强国，刘纪根．关于我国土壤侵蚀模型研究进展[J]．地理科学进展，2003，22(3)：242-250.

[67]蔡强国，陆兆熊，王贵平．黄土丘陵沟壑区典型小流域侵蚀产沙过程模型[J]．地理学

报，1996(2)：108-117.

[68]蔡强国，袁再健，程琴娟，等．分布式侵蚀产沙模型研究进展[J]．地理科学进展，2006，25(3)：48-54.

[69]曹文洪，张晓明．流域泥沙运动与模拟[M]．北京：科学出版社，2014.

[70]崔修涛，吴健平，张伟锋．插件式 GIS 的开发[J]．华东师范大学学报(自然科学版)，2005(4)：51-58.

[71]邓斌，蒋昌波，阮宏勋，等．分布式水文模型中模块分解与组合的理论研究[J]．水利学报，2009，40(10)：1264-1273.

[72]符素华，张卫国，刘宝元，等．北京山区小流域土壤侵蚀模型[J]．水土保持研究，2018，8(4)：114-120.

[73]郭兰勤，杨勤科，胡洁，等．基于分形的中低分辨率坡度降尺度变换方法研究[J]．西北农林科技大学学报(自然科学版)，2011(12)：173-180.

[74]郭兰勤．基于分形的中低分辨率坡度降尺度变换方法研究[D]．咸阳：西北农林科技大学，2012.

[75]郭庆胜，马潇雅，王琳，等．基于插件技术的地理信息时空分布与变化特征提取系统的设计与实现[J]．测绘通报，2013(4)：18-20.

[76]郭伟玲，杨勤科，程琳，等．区域土壤侵蚀定量评价中的坡长因子尺度变换方法[J]．中国水土保持科学，2010(4)：73-78.

[77]郭伟玲．坡度和坡长尺度效应与尺度变换研究[D]．北京：中国科学院大学，2012.

[78]郭延祥．并行组合数学模型方式研究及初步应用[D]．北京：清华大学，2010.

[79]和继军，蔡强国，刘松波．次降雨条件下坡度对坡面产流产沙的影响[J]．应用生态学报，2012(5)：1263-1268.

[80]胡云华，贺秀斌，毕景芝．直方图匹配算法进行坡度变换的精度评价[J]．水土保持研究，2013(6)：97-101.

[81]贾媛媛，郑粉莉．LISEM 模型及其应用[J]．水土保持研究，2004(4)：91-93.

[82]姜昌华．插件技术及其应用[J]．计算机应用与软件，2003，20(10)：10-11.

[83]焦学军．基于高分辨率 DEM 的小流域分布式水文模拟[D]．开封：河南大学，2008.

[84]金鑫，郝振纯，张金良，等．考虑重力侵蚀影响的分布式土壤侵蚀模型[J]．水科学进展，2008，19(2)：257-263.

[85]雷廷武，张晴雯，赵军．细沟水蚀动态过程的稳定性稀土元素示踪研究[J]．水利学报，2004(12)：84-91.

[86]李辉．基于 DEM 的小流域次降雨土壤侵蚀模型研究与应用[D]．武汉：武汉大学，2007.

[87]李文杰，王兴奎，李丹勋，等．基于物理过程的分布式流域水文预报模型[J]．水利学

报, 2012(3): 264-274.

[88]李致家, 胡伟升, 丁杰, 等. 基于物理基础与基于栅格的分布式水文模型研究[J]. 水力发电学报, 2012, 31(2): 5-13.

[89]李致家, 张珂, 姚成. 基于GIS的DEM和分布式水文模型的应用比较[J]. 水利学报, 2006, 37(8): 1022-1028.

[90]廖义善, 卓慕宁, 李定强, 等. 基于GIS黄土丘陵沟壑区分布式侵蚀产沙模型的构建——以蛇家沟小流域为例[J]. 泥沙研究, 2012(1): 7-13.

[91]林波. 三江平原挠力河流域湿地生态系统水文过程模拟研究[D]. 北京: 北京林业大学, 2013.

[92]刘宝元, 史培军. WEPP水蚀预报流域模型[J]. 水土保持通报, 1998, 18(5): 6-12.

[93]刘博, 徐宗学. 基于SWAT模型的北京沙河水库流域非点源污染模拟[J]. 农业工程学报, 2011(5): 52-61.

[94]刘前进, 蔡强国, 方海燕. 基于GIS的次降雨分布式土壤侵蚀模型构建——以晋西王家沟流域为例[J]. 中国水土保持科学, 2008, 6(5): 21-26.

[95]刘瑞娟, 张万昌. 基于动态产流机制的分布式土壤侵蚀模型研究[J]. 水土保持通报, 2010, 30(6): 139-144.

[96]鲁克新. 黄土高原流域生态环境修复中的水文响应模拟研究[D]. 西安: 西安理工大学, 2006.

[97]罗婷, 王文龙, 王贞, 等. 非硬化土路土壤剥蚀率与水动力学参数分析[J]. 人民黄河, 2011(4): 96-98.

[98]吕爱锋, 王纲胜, 陈嘻, 等. 基于GIS的分布式水文模型系统开发研究[J]. 中国科学院研究生院学报, 2004, 21(1): 56-62.

[99]梅德门特. 水利GIS[M]. 北京: 中国水利水电出版社, 2013.

[100]牛志明, 解明曙. 三峡库区水库消落区水土资源开发利用的前期思考[J]. 科技导报, 1998(4): 61-62.

[101]祁伟, 曹文洪, 郭庆超, 等. 小流域侵蚀产沙分布式数学模型的研究[J]. 中国水土保持科学, 2004, 2(1): 16-22.

[102]任立良, 刘新仁. 基于DEM的水文物理过程模拟[J]. 地理研究, 2000, 19(4): 369-376.

[103]芮孝芳. 径流形成原理[M]. 南京: 河海大学出版社, 2011.

[104]沈洁, 李致家, 张鹏程. 基于栅格的分布式水文模型应用研究[J]. 人民黄河, 2014(6): 47-50.

[105]汤国安. 黄土高原地面坡谱及其空间分异[C]//认识地理过程 关注人类家园——中国地理学会2003年学术年会文集, 武汉, 2003: 29.

[106]汤立群，陈国祥，蔡名扬．黄土丘陵区小流域产沙数学模型[J]．河海大学学报，1990，18(6)：10-16.

[107]汤立群，陈国祥．小流域产流产沙动力学模型[J]．水动力学研究与进展(A辑)，1997(2)：164-174.

[108]唐政洪，蔡强国．侵蚀产沙模型研究进展和GIS应用[J]．泥沙研究，2002(5)：59-66.

[109]王程．坡度直方图匹配变换的适用性分析[D]．西安：西北大学，2012.

[110]王船海，杨勇，丁贤荣，等．水文模型与GIS二元结构集成方法与实现[J]．河海大学学报(自然科学版)，2012(6)：605-609.

[111]王光谦．流域泥沙动力学模型[M]．北京：中国水利水电出版社，2009.

[112]王礼先，吴长文．陡坡林地坡面保土作用的机理[J]．北京林业大学学报，1994(4)：1-7.

[113]王双玲．基于流域水生态承载力的污染物总量控制技术研究[D]．武汉：武汉大学，2014.

[114]王秀英，曹文洪，付玲燕，等．分布式流域产流数学模型的研究[J]．水土保持学报，2001(3)：38-40.

[115]王秀英，曹文洪．坡面土壤侵蚀产沙机理及数学模拟研究综述[J]．土壤侵蚀与水土保持学报，1999，5(3)：87-92.

[116]吴亮，杨凌云，尹艳斌．基于插件技术的GIS应用框架的研究与实现[J]．地球科学——中国地质大学学报，2006，31(5)：609-614.

[117]吴长文，王礼先．陡坡坡面流的基本方程及其近似解析解[J]．南昌工程学院学报，1994(S1)：142-149.

[118]杨明义，田均良．坡面侵蚀过程定量研究进展[J]．地球科学进展，2000，15(6)：649-653.

[119]杨勤科，李锐．LISEM：一个基于GIS的流域土壤流失预报模型[J]．水土保持通报，1998(3)：83-90.

[120]杨涛．基于GIS的黄土沟壑区两种尺度产流产沙数学模型研究与应用[D]．南京：南京师范大学，2006.

[121]姚文艺．坡面流流速计算的研究[J]．中国水土保持，1993(3)：25-29.

[122]余叔同，郑粉莉，张鹏．基于插件技术和GIS的坡面土壤侵蚀模拟系统[J]．地理科学，2010(3)：441-445.

[123]袁再健．基于GIS的分布式侵蚀产沙模型及其空间尺度转换研究进展[J]．中国农学通报，2012，28(9)：293-296.

[124]张传才，秦奋，肖培青．CASC2D-SED模型的DEM尺度效应[J]．地理与地理信息科

学，2016，32(2)：6-10.

[125]张喜旺，周月敏，李晓松，等. 土壤侵蚀评价遥感研究进展[J]. 土壤通报，2010，41(4)：1010-1017.

[126]张勇，汤国安，彭釪. 数字高程模型地形描述误差的量化模拟——以黄土丘陵沟壑区的实验为例[J]. 山地学报，2003(2)：252-256.

[127]赵辉，郭索彦，解明曙，等. 不同尺度流域日径流分形特征[J]. 应用生态学报，2011，22(1)：159-164.

[128]郑粉莉，杨勤科，王占礼. 水蚀预报模型研究[J]. 水土保持研究，2004，11(4)：13-24.

[129]周江红，雷廷武. 流域土壤侵蚀研究方法与预报模型的发展[J]. 东北农业大学学报，2006，37(1)：125-129.

[130]周璟. 武陵山区低山丘陵小流域土壤侵蚀特征及产流产沙模拟预测[D]. 北京：中国林业科学研究院，2009.

[131]周正朝，上官周平. 土壤侵蚀模型研究综述[J]. 中国水土保持科学，2004，2(1)：52-56.

第10章

水文建模框架研究总结与展望

鉴于构建流域水文过程模型的昂贵代价和困难，以及流域水文模型结构不确定性研究的需要，本书在深入研究与分析已有流域水文模型框架的基础上，以 CASC2D-SED 模型为依托，结合流域水文过程模拟涉及的原理和坡面侵蚀输沙发生机制，构建了一个在模型运行时可以动态扩展的流域水文过程模拟的轻量级建模框架。

10.1　水文建模框架构建主要流程

①流域水文模型的细粒度分解与封装。剖析流域水文过程的各个子过程及相互的串联和依赖关系，对流域水文过程模型进行概念层次上的细粒度分解。对流域水文物理模型 CASC2D-SED 进行具体的细粒度对象分解与细粒度组件封装，从而建立流域水文过程细粒度建模框架的基础组件库。

②建立一个流域水文模拟与 GIS 都可以高效访问的“共享数据模型”。根据流域水文模拟和 GIS 基于的不同运动观（欧拉运动观和拉格朗日运动观），以 Madiment 的 Arc Hydro 水利 GIS “共享数据模型” 为基础，结合流域水文模拟的要素及特征，使用面向对象的建模方法建立 GIS 与流域水文模型在数据结构上兼容两种运动表示方法的“共享数据模型”。

③构建一个流域水文过程的细粒度建模框架。以 CASC2D-SED 模型分解的细粒度组件为基础，结合流域水文模拟的相关研究成果，构建流域水文模

拟的细粒度组件库，在组件库和“共享数据模型”的基础上，运用面向对象的依赖注入设计模式和反射机制构建一个流域水文过程的细粒度建模框架。

④探讨流域水文过程建模框架的扩展方法，在模型结构和模型参数两个方面研究框架的扩展。在框架扩展的前提下，提出了一种坡度分形降尺度变换与流域水文过程模拟集成的方法。通过框架对坡度参数的分离和坡度分形降尺度变换细粒度组件的设计，基于框架的动态扩展特性实现了坡度分形降尺度变换与流域水文模拟的便捷集成。

⑤基于构建的流域水文过程细粒度建模框架和 ArcGIS 的 Add-in 插件技术及 ArcEngine，设计开发了一个 ArcGIS 水文过程模拟插件。将坡度分形尺度变换方法应用到砒砂岩区的二老虎沟小流域，获取小流域水文过程模拟所需数据：无人机航测影像和 DEM 数据、土壤含水量及饱和水力传导度、土壤颗粒组成和有机质含量，使用设计开发的 ArcGIS 流域水文模拟插件，在坡度分形变换的基础上，对小流域进行水文过程模拟，验证了框架的可用性和有效性。

10.2 水文建模框架构建中的主要认知

①对流域水文过程的机制和数学描述研究表明对流域水文过程的机制认识不一致，多种数学描述并存，导致了流域水文模型结构的不确定性，形成了流域输沙模型中的可变对象。

②流域水文模型的细粒度分解与封装实现了流域水文模型细粒度层次上的复用。流域水文过程模型的细粒度组件具有良好的可复用性，为构建流域水文过程模型提供了很大的灵活性。

③建立的“共享数据模型”使得 GIS 与水文模型实现了数据结构层次上的紧密集成。采用面向对象的数据模型设计方法，以 Madiment 的 Arc Hydro 数据框架为基础，实现了 GIS 与流域水文模型的真正紧密集成，该“共享数据模型”是数据结构层次上的数据模型。

④构建的流域水文过程细粒度建模框架支持细粒度的模型构建和细粒度导致的模型结构不确定性研究。面向对象的依赖注入设计模式和 .NET 的反射机制提高了使用该框架构建新流域水文模型的灵活性。该框架在细粒度层次上的扩展性可以用于解决由细粒度对象导致的模型结构不确定性问题。

⑤构建的框架具有动态扩展特性。扩展方式包括两种：第一种是模型构

造时通过增加符合接口规范的细粒度组件构建新的流域水文模型；第二种是在模型运行时通过反射机制动态添加和替换模型中的细粒度组件，为模型结构不确定性研究提供了方法和技术支持。

⑥设计开发的流域水文模拟 ArcGIS 插件实现了流域水文模拟与 GIS 的无缝集成。基于“平台+插件”模型和 ArcEngine 组件开发方法实现了流域水文过程模拟 ArcGIS 插件，实现了二者的高效无缝集成。

⑦研究表明坡度分形变换方法与流域水文模拟可以实现集成，同时，案例研究表明框架是可用的和有效的。以小流域水文过程模拟与坡度分形变换方法的集成为例，检验了框架的可用性和有效性，研究表明构建的流域水文过程细粒度建模框架是可用的、高效的。

10.3 进一步研究与展望

本书从理论层面研究了流域水文模型的分解，并对流域水文物理模型 CASC2D-SED 进行了细粒度分解与封装。借鉴 Madiment 的 Arc Hydro 水利 GIS 数据模型构建了一个实现 GIS 与流域水文模拟紧密集成的“共享数据模型”，在此基础上，引入依赖注入设计模式和反射机制构建了一个流域水文过程的细粒度建模框架。该细粒度建模框架具有细粒度层次上的动态可扩展性，可以用于流域水文模型的快速构建和模型结构不确定性研究。

尽管流域水文过程的细粒度建模框架构建中取得了一定的研究成果，但是，流域水文过程建模框架研究涉及庞大的知识体系，受研究时间的限制，部分内容仍然需要深入研究。有待进一步研究的内容包括：基于该框架开发适合不同研究区和研究目标的模型，一方面，推广该建模框架的应用；另一方面，更全面地检验框架的高效性，以便进一步修正框架。

从提高流域水文模拟精度的角度，建模框架是一种支撑技术。尽管流域水文过程模型在模拟机制上优于集总式流域水文模型，但模拟的精度并未有明显提高。通过对模型的细粒度分解与封装，实现流域水文模拟中新数学方法的引入和模型参数的精细化，为提高流域水文模型的模拟精度提供一个思路与理论框架。本框架只是抛砖引玉，期望为促进流域水文建模理论与方法的深入研究打开一扇新的窗户，大量的工作有待相关人员持续研究，特别是流域水文各个子过程的发生机制和数学模拟方法是一项长期的研究工作。

致谢

在本书完成之际，特别感谢洛阳师范学院校长梁留科教授的大力支持，感谢我的博士生导师秦奋教授给予的学术上的各种指导和帮助，感谢昔日的导师孔云峰教授给予的生活和学习上的帮助，感谢黄河水利科学院首席专家姚文艺高工及肖培青高工、王玲玲高工、申震洲博士等项目合作人员为本书撰写提供的帮助，感谢河南大学黄河中下游数据中心（http：//henu. geodata. cn）为本书提供基础数据，感谢内蒙古鄂尔多斯水土保持局和准格尔旗水土保持局领导和工作人员的帮助，感谢给予我支持的家人，感谢学校提供的优秀平台，感谢生命如此美好，感谢祖国给予的安定环境。

张传才

2020年11月

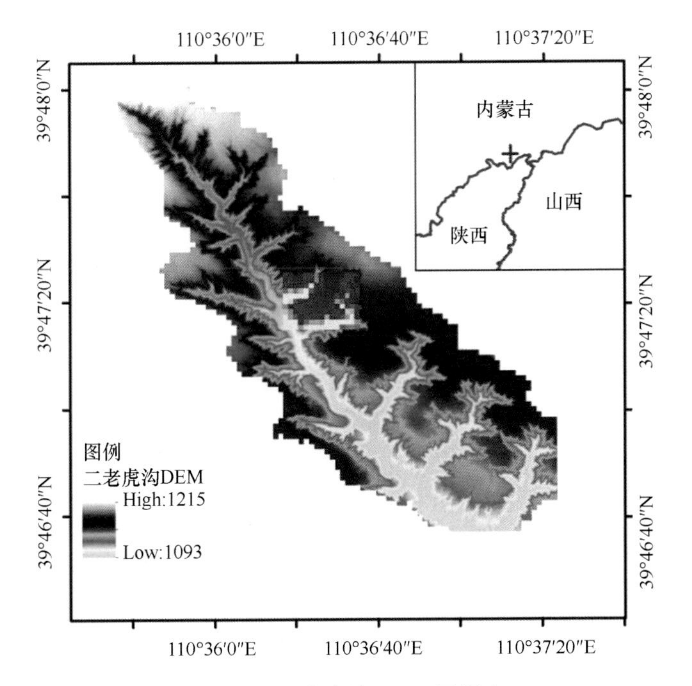

图 8-4　二老虎沟 DEM 及滑窗

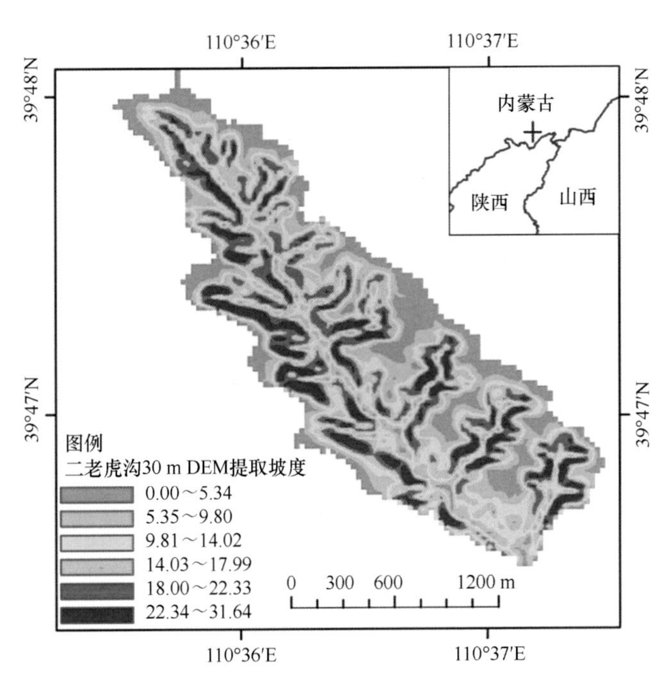

图 8-19　二老虎沟原始地形坡度

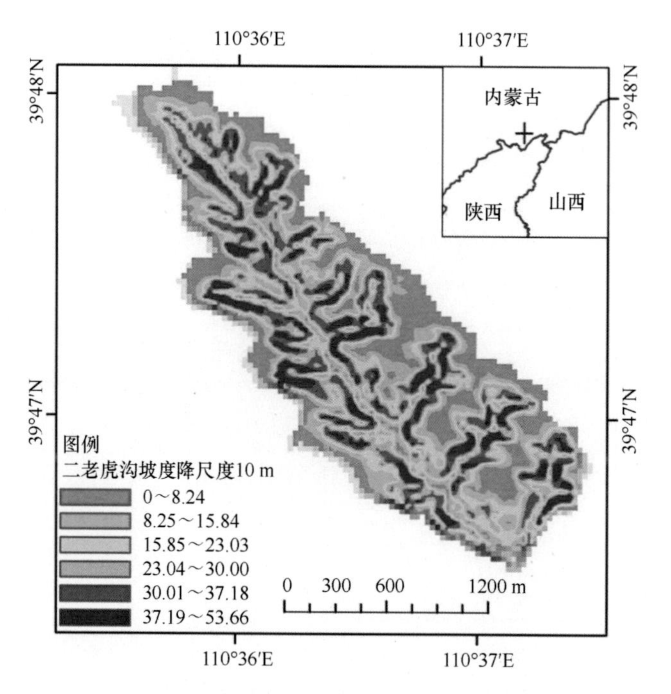

图 8-20　二老虎沟 30 m 分辨率下的坡度降尺度至 10 m

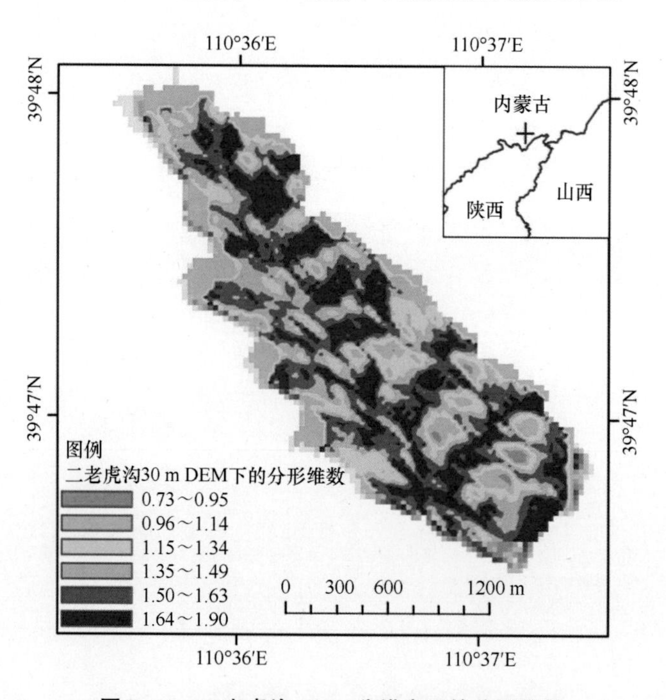

图 8-21　二老虎沟 30 m 分辨率下的分形维数

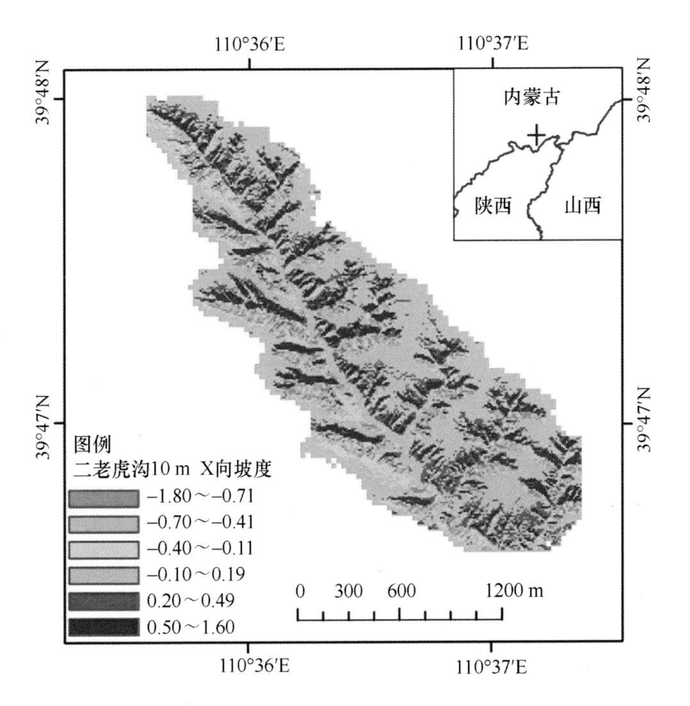

图 8-22 二老虎沟 10 m 分辨率下的 X 向河底比降

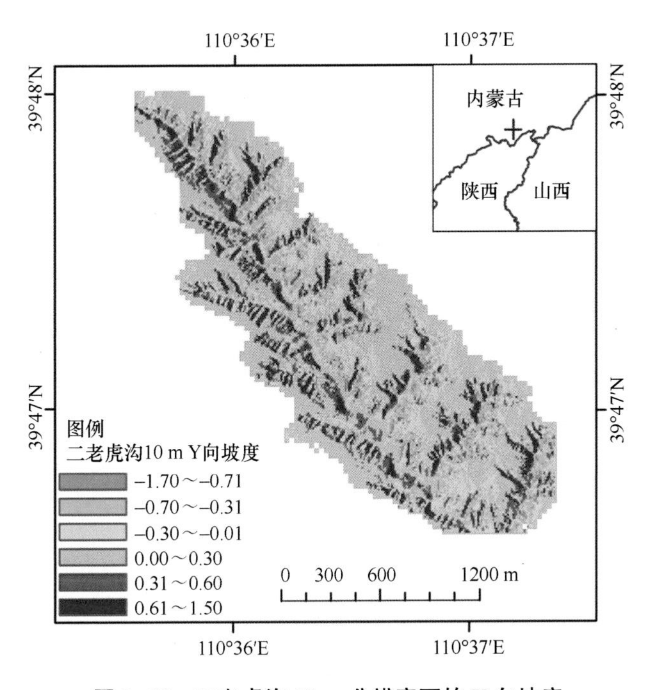

图 8-23 二老虎沟 10 m 分辨率下的 Y 向坡度

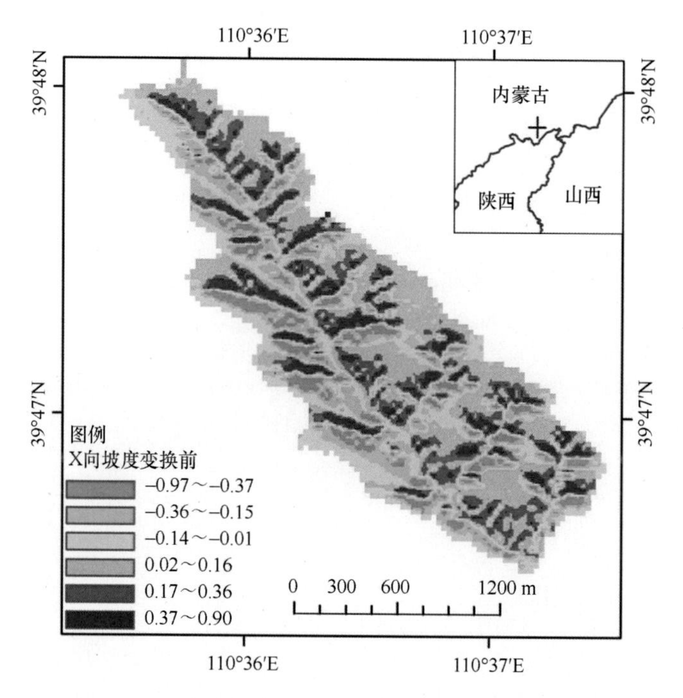

图 8-24　二老虎沟 30 m 分辨率下的 X 向坡度变换前

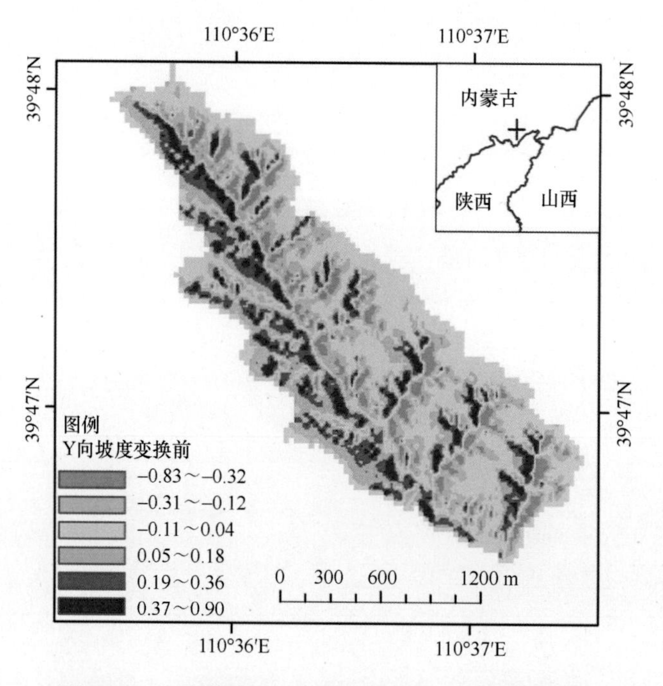

图 8-25　二老虎沟 30 m 分辨率下的 Y 向坡度变换前

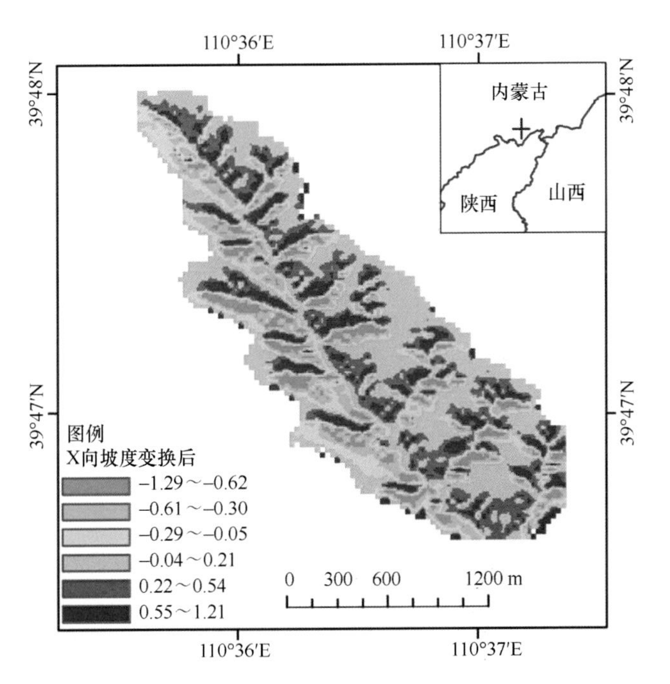

图 8-26 二老虎沟 30 m 分辨率下的 X 向坡度变换后

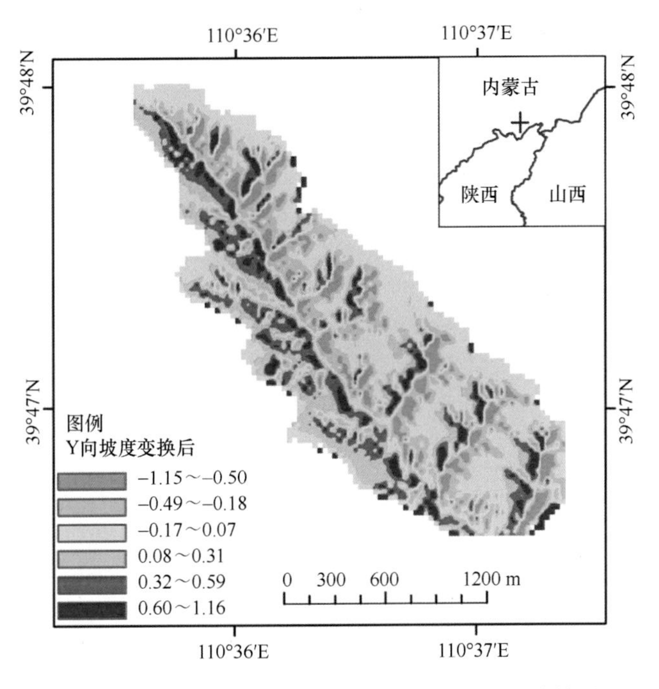

图 8-27 二老虎沟 30 m 分辨率下的 Y 向坡度变换后

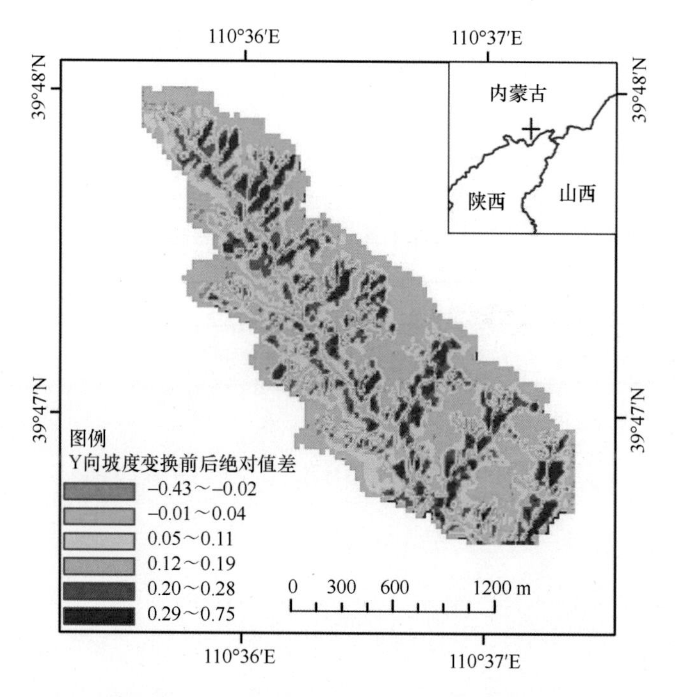

图 8-28　二老虎沟 30 m 分辨率下的 Y 向坡度分形降尺度变换前后差异

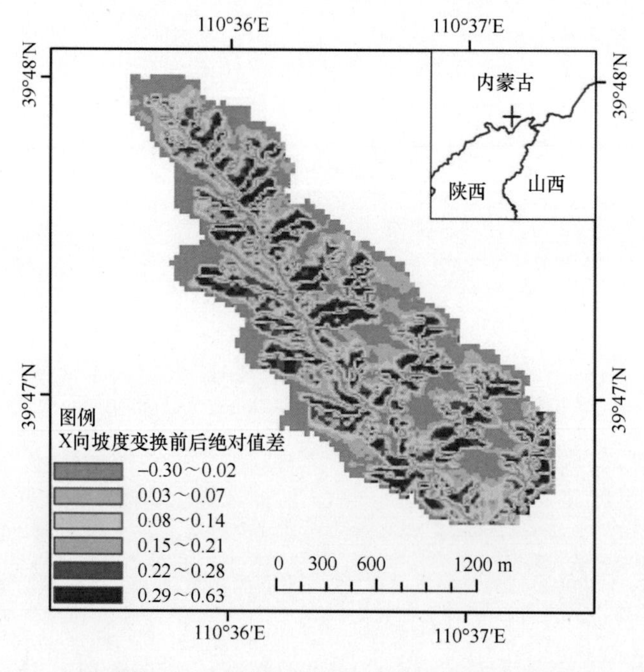

图 8-29　二老虎沟 30 m 分辨率下的 X 向坡度分形降尺度变换前后差异

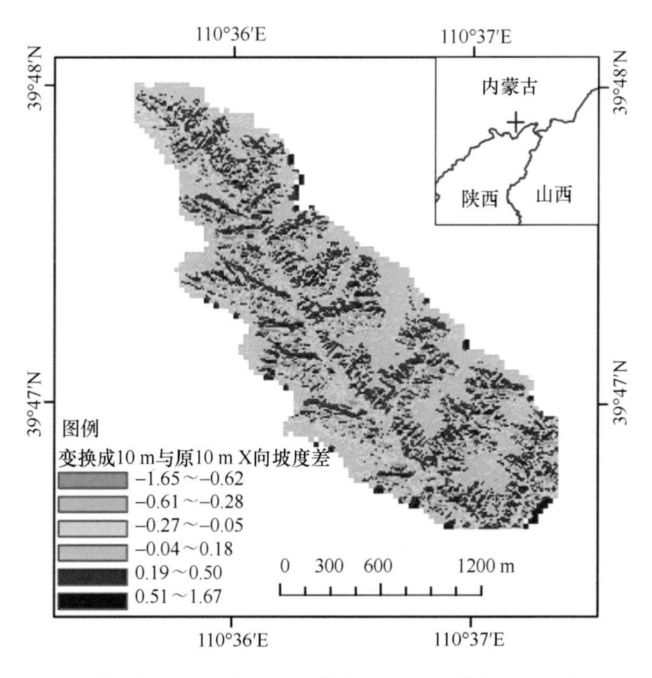

图 8-30　二老虎沟目标 10 m 与 10 m 分辨率下的 X 向坡度分形降尺度变换差异

图 9-8　案例区水文站

图 9-9　砒砂岩在沟坡出露

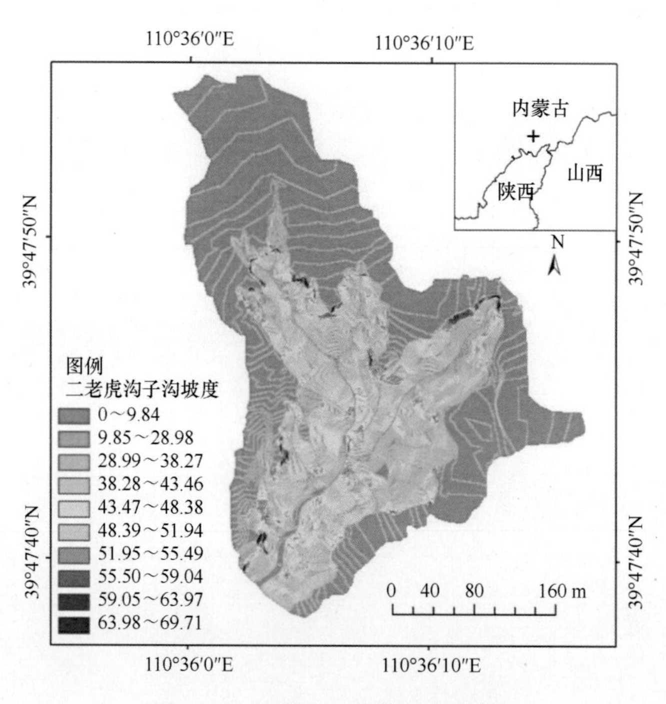

图 9-10　子沟 1 m 分辨率地形坡度

图 9-11　无人机安装

图 9-12　航测中的无人机

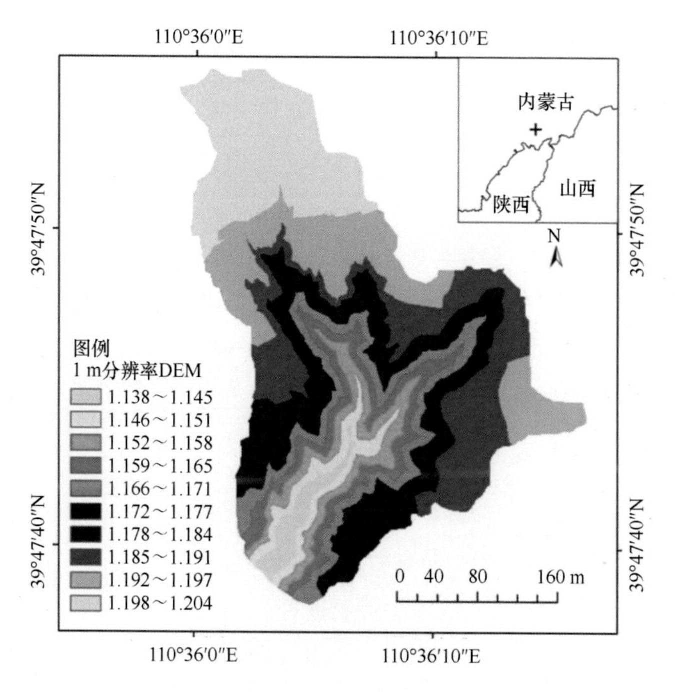

图 9-13　研究区 DEM

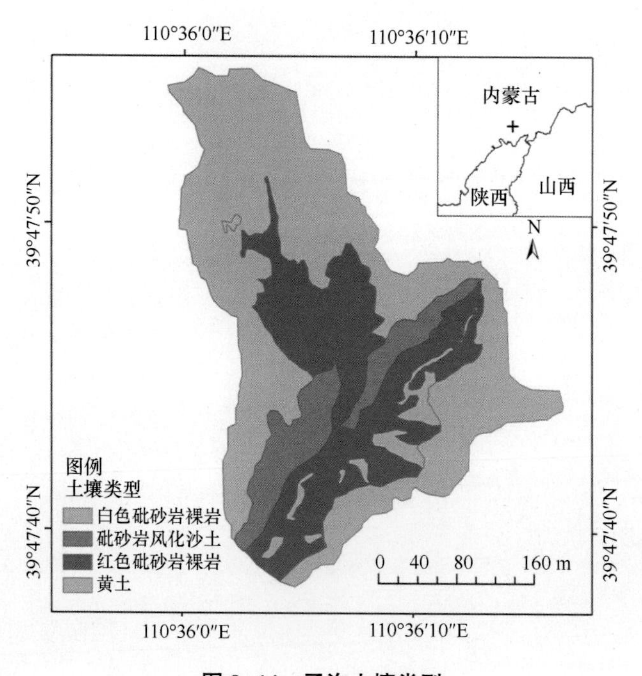

图 9-14　子沟土壤类型

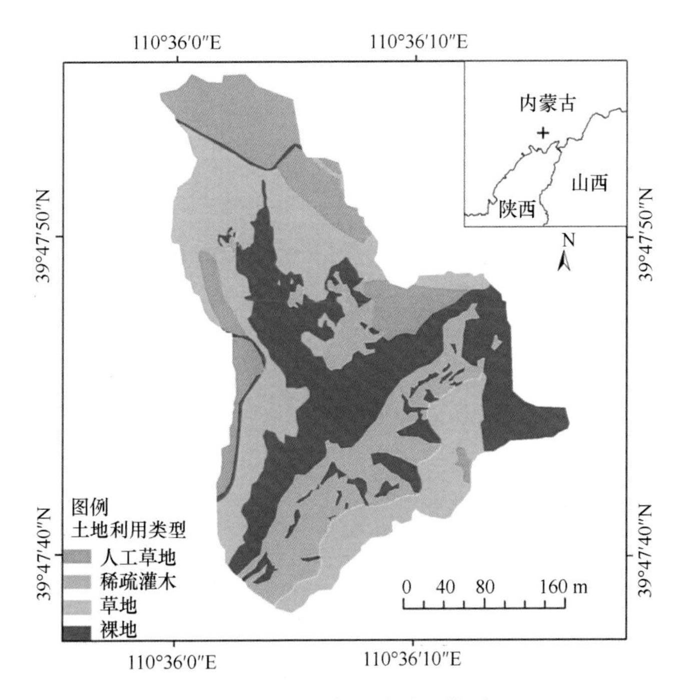

图 9-15　子沟土地利用类型

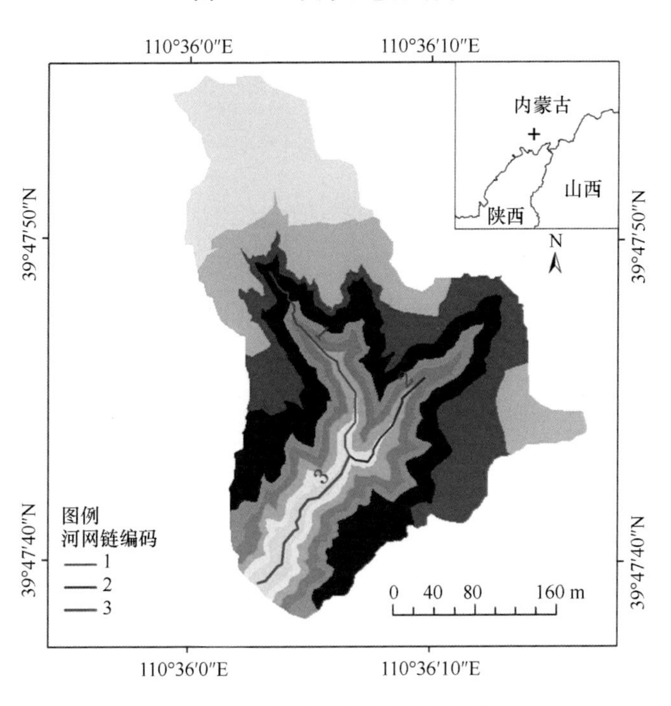

图 9-16　降雨时的沟道水流网络

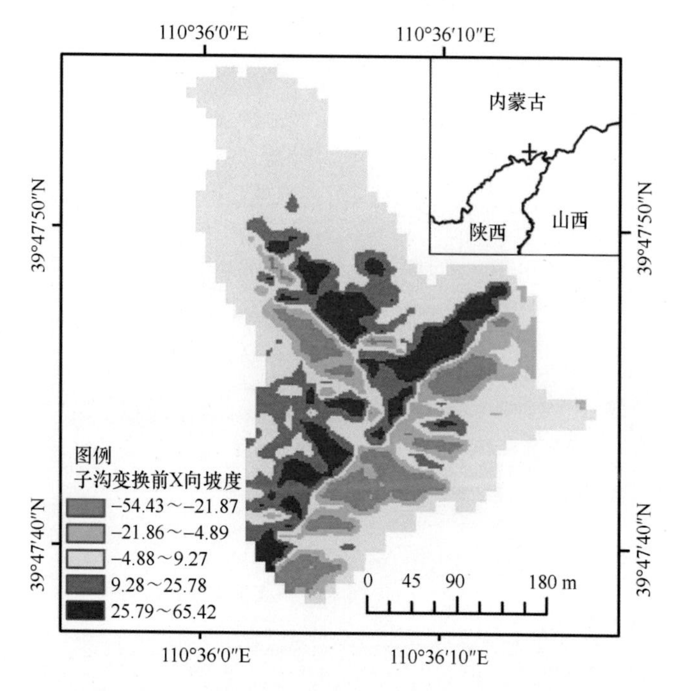

图 9-17　子沟 10 m 分辨率分形变换前 X 向的坡度

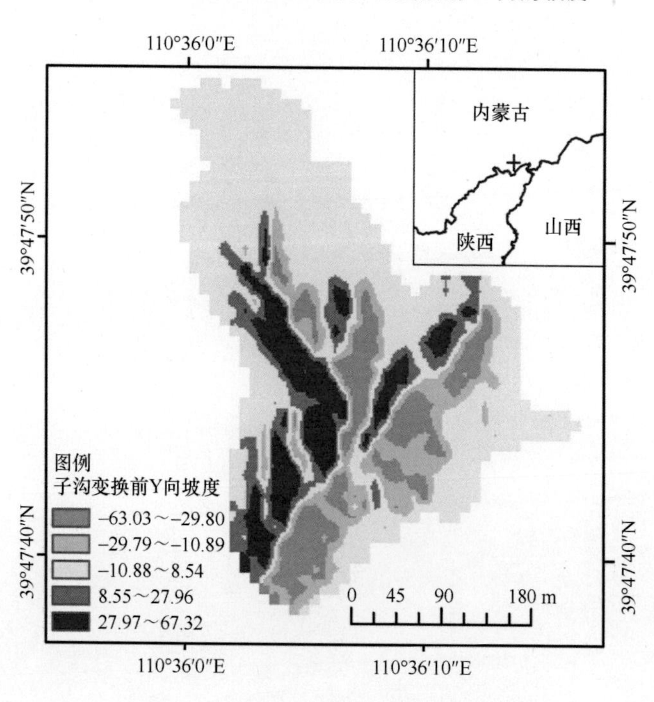

图 9-18　子沟 Y 向坡度变换前的坡度

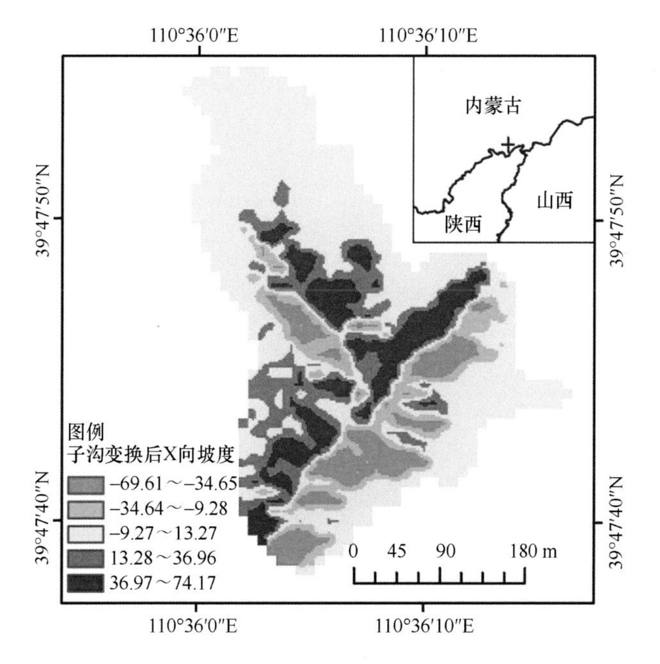

图 9-19　子沟 X 向坡度变换后的坡度

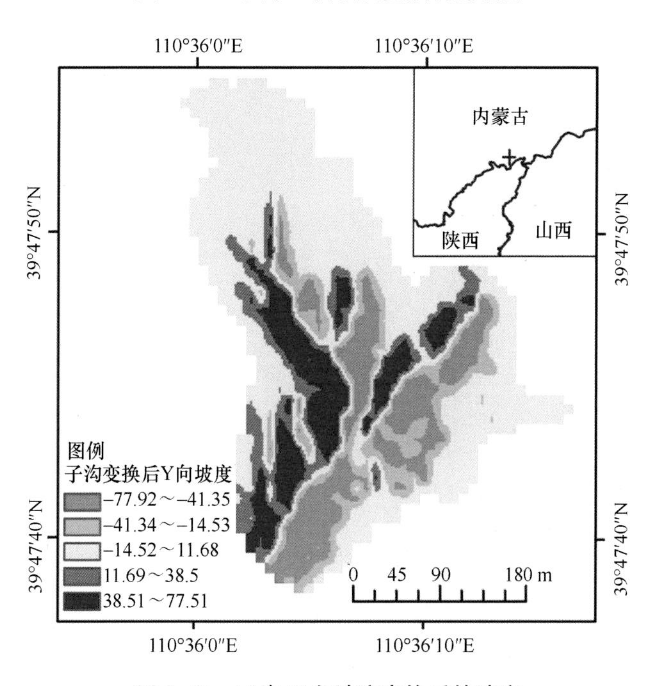

图 9-20　子沟 Y 向坡度变换后的坡度

图 9-21　土壤饱和水力传导度测量

a

b

图 9-22　土壤含水量测量及侵蚀桩布设

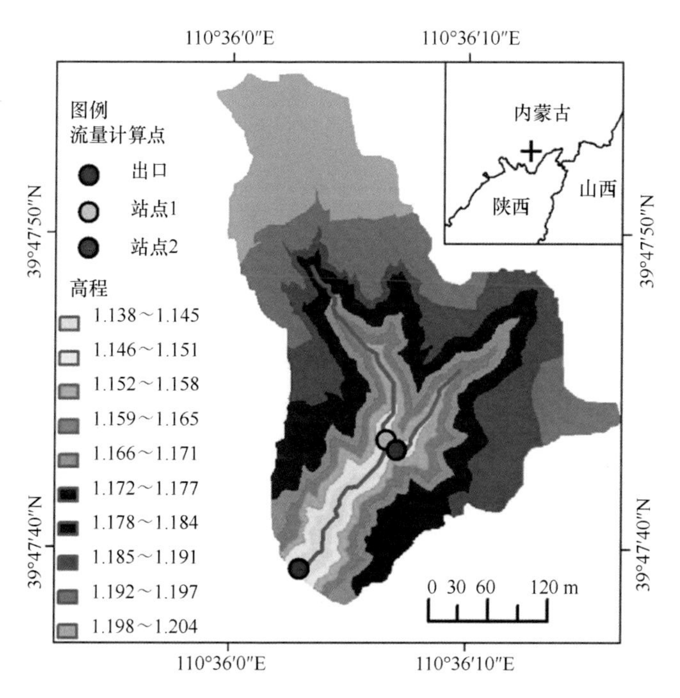

图 9-26 流域 DEM 及模拟站点

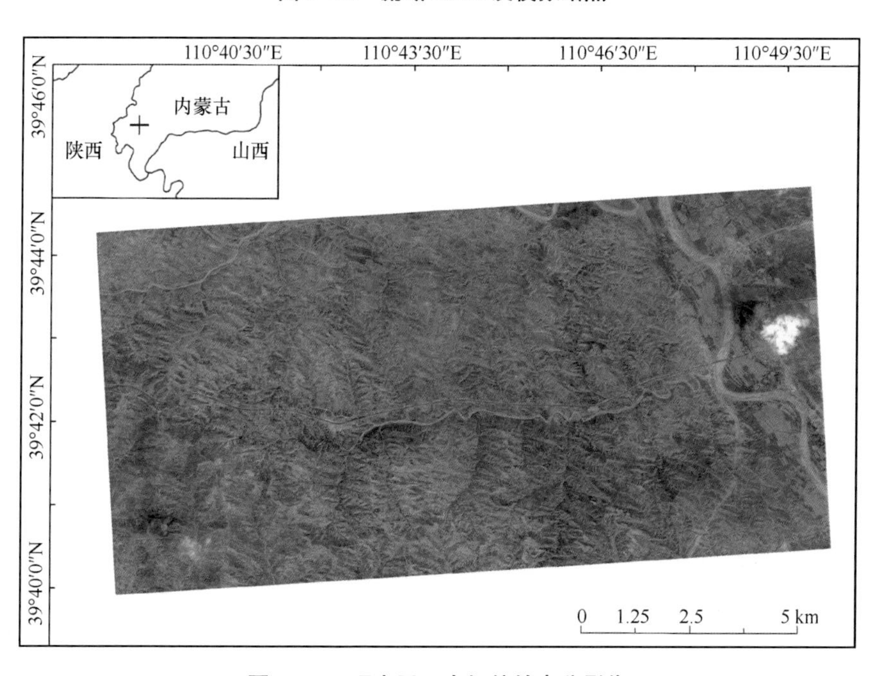

图 9-33 研究区无人机航拍高分影像

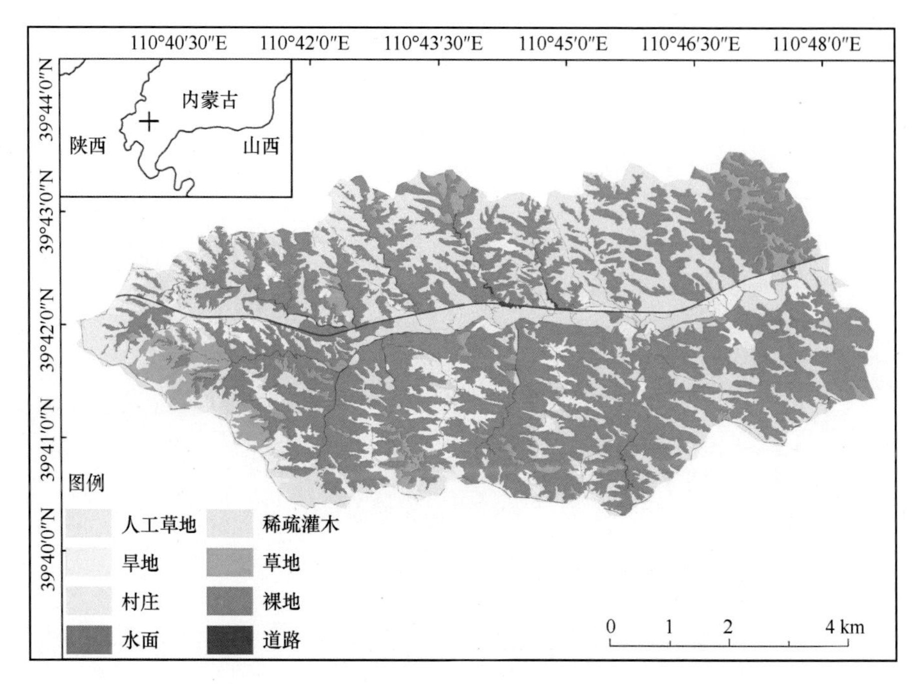

图 9-35　土地利用类型

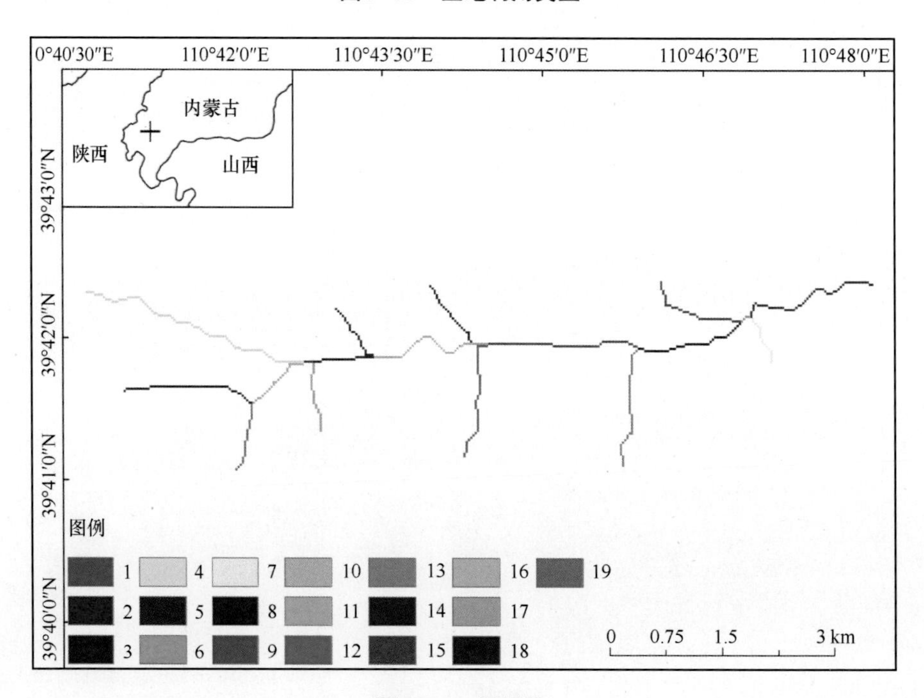

图 9-37　河网链